U0248493

"十二五"上海重点图书

环 境 化 学

王秀玲　崔　迎　主编

华东理工大学出版社
EAST CHINA UNIVERSITY OF SCIENCE AND TECHNOLOGY PRESS
·上海·

图书在版编目(CIP)数据

环境化学/ 王秀玲,崔迎主编. —上海:华东理工大学
出版社,2013.9
ISBN 978-7-5628-3539-4

Ⅰ.①环… Ⅱ.①王…②崔… Ⅲ.①环境化学—
高等教育—教材 Ⅳ.①X13

中国版本图书馆 CIP 数据核字(2013)第 080767 号

环 境 化 学
....

主 编/ 王秀玲 崔 迎
责任编辑/ 李国平
责任校对/ 张 波
封面设计/ 裴幼华
出版发行/ 华东理工大学出版社有限公司
      地 址:上海市梅陇路 130 号,200237
      电 话:(021)64250306(营销部)
            (021)64251837(编辑室)
      传 真:(021)64252707
      网 址:press. ecust. edu. cn
印 刷/ 上海展强印刷有限公司
开 本/ 787 mm×1092 mm 1/16
印 张/ 13
字 数/ 326 千字
版 次/ 2013 年 9 月第 1 版
印 次/ 2013 年 9 月第 1 次
书 号/ ISBN 978-7-5628-3539-4
定 价/ 30.00 元

联系我们:电子邮箱 press@ecust. edu. cn
         官方微博 e. weibo. com/ecustpress
         淘宝官网 http://shop61951206. taobao. com

前　言

进入 21 世纪以来,现代化的建设已经进入一个空前蓬勃发展的新阶段。科学技术不断进步,世界经济突飞猛进,化学在人类社会发展中扮演着一个重要的角色,但随之而来的环境污染和保护问题也成为一个首要的课题。

环境化学历来是环境工程、环境监测、环境科学等专业的一门重要基础课程,它是在无机化学、分析化学、有机化学、化工原理及环境监测与分析等课程的基础上讲授的。通过本课程的教学,可培养学生的专业素质及分析问题、解决问题的能力,同时为后续专业的继续学习奠定相关理论基础。

本书是编者在近几年的教学和科研过程中依据课程的授课实践,参考多种资料及教材,综合编者教学笔记等的基础上整理编写而成的。编写本教材的指导思想是在明确基本概念、基本原理的基础上,注重内容的正确性、先进性和科学性,注重广泛听取一线教师的意见和建议,以学生为本,结合社会对环境类专业人才的要求,以应用为目的,以"必需、够用"为度,注重教材的实用性和可读性,重视知识的更新和应用能力的培养,力争做到简明扼要,重点突出,通俗易懂。同时每章均有阅读材料及参考文献,同学们如学有余力,可进行更深一层的阅读和了解。

全书共分为七章。第一章由吴国旭编写,第二章由崔迎编写,第三章由白丽霞编写,第四章由冯晓翔编写,第五章第一、二、三节由冯晓翔编写,第四、五节由邢竹编写,第六章由王秀玲编写,第七章由邢竹编写,实训项目一、二、三由白丽霞编写,实训项目四、五、六由邢竹编写。本书由王秀玲、崔迎主编,冯晓翔负责全书统稿和附录编选。

本书可作为环境工程、环境监测和环境科学专业教学用书,其中部分内容也适合相关专业人士参考使用。

本书的编写得到了出版社和本书编写人员及所在单位的大力支持。在此,向关心和支持本书编写和出版工作的领导、教师和朋友们表示衷心的感谢!本书的编写也借鉴了许多专家和学者在环境化学方面的见解和编写经验,在此向这些专家和学者一并表示衷心的感谢!

由于编写时间等原因,水平和能力有限,本书不妥之处在所难免,恳请读者在使用过程中提出宝贵意见,给予批评指正,特表谢意。

编　者

2013 年 4 月

目　　录

1 绪 论

1.1 环境化学

1.1.1 环境问题

1. 环境

"环境"就词义而言,是指以某一事物为中心,其周围的事物的总和。其定义会随着中心事物的不同而发生变化。环境科学中的环境是指人类的生存环境,是人类进行生产和生活活动的场所,是人类生存和发展的物质基础。《中华人民共和国环境保护法》明确指出:"本法所称环境,是指影响人类生存和发展的各种天然的和经过人工改造的自然因素的总体,包括大气、水、海洋、土地、矿藏、森林、草原、野生生物、自然遗迹、人文遗迹、自然保护区、风景名胜区、城市和乡村等。"

(1) 环境保护法所指的环境有两个约束条件:一是包括了各种天然的和经过人工改造的环境;二是并不泛指人类周围的所有自然因素,而是指对人类的生存和发展有明显影响的自然因素的总和。

(2) 环境的概念随着人类社会的发展而改变。例如宇宙航行和空间科学技术的发展,人类将可能在月球上建立空间试验站并开发利用月球上的自然资源,那时月球会成为人类生存环境的重要组成部分。所以要用发展的、辩证的观点来认识环境。

2. 环境问题

人是环境的产物,也是环境的改造者。人类在同自然界的斗争中,运用自己的知识,通过劳动,不断地改造自然,创造新的生存条件。人类活动作用于人们周围的环境,由于人类认识能力和科学技术水平的限制,在改造环境的过程中,往往会产生当时意料不到的后果,引起环境质量的变化而造成环境污染和环境破坏,这种变化反过来对人类的生产、生活和健康产生影响,这就产生了环境问题。

(1) 环境问题的分类

根据产生环境问题的原因,可以将环境问题分为两类。

• 原生环境问题

由自然力引起的,包括地震、海啸、火山爆发、泥石流、洪涝、干旱、台风等自然灾害,人类目前对这一类环境问题的抵御能力还很脆弱。

• 次生环境问题

由人类活动引起的,这类环境问题一般又分为环境污染和环境破坏两大类。如乱砍滥伐引起的森林植被的破坏,过度放牧引起的草原退化,大面积开垦草原引起的沙漠化和土地沙化,工业生产造成大气、水环境恶化等。

(2) 环境问题发展的四个阶段

• 萌芽阶段

早期人类穴居树栖,主要依靠采集、捕猎自然食物取得生活资料,以维持生命,对环境的依赖性很大,而改造环境的能力却很差。由于生产力水平低,人口密度小,人类向环境索取的物质和向环境排放的废弃物都不会超过环境的承载能力。当时的环境问题主要是因为过度采集、捕猎,破坏了人类聚居的局部地区的生物资源而引起生活资料缺乏甚至饥荒,或者因为用火不慎而造成森林火灾,迫使人类迁移到另外的地方去谋求生存。

· 农业文明阶段

人类在长期采集植物和捕猎的过程中,发现某些植物可以在潮湿、疏松的土壤中萌芽、生长、开花、结果。他们开始"刀耕火种",利用石刀、石斧砍伐森林,然后焚烧树木,借助烈火消灭杂草,利用灰烬提供养分,进而播种、培植作物以供收获食用。同时开始把一些野生动物加以驯养,在那些适于畜牧的地方开始兴起畜牧业。以农业和畜牧业的开始为标志,人类进入了一种靠人工控制植物生长和繁殖来取得自己物质生活资料的农业文明时代。在这一阶段,有了稳定的农业、畜牧业、手工业和一定规模的工商业城市。人口增加,生产力发展,活动范围扩大,人类改造自然的能力越来越强,对环境的影响也不断加强。延续了几千年的农业革命极大地推动了人类文明的进程,也产生了某些破坏环境的副作用,如开荒、砍伐森林等,引起森林破坏、水土流失、沙漠蔓延、生态平衡失调、自然资源减少等,造成地区性的环境破坏。例如,古代的美索不达米亚、小亚细亚地区的居民,为了得到耕地,大肆砍伐森林,结果使这些地方变成不毛之地;我国古代的黄河流域,曾经是森林茂密、一片沃野的文明发祥地,西汉末年到东汉时期,因为搞"单打一"的农业,大规模砍伐森林、开垦农田,结果造成植被破坏,水土流失,使黄土高原成为千沟万壑的贫瘠荒原。

农业阶段的城市往往是政治、商品交换和手工业的中心,城市里人口密集,废物量很大,因而出现了废水、废气和废渣造成的环境污染问题。据历史记载,公元1104年,西安"城内泉咸苦,民不堪食",据后来考证当时所记载的苦咸水是由于地下水中含有的硝态氮所致,这就是该时期生活用水污染的结果。

· 近代工业时期

产业革命以后到20世纪50年代的环境问题主要有两个方面:一是出现了大规模环境污染,局部地区的严重环境污染导致"公害"病和重大公害事件的出现;二是自然环境的破坏,造成资源稀缺甚至枯竭,开始出现区域性生态平衡失调现象。

· 现代社会的环境问题

现代社会的环境污染呈现出范围扩大、难以防范、危害严重的特点,自然环境和自然资源难以承受高速工业化、人口剧增和城市化的巨大压力,世界自然灾害显著增加。

(3) 人类对环境问题认识的发展

人们对现代环境问题的认识有一个渐进的发展过程。

20世纪60年代,人们把环境问题只当作一个污染问题,认为环境污染主要指的是城市和工农业发展带来的对大气、水、土壤、固体废物和噪声的污染。环境保护以污染控制为中心,没有把环境问题与自然生态联系起来,对土地沙化、热带森林破坏和某些野生动物的濒危灭绝等并未从战略上予以重视。低估了环境污染的危害性和复杂性,没有把环境污染与社会因素相联系,未能追根溯源。

1962年美国生物学家R.卡逊的《寂静的春天》通过对污染物迁移、转化的描写,阐明了人类同大气、海洋、河流、土壤、动物和植物间的密切关系,揭示了污染对生态系统的影响,提出了人类环境中的生态破坏问题,使人们清醒地意识到农业发展中杀虫剂污染带来的严重后果。20世纪60年代末,意大利、瑞士、日本、美国、西德等10个国家的30位科学家,在意大利讨论人类当前和未来的环境问题,并于 1972 年发表了《增长的极限》一书。

　　1972 年联合国在瑞典斯德哥尔摩召开的人类环境会议上,提出了"只有一个地球"的口号,并通过世界各国共同保护地球环境的一个划时代的历史文献——《联合国人类环境会议宣言》。这次会议是人类环境保护史上的重要里程碑,初步阐明了发展与环境的关系,提出环境问题不仅是一个技术问题,也是一个经济问题。

　　对环境问题认识上的转变,也引起环境保护战略思想的转变。1987 年,由挪威首相布伦特兰夫人任主席的世界环境与发展委员会向联合国提交了研究报告——《我们共同的未来》,分为"共同的问题"、"共同的挑战"和"共同的努力"三大部分。这一时期逐步形成的持续发展战略,指明了解决环境问题的根本途径。

　　1992 年巴西里约会议扩展了对环境问题认识的范围和深度,形成当代主导的环境意识。大会通过了《里约环境与发展宣言》、《21 世纪议程》等重要文件。它以环境保护和经济、社会协调发展,实现人类的持续发展作为全球的行动纲领。以这次会议为纲领,人类对环境与发展的认识提高到了一个崭新的阶段。会议为人类高举可持续发展旗帜,走可持续发展之路发出了总动员,使人类迈出了跨向新的文明时代的关键性一步。

　　人类对环境问题认识的逐步深化和发展战略思想的转变,为环境学的发展奠定了思想基础。

　　(4) 当前全球环境问题

　　• 气候变化

　　气候变化是指气候平均统计学意义上的巨大改变或者持续较长一段时间(典型的为 10 年或更长)的气候变动。气候变化问题被视为世界环境、人类健康与福利和全球经济持续发展的最大威胁之一,被列为全球十大环境问题之首。目前所讨论的气候变化主要是指 18 世纪工业革命以来,人类大量排放二氧化碳等气体所造成的全球变暖现象。全球变暖问题是指大气成分发生改变导致温室效应加剧,使地球气候异常变暖。

　　20 世纪全世界的平均温度大约攀升了 $0.6\,℃$,北半球春天的冰雪解冻期比 150 年前提前了 9 天,而秋天的霜冻开始时间却晚了 10 天左右。气候变化会产生许多危害。

　　第一,全球变暖导致喜马拉雅冰川消融,冰川的融化和退缩速度不断加快,意味着更多的人口将面临洪水、干旱以及饮用水减少的威胁。

　　第二,全球变暖导致暴雪、暴雨、洪水、干旱、冰雹、台风等极端气候在近几年发生的频率和强度都有所增强,给人民财产安全带来极大的危害。

　　第三,全球变暖带来干旱、缺水、海平面上升、洪水泛滥、热浪及气温剧变,这些都会使世界各地的粮食生产受到严重影响。亚洲大部分地区及美国的谷物带地区,正变得越来越干旱。在一些干旱农业地区,如非洲撒哈拉沙漠地区,只要全球变暖带来轻微的气温上升,粮食产量都将大大减少。

　　第四,全球变暖导致海平面上升,引发海洋灾害。到 21 世纪末,海平面因海洋面积扩大和冰川融化将比 1989 年至 1999 年间的水位升高 $28\sim58\ \mathrm{cm}$。这将加重沿海地区洪涝和侵蚀。海平面上升将对人类的生存环境产生严重影响,例如沿海地区洪水泛滥、侵蚀海岸线、海水污染淡水、沿海湿地及岛屿洪水泛滥、河口盐度上升,一些低洼沿海城市及村落面临淹没灾难。一些岛屿以及沿海地区人口及沙滩、淡水、渔业等重要资源也会受到严重威胁。

　　• 臭氧层破坏

　　臭氧层是指大气层的平流层中臭氧浓度相对较高的部分,其主要作用是吸收短波紫外线。

人类过多地使用氯氟烃类化学物质是破坏臭氧层的主要原因。另外,用于灭火器的哈龙类物质、氮氧化物也会造成臭氧层的损耗。

臭氧层破坏导致有害紫外线增加,可产生许多危害。

第一,臭氧层破坏对人体健康产生影响。有人估计,如果臭氧层中臭氧含量减少10%,地面不同地区的紫外线辐射将增加19%~22%,由此皮肤癌发病率将增加15%~25%。另据美国环境局估计,大气层中臭氧含量每减少1%,皮肤癌患者就会增加10万人,患白内障和呼吸道疾病的人也将增多。

第二,臭氧层破坏会对植物产生影响。紫外线辐射会使植物叶片变小,因而减小进行光合作用的有效面积,生成率下降。如紫外辐射可使大豆更易受杂草和病虫害的损害,产量降低。

第三,臭氧层破坏会对水生系统产生潜在危险。水生植物大多贴近水面生长,这些处于海洋生态系统食物链最底部的小型浮游植物的光合作用最容易被削弱,从而危及整个生态系统。

此外,过多的紫外线会加速塑料的老化,增加城市光化学烟雾。另外,氟利昂、CH_4、N_2O等引起臭氧层破坏的痕量气体的增加,也会引起温室效应。

• 生物多样性损失

生物多样性是指一定范围内多种多样活的有机体(动物、植物、微生物)有规律地结合所构成稳定的生态综合体。这种多样性包括动物、植物、微生物的物种多样性,物种的遗传与变异的多样性及生态系统的多样性。生物多样性是地球生物的基础,它们在维持气候、保护水源、土壤和维护正常的生态学过程上对整个人类作出很大贡献,具有直接使用价值、间接使用价值和潜在使用价值。

近150年来,鸟类灭绝了约80种,近50年来,兽类灭绝了近40种。非洲是野生动物资源最丰富的大陆,在过去的1/4世纪里,非洲动物减少了90%。

我国是生物多样性特别丰富的国家,居世界第8位,同时我国又是生物多样性受到威胁最严重的国家之一。由于生态系统的大面积破坏和退化,许多物种变成濒危种或受威胁物种。高等植物中受威胁物种高达4 000~5 000种,占总数的15%~20%。

• 酸雨

酸雨又称为酸性沉降,它可分为"湿沉降"与"干沉降"两大类,前者指的是所有气状污染物或粒状污染物,随着雨、雪、雾或雹等降水形态而落到地面,后者则是指在不下雨的日子,从空中降下来的落尘所带的酸性物质。雨水被大气中存在的酸性气体污染,降下pH小于5.65的酸性降水,被称为酸雨。酸雨主要是人为地向大气中排放大量酸性物质造成的。我国的酸雨主要是因大量燃烧含硫量高的煤而形成的,多硫酸雨,少硝酸雨。此外,各种机动车排放的尾气也是形成酸雨的重要原因。

酸雨可产生许多危害。

第一,酸雨会对人体健康产生危害。酸雨对人体健康的危害有直接危害和间接危害。眼角膜和呼吸道黏膜对酸类十分敏感,酸雨或酸雾对这些器官有明显刺激作用,酸雨也会引起呼吸道方面疾病,如支气管炎、肺病等,这些都是直接危害。其次,酸雨还对人体健康产生间接危害。酸雨使土壤中的有害金属被冲刷带入河流、湖泊,可使饮用水水源被污染;由于农田土壤酸化,使本来固定在土壤矿化物中的有害重金属溶出,并被粮食、蔬菜吸收和富集,最终导致人类中毒。

第二,酸雨会对水域生物产生危害。江河、湖泊等水域环境,受到酸雨的污染,影响最大的是水生动物,特别是鱼类。首先,水域酸化可导致鱼类血液与组织失去营养盐分,导致鱼类烂腮、变形,甚至死亡。其次,水域酸化会破坏各类生物间的营养结构,造成严重的水域生态系统紊乱,导致水生植物死亡。再次,酸雨还会杀死水中的浮游生物,减少鱼类食物来源,破坏水生生态系统。

第三,酸雨会对陆生植物产生危害。酸雨能影响树木生长,降低生物产量。酸雨能直接侵入树叶的气孔,破坏叶面的蜡质保护层。当 $pH < 3$ 时,植物的阳离子从叶片析出,从而破坏表皮组织,流失某些营养元素,从而使叶面腐蚀而产生斑点,甚至坏死。当 $pH < 4$ 时,植物光合作用受到抑制,从而引起叶片变色、皱折、卷曲直至枯萎。酸雨落地渗入土壤后,还可使土壤酸化,破坏土壤的营养结构,从而间接影响树木生长。

第四,酸雨会对土壤产生危害。酸雨可使土壤发生物理化学性质变化。酸雨落地渗入土壤后,使土壤酸化,破坏土壤的营养结构。同时,土壤中的某些微量重金属可能被溶解,一方面造成土壤贫瘠化,另一方面有害金属被溶出,在植物体内积累或进入水体造成污染,加快重金属的迁移。

第五,酸雨会对建筑物产生影响。酸雨对金属、石料、水泥、木材等建筑材料均有腐蚀作用。酸雨能使非金属建筑材料表面硬化水泥溶解,出现空洞和裂缝,导致强度降低,从而损坏建筑物。特别是许多以大理石和石灰石为材料的历史建筑物和艺术品,耐酸性差,容易受酸雨腐蚀。

- 荒漠化

荒漠化是由于大风吹蚀、流水侵蚀、土壤盐渍化等造成的土壤生产力下降或丧失,有狭义和广义之分。狭义的荒漠化即沙漠化,指在脆弱的生态系统下,由于人为过度的经济活动,破坏其平衡,使原本非沙漠地区出现了类似沙漠景观的环境变化过程。正因为如此,凡是具有发生沙漠化过程的土地都称为沙漠化土地。广义的荒漠化是指由于人为和自然因素的综合作用,使得干旱、半干旱,甚至半湿润地区自然环境退化(包括盐渍化、草场退化、水土流失、土壤沙化、狭义沙漠化、植被荒漠化、历史时期沙丘前移入侵等以某一环境因素为标志的具体的自然环境退化)的总过程。

产生荒漠化的原因有自然因素和人为因素。自然因素包括干旱、地表松散物质、大风吹扬等;人为因素包括过度开采,过度放牧,过度开垦,以及水资源不合理利用等。人为因素和自然因素综合地作用于脆弱的生态环境,造成植被破坏,荒漠化现象开始出现和发展。

1.1.2 环境化学

环境科学本身是一门新兴的学科,它是在不断地发展和变化的,而环境化学作为其中的一个分支必然也需要不断地充实和完善。有关环境化学的定义也经历了这样的发展过程。

1978 年,美国的环境化学家 R. A. Honne 认为"环境化学是研究物质在开发系统中所发生的化学现象"。1980 年,西德的生态学家柯特教授认为"环境化学即生态化学,它是以化学的方法研究化学物质在环境中的行为,即对生态系统的影响"。

中国科学院生态研究中心的刘静宜研究员指出"环境化学一般指化学污染物质在自然环境中发生变化的规律"。

从以上内容可知,随着科学的不断发展,人们对环境化学的认识也不断深入,因此,环境化学的内涵也变得越来越清晰。环境化学研究的应该是那些对环境有污染作用的化学物质,而不是所有的物质或所有的化学物质。1995 年,由国家自然科学基金委员会出版了《自然科学学科发展战略研究报告:环境化学》一书。该书认为"环境化学是一门研究潜在有害化学物质在环境介质中的存在、行为、效应(生态效应、人体健康效应及其他环境效应)以及减少或消除其产生的科学"。

1.2　环境化学的几个基本概念

1.2.1　环境污染和环境污染物

环境污染是指由于自然或人为原因,向原先处于正常状态的环境中附加了物质、能量或生物体,其数量或强度超过了环境的自净能力,使环境质量变差,并对人或其他生物的健康或环境中有价值的物质产生有害影响的现象。环境污染的概念如图 1-1 所示。

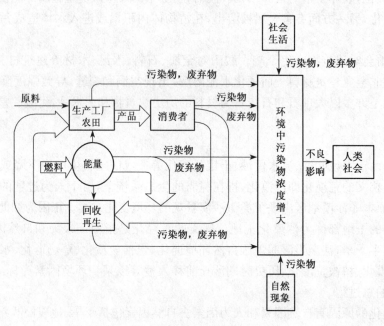

图 1-1　环境污染概念图

由图 1-1 可见,环境污染是由自然原因和人为原因造成的。自然原因是指火山爆发、森林火灾、地震等。以火山爆发为例,活动性火山喷发出的气体中含有大量硫化氢、二氧化硫、三氧化硫、硫酸盐等,严重污染了当地的区域环境;从一次大规模的火山爆发中喷出的气溶胶,其影响可能波及全球。人为原因主要是指人类的生产活动,包括矿石开采和冶炼、化石燃料燃烧、人工合成新物质等。例如,人类大量燃烧化石燃料,使大气中颗粒物和二氧化硫浓度增高,危及人体和其他生物的健康,并腐蚀材料,给人类社会造成损失;工业废水和生活污水的排放,使水体质量恶化,危及水生生物的生存,使水体失去原有的生态功能和使用价值。

环境污染物是指进入环境后使环境的正常组成和性质发生直接或间接有害于人类的变化的物质。大部分环境污染物是由人类的生产和生活活动产生的。有些物质原本是生产中的有用物质,甚至是人和生物必需的营养元素,由于未被充分利用而大量直接排放,就可能成为环境污染物。有的污染物进入环境后,通过物理或化学反应或在生物作用下会转变成危害更大的新污染物,也可能降解成无害物质。不同污染物同时存在时,可因拮抗作用或协同作用使毒性降低或增大。环境污染物是环境化学的主要研究对象。

按受污染影响的环境要素分类,环境污染可分为大气污染、水体污染、土壤污染等;按污染物的性质可分为化学污染物、物理污染物和生物污染物。下面主要介绍对不同功能人类社会活动产生的污染物和化学污染物。

1. 不同功能人类社会产生的污染物

• 工业

工业生产对环境造成污染主要是由于对自然资源的过量开采,造成多种化学元素在生态系统中的超量循环、能源和水资源的消耗与利用及生产过程中产生的"三废"。生产过程中产生的污染物的特点是数量大、成分复杂、毒性强。常见的有酸、碱、油、重金属、有机物、毒物、放射性物质等。有的工业生产过程还排放致癌物质,如苯并芘、亚硝基化合物。食品、发酵、制药、制革等一些生物制品加工工业,除排放大量好氧有机物外,还会产生微生物、寄生虫等。

• 农业

农业对环境产生污染主要是由于使用农药、化肥、农业机械等工业品,农业本身造成的水土流失和农业废弃物等。农家肥料中常含有细菌和微生物。

• 交通运输

汽车、火车、飞机、船舶都具有可移动性的特点。它们的污染主要是噪声、汽油等燃料的燃烧产物排放和有毒有害物质的泄漏、清洗、扬尘和污水等。石油燃烧排放的废气中含有一氧化碳、氮氧化物、铅、硫氧化物和苯并芘等。

• 生活

生活活动也能产生物理的、化学的和生物的污染,排放"三废"。分散取暖和炊事燃煤是城市主要的大气污染源之一。生活污水主要包括洗涤和粪便污水,它含有好氧有机物和病菌、病毒与寄生虫等病原体。城市垃圾中含有大量废纸、玻璃、塑料、金属、动植物食品的废弃物等。

2. 化学污染物

化学工业的迅速发展为人类提供了大量而丰富的化学产品,包括生产和生活用品,化学工业为现代化社会作出了重要贡献。但与此同时,大量的有害化学物质也进入环境,大大降低了环境质量,直接或间接地损害人类的健康,影响生物的繁衍和生态平衡。

在大气、水和土壤等环境中,化学污染物无处不在、无孔不入。例如,饮用水、空气或者进入食物链中的重金属和农药残留物,养殖产品中的抗生素、催生素残留物,使用不当或不科学使用的食品添加剂、防腐剂等,这些有毒有害的有机或无机化学物质达到或者积累到一定程度,都可以成为化学污染致病因素。许多化学污染物具有致癌、致畸、致基因突变的作用,能诱发癌症和神经疾病等多种病症。

被称为"持久性有机污染物"的许多毒害性有机化学物质在当今国际上备受关注。它们在环境中多为低浓度、高毒性、半挥发性;在自然条件下具有难降解性,因而能在空气、水和迁徙物中长期残留或远距离迁移,在远离排放源的陆地生态系统或水域生态系统中沉淀并蓄积起来;具有脂溶性,因而易在人体和生物体内产生生物积聚作用,并能通过食物链产生显著的生物放大作用。这些持久性有机污染物已经成为环境激素。它们的主要危害有:干扰或损害人体和生物体的内分泌系统,阻碍免疫功能或使之失调,引起生殖发育的变异并影响生命的繁衍,威胁着生物多样性并可能损害整个生态系统,从而严重威胁着人类的生存和发展,并会对环境造成难以修复的破坏。

（1）化学污染物的种类

化学污染物及其在环境中的迁移、转化是环境污染的重要因素。对环境产生危害的化学污染物主要有九类。

A．元素：如铅、镉、铬、汞、砷等重金属和准金属、卤素、氧（臭氧）、磷等。

B．无机物：如氰化物、一氧化碳、氮氧化物、卤化氢、卤间化合物、卤氧化合物、次氯酸及其盐、硅的无机化合物、无机磷化合物、硫的无机化合物等。

C．有机化合物和烃类：包括烷烃、不饱和非芳香烃、芳烃、多环芳烃（PAH）等。

D．金属有机和准金属有机化合物：如四乙基铅、羰基镍、二苯铬、三丁基锡、单甲基或二甲基胂酸、三苯基锡等。

E．含氧有机化合物：包括环氧乙烷、醚、醇、酮、醛、有机酸、酯、酐、酚类化合物等。

F．有机氮化合物：如胺、腈、硝基甲烷、硝基苯、三硝基甲苯（TNT）、亚硝胺等。

G．有机卤化物：如四氯化碳、脂肪基和烯烃的卤化物（如氯乙烯）、芳香族卤化物（如氯代苯）、氯代苯酚、多氯联苯及氯代二噁英类等。

H．有机硫化合物：如烷基硫化物、硫醇、二甲砜、硫酸二甲酯等。

I．有机磷化合物：主要是磷酸酯类化合物（如磷酸三甲酯、磷酸三乙酯、磷酸三邻甲苯酯、焦磷酸四乙酯）、有机磷农药、有机磷军用毒气等。

（2）化学污染物的行为

化学污染物的环境行为十分复杂，可归结为两个方面。一是进入环境的化学物质通过溶解、挥发、迁移、扩散、吸附、沉降及生物摄取等多种过程，分配散布在各环境圈层（水体、大气、土壤、生物）之中。与此同时，又与水、空气、光辐射、微生物、其他化学物质等各种环境要素交互作用，并发生各种化学的、生物的变化过程。经历了这些过程的化学物质，就发生了形态和行为的变化。二是这些化学物质所到之处，在环境中也留下了它们的印迹，使环境质量发生了一定程度的变化，同时引起非常错综复杂的环境生态效应，见图1-2。

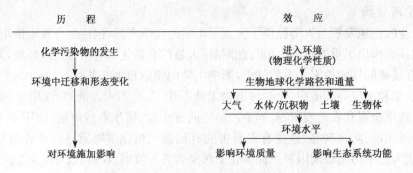

图1-2　化学污染物进入环境的历程与效应

（3）化学污染物的危害

化学污染物危害的主要有如下方面：A．爆炸；B．可燃性，如低闪点液态烃类等；C．腐蚀性，如强酸、强碱等；D．氧化反应性，如硝酸盐、铬酸盐等；E．耗氧性，如水体中有机物等；F．富营养化，如水体中含氮、磷的化合物；G．破坏生态平衡，如农药等；H．致癌、致畸、致突变，如有机卤化物、多环芳烃等；I．毒性，如氰化物、砷化物等。

对人体健康来说，环境污染物所引起的直接而又至关重要的危害是它们的毒性。某些化学污染物质对人体或生物有明显的急性毒害作用，如三氧化二砷、氰化钾等被称为毒物；还有一些化学污染物在一定条件下才显示毒性,被称为毒剂,这些条件包括剂量、形态、进入生物体的途径和个体抗毒能力等。

1.2.2 环境科学

1. 环境科学的产生和发展

随着人类社会的发展,人类对环境的影响逐渐加强,人类与环境之间的矛盾也日益突出。环境科学是人类在长期解决环境问题和进行环境保护基础上不断总结经验而取得的成果,是指导人类进行环境保护的一门学科。

古代人类在生产和生活中意识到保护自然环境,标志着环境科学的产生。中国儒家思想主张"天人合一",强调人应效法自然规律以达到人与自然协调的理想境界。道家思想强调人应顺从自然变化,主张无为,"人法地、地法天、天法道、道法自然",把自然状态和人无为作为理想。

19世纪中叶以后,社会经济飞速发展,人类利用和改造自然的能力大大增强,随之而来的环境问题开始直接影响到人类的生产和生活,环境问题也日益受到人们的重视,许多学科的学者都分别从本学科的角度出发开始对环境问题进行探索和研究。1895年,英国生物学家达尔文在他的著作《物种起源》中提出"物竞天择、适者生存"的思想,论证了物种的进化与环境的变化有密切关系。20世纪50年代起,环境恶化,环境"公害"事件频频发生,环境质量状况令人担忧,此时环境问题开始受到世界各国和全人类的关注,环境科学也以此为契机迅速发展起来。物理、化学、生物、医学和地学等学科的相关学者在各自学科的基础上,运用原有学科的基本原理和方法研究环境问题,逐渐形成了以探讨环境问题的产生、演化和解决方法为特色的环境科学学科群,如环境物理学、环境化学、环境生物学等,并最终在这些学科的基础上演化形成了一门综合性的新兴学科——环境科学。

20世纪70年代以来,人们在控制环境污染方面取得了一定成果,某些地区的环境质量也有所改善,这证明环境问题是可以解决的,环境污染的危害是可以防治的。

随着人类在控制环境污染方面所取得的进展,环境科学这一新兴学科也日趋成熟,并形成自己的基础理论和研究方法。它将从分门别类研究环境和环境问题,逐步发展到从整体上进行综合研究。例如关于生态平衡的问题,如果单从生态系统的自然演变过程来研究,是不能充分阐明它的演变规律的。只有把生态系统和人类经济社会系统作为一个整体来研究,才能彻底揭示生态平衡问题的本质,阐明它从平衡到不平衡,又从不平衡到新的平衡的发展规律。人类要掌握并运用这一发展规律,有目的地控制生态系统的演变过程,使生态系统的发展越来越适宜于人类的生存和发展。通过这种研究,逐渐形成生态系统和经济社会系统的相互关系的理论。

2. 环境科学的研究对象

地理学家刘陪桐教授指出:"环境科学以'人类-环境'系统为特定的研究对象,它是研究'人类-环境'系统的发生和发展、调节和控制以及改造和利用的科学。""人类-环境"是一个由人类子系统和环境子系统组成的复合系统,两个子系统之间存在既对立又统一的辩证关系。这种辩证关系主要通过人类的生产和消费行为表现出来。人类的生产和消费行为是人类与环境之间物质、能量和信息等交换行为,人类通过生产行为从环境子系统中获取物质、能量和信息等,然后再将消费行为过程中产生的废水、废气、固体废物等废弃物排向环境子系统。人类的生产和消费行为受到环境子系统的影响,同时环境子系统的状况和变化也影响着人类子系统。

3. 环境科学的任务

（1）探索全球范围内环境演化的规律。环境总是不断地演化，环境变异也随时随地发生。在人类改造自然的过程中，为使环境向有利于人类的方向发展，避免向不利于人类的方向发展，就必须了解环境变化的过程，包括环境的基本特性、环境结构的形式和演化机理等。在环境科学诞生以前，人类学、人口学、地理学、地质学等学科已经积累了丰富的资料，环境科学必须从这些学科中汲取营养，了解人类和环境的发展规律。

（2）揭示人类活动同自然生态之间的关系。环境为人类提供生存条件，其中包括提供发展经济的物质资源。人类通过生产和消费活动，不断影响环境的质量。人类生产和消费系统中物质和能量的迁移、转化过程是异常复杂的，但必须使物质和能量的输入同输出之间保持相对平衡。这个平衡包括两项内容，一是排入环境的废弃物不能超过环境自净能力，以免造成环境污染，损害环境质量；二是从环境中获取可更新资源不能超过它的再生能力，以保障永续利用；从环境中获取不可更新资源要做到合理开发和利用。

（3）探索环境变化对人类生存的影响。环境变化是由物理的、化学的、生物的和社会的因素以及它们的相互作用所引起的。因此，必须研究污染物在环境中的物理、化学的变化过程，在生态系统中迁移转化的机理，以及进入人体后发生的各种作用，包括致畸作用、致突变作用和致癌作用。同时，必须研究环境退化同物质循环之间的关系。这些研究可为保护人类生存环境、制定各项环境标准、控制污染物的排放量提供依据。

（4）研究区域环境污染综合防治的技术措施和管理措施。工业发达国家防治污染经历了几个阶段：20世纪50年代主要是治理污染源；60年代转向区域性污染的综合治理；70年代侧重预防，强调区域规划和合理布局。引起环境问题的因素很多，实践证明需要综合运用多种工程技术措施和管理手段，从区域环境的整体出发，调节并控制人类和环境之间的相互关系，利用系统分析和系统工程的方法寻找解决环境问题的最优方案。

1.2.3　污染物的迁移与转化

污染物的迁移是指污染物在环境中所发生的空间位移及其所引起的富集、分散和消失的过程。污染物的转化常伴随污染物的迁移进行，是指污染物在环境中通过物理、化学或生物作用改变存在形式或改变为另一种物质的过程。

污染物在环境中的迁移主要通过机械迁移、物理-化学迁移和生物迁移三种方式进行。物理-化学迁移是最重要的迁移形式，它可通过溶解-沉淀、氧化-还原、水解、配位和螯合、吸附-解吸等理化作用实现无机污染物的迁移。有机污染物还可通过化学分解、光化学分解和生物分解作用实现迁移。污染物可通过生物体的吸收、代谢、生长、死亡等过程实现迁移。此外，生物迁移的一种重要表现形式是食物链传递产生的放大积累作用。

污染物在环境中的转化主要通过物理转化、化学转化和生物转化三种方式进行。物理转化是指污染物通过蒸发、渗透、凝聚、吸附和放射性元素蜕变等物理过程实现转化；化学转化是指污染物通过光化学氧化、氧化还原和配位络合、水解等化学过程实现转化；而生物转化是指污染物通过生物的吸收、代谢等生物作用实现转化。

1. 污染物在大气中的迁移和转化

污染物在大气中的迁移和转化使大气环境具有自净能力。进入大气的污染物首先通过风力、气流、沉积等因素在水平或垂直方向上迁移，可发生在本圈层内，也可以通过圈层间迁移转入地表。迁移过程只使污染物在大气中的空间分布发生了变化，而它们的化学组成不变。当污染物在大气中可以滞留足够时间,环境条件也适宜,就可以在大气圈内迁移的同时发生各种转化作用。污染物的转化是污染物在大气中经过一系列反应转化为无毒化合物,从而去除污染,或者转化为毒性更大的二次污染物,加重了污染。

2. 污染物在水体中的迁移和转化

污染物在水体中的迁移转化同样使水体具有自净能力。进入水体的污染物首先通过水力、重力等作流体动力迁移,同时发生扩散、稀释、浓度趋于均一的作用,也可能通过挥发转入大气。在适宜的环境条件下,污染物还会在水圈内发生迁移的同时产生各种转化作用。主要的转化过程有沉积、吸附、水解和光分解、配合、氧化还原、生物降解等。其中生物降解是决定有机污染物在水体中归宿的一种重要转化过程。

3. 污染物在生物圈内的迁移和转化

在一般情况下,污染物经由受污染的环境介质进入生物机体,即开始进入生物圈。此后在生物体内可能逐渐发生积累、富集作用,并在生态系统各成员间的取食与被取食过程中发生生物放大作用。同时,污染物在生物体内发生转化,主要的生物转化过程有生物氧化还原、生物甲基化及生物降解等。

4. 环境自净

环境自净是指环境受到污染后,在物理、化学和生物的作用下,逐步消除污染物达到自然净化的过程。环境自净按发生机理可分为物理净化、化学净化和生物净化三类。

(1)物理净化

环境自净的物理作用有稀释、扩散、淋洗、挥发、沉降等。如含有烟尘的大气,通过气流的扩散,降水的淋洗,重力的沉降等作用,而得到净化。混浊的污水进入江河湖海后,通过物理的吸附、沉淀和水流的稀释、扩散等作用,水体恢复到清洁的状态。土壤中挥发性污染物如酚、氰、汞等,因为挥发作用,其含量逐渐降低。物理净化能力的强弱取决于环境的物理条件和污染物本身的物理性质。环境的物理条件包括温度、风速、雨量等,污染物本身的物理性质包括相对密度、形态、粒度等。此外,地形、地貌、水文条件对物理净化作用也有重要的影响。温度的升高有利于污染物的挥发,风速增大有利于大气污染物的扩散,水体中所含的黏土矿物多有利于吸附和沉淀。

(2)化学净化

环境自净的化学反应有氧化和还原、化合和分解、吸附、凝聚、交换、络合等。如某些有机污染物经氧化还原作用最终生成水和二氧化碳等。水中铜、铅、锌、镉、汞等重金属离子与硫离子化合,生成难溶的硫化物沉淀。铁、锰、铝的水合物、黏土矿物、腐殖酸等对重金属离子的化学吸附和凝聚作用,土壤和沉积物中的置换作用等均属环境的化学净化。影响化学净化的环境因素有酸碱度、氧化还原电势、温度和化学组分等。污染物本身的形态和化学性质对化学净化也有重大的影响。温度的升高可加速化学反应,所以温热环境的自净能力比寒冷环境强,这在对有机质的分解方面表现得更为明显。有害的金属离子在酸性环境中有较强的活性而有利于迁移;在碱性环境中易形成氢氧化物沉淀而有利于净化。氧化还原电势值对变价元素的净化有重要的影响,价态的变化直接影响这些元素的化学性质和迁移、净化能力。如三价铬迁移能力很弱,而六价铬的活性较强,净化速率低。环境中的化学反应如生成沉淀物、水和气体则有利于净化,生成可溶盐也有利于迁移。

(3)生物净化

生物的吸收、降解作用使环境污染物的浓度和毒性降低或消失。植物能吸收土壤中的酚、氰,并在体内转化为酚糖苷和氰糖苷;球衣菌可以把酚、氰分解为二氧化碳和水;绿色植物可以吸收二氧化碳,放出氧气;凤眼莲可以吸收水中的汞、镉、砷等化学污染物,从而净化水体。同生物净化有关的因素有生物的科属、环境的水热条件和供氧状况等。在温暖、湿润、养料充足、供氧良好的环境中,植物的吸收净化能力强。生物种类不同,对污染物的净化能力可以有很大的差异。有机污染物的净化主要依靠微生物的降解作用,如在温度为 $20\sim40\,^{\circ}\mathrm{C}$,pH 值为 $6\sim9$,养料充分、空气充足的条件下,需氧微生物大量繁殖能将水中的各种有机物迅速地分解、氧化,转化成为二氧化碳、水、氨和硫酸盐、磷酸盐等。厌氧微生物在缺氧条件下,能把各种有机污染物分解成甲烷、二氧化碳和硫化氢等。在硫黄细菌的作用下,硫化氢可能转化为硫酸盐。氨在亚硝酸菌和硝酸菌的作用下被氧化为亚硝酸盐和硝酸盐。植物对污染物的净化主要是根和叶片的吸收。因此,城市工矿区的绿化,对净化空气有明显的作用。

1.3　环境化学的任务及研究内容

1.3.1　环境化学的性质与任务

1. 环境化学的性质

环境化学是化学学科一个新的分支,是环境科学的重要内容,环境化学是在化学学科基本理论和方法原理的基础上发展起来的,以化学物质(主要是污染物质)引起环境问题为研究对象,以解决环境问题为目标的多学科交叉的新型学科。

2. 环境化学的任务

环境化学是要从微观的原子、分子水平上研究宏观的环境现象与变化的化学机制及其防治途径,其核心是研究化学污染物在环境中的化学转化和效应。环境化学的主要任务有:

(1) 研究环境的化学组成,建立环境化学物质的分析方法;

(2) 掌握环境的化学性质,从环境化学的角度揭示环境形成和发展规律,预测环境的未来;

(3) 研究和掌握环境化学物质在环境中的形态、分布、迁移和转化规律;

(4) 查清环境污染物的来源;

(5) 研究污染物的控制和治理的原理及方法;

(6) 研究环境化学物质对生态系统及人类的作用和影响等。

1.3.2　环境化学的研究方法

环境化学与许多理论性和实用性的化学学科及环境学科的其他分支学科有着最密切的联系。环境化学的研究方法通常有四个方面。

(1) 现场研究

现场研究是指在所研究区域直接布点采样、采集数据,了解污染物时空分布,同步监测污染物变化规律,有地面监测、航测等,人力物力需求较大。

(2) 实验室研究

实验室研究是指在实验室内仅对所感兴趣的化学物质进行有关的一两个影响参数研究,而把其他的一些影响参数尽可能排除在外。绝大多数的环境化学研究是通过这种方法进行的。

由于化学污染物在环境中微量、浓度低、形态多样,又随时随地发生迁移和形态间的转化,所以需要以非常准确而又灵敏的环境分析监测手段作为研究工作的先导。例如对许多结构不明的有机污染物,经常需要用红外光谱仪、色质联用仪等结构分析仪来分析鉴定;对污染物在环境介质中的相互平衡或反应动力学机理研究常需用高灵敏度的同位素示踪技术等。

(3) 实验室模拟系统研究

由于自然环境通常处于变化不定的状态,各种因子时刻都发生变化,因此在实地对化学物质进行一些规律性研究是困难的。而实验室研究往往难以进行多个影响参数、多种物质共同存在下的化学物质的环境行为、归宿和效应等研究。实验模拟研究是指试图把自然环境的某个局部置于可以控制、调节和模拟的系统内,对化学物质在诸多因子影响下的环境行为进行研究。

(4) 计算机模拟研究

化学物质在环境中所发生的迁移、转化、归宿及生态效应等牵涉到该物质在环境中发生的各种物理过程、化学反应和生物化学过程,而这些过程与反应又受环境中诸多因素影响,因而化学物质在环境中的变化是相当复杂的。通过计算机模拟研究建立数学模型、进行参数估值、灵敏度分析以及模型的标定等过程,可较为接近地描述化学物质在环境中所发生的迁移、转化、归宿等过程,应用该方法进行研究在该领域已经有近八十年历史了。

在环境化学研究方法中需运用多方结合的手段,即多种学科结合、宏观和微观结合、静动结合、简繁结合,"软硬"结合等。

1.3.3 环境化学与相关环境学科的关系

环境化学是环境学与化学交叉起来的边缘学科,我国国家自然科学基金委员会于 1996 年组织有关专家编写《自然科学学科发展战略研究报告:环境化学》,提出了环境化学学科应包括"环境分析化学"、"环境污染化学"、"污染控制化学"和"污染生态化学",可归纳为 4 大分支学科(表 1-1)。

表 1-1 环境化学分支学科

环境分析化学	环境污染化学	污染控制化学	污染生态化学
环境有机分析化学	大气环境化学	大气污染控制化学	
环境无机分析化学	水环境化学	水污染控制化学	
	土壤环境化学	固体废物污染控制化学	

1. 环境分析化学

环境分析化学是研究如何运用现代科学理论和先进实验技术来鉴别和测定环境污染物及有关物种种类、成分与含量以及化学形态的科学。例如,某一区域环境受到化学物质污染,首先要查明危害是由何种化学污染物引起的。为此就需要鉴别污染物,也就是进行定性分析;其次,为了说明污染的程度,还需要测定污染物的含量,即进行定量分析。环境分析化学是取得环境污染各种数据的主要手段,也是开展环境科学研究和环境保护工作极为重要的基础。从某种意义上讲,环境科学的发展依赖于环境分析化学的发展。

环境分析化学的研究需应用化学分析技术,采用灵敏度高、准确度高、重现性好和选择性好的手段,应用各种专门设计的精密仪器,结合各种物理和生物的手段进行快速、可靠的分析。为了掌握区域环境的实时污染状况及其动态变化,必要时还需要应用自动连续监测和卫星遥感等新技术。

2. 环境污染化学

环境污染化学是研究化学污染物在大气、水体和土壤这些环境介质中形成、迁移、转化和归宿过程中的化学行为和生态效应，以及人类各种活动所产生的污染物对这些过程的干扰与影响的学科，可划分为大气环境化学、水体环境化学和土壤环境化学。大气污染化学主要研究大气污染物(颗粒物、硫氧化物、氮氧化物、碳氧化物、碳氢化合物和臭氧等)在大气中的存在和化学变化规律，及对人体危害严重的各种烟雾和酸雨的形成过程。

水污染化学主要研究物质在水环境中的存在、行为与效应，天然水体的污染过程和各种废水的净化过程。土壤环境化学主要研究化学物质引起土壤性质的变化以及各种化学物质在土壤环境介质中的迁移、转化、积累和降解的过程及其污染的化学行为、反应机制与归宿的规律，以及化学物质由土壤向作物传递，再经食物链危害人体健康的途径和过程等问题。造成土壤污染的物质有重金属、农药等，它们与土壤发生复杂的化学反应或生化作用而改变土壤的性质，如土壤胶体表面的电荷性质、酸碱度和氧化还原电位等，这些性质使化学污染物在土壤中的行为错综复杂，成为土壤环境化学的重要组成部分。

环境污染化学未来的发展方向是：

(1) 全球环境变化和新的温室气体发现及环境效应研究；

(2) 转化过程的耦合和环境影响的协同或拮抗效应的大气复合污染特征研究；

(3) 水体富营养化和赤潮机理，以及其他水质化学过程研究；

(4) 污染物在水-土壤-植物系统中的迁移转化及生物生态效应的研究；

(5) 有毒有害污染物的环境行为及其在环境介质中反应机理研究；

(6) 多种化学物质对环境的复合污染效应研究；

(7) 化学污染物在环境介质微界面的反应机制研究；

(8) 化学污染物在多介质环境中跨界面迁移转化过程机理研究；

(9) 纳米污染物的微界面行为与微界面的相互作用过程及机理。

3. 污染控制化学

污染控制化学主要研究污染控制有关的机制与工艺技术及无污染和少污染工艺技术中的化学问题，以便最大限度地控制化学污染，为开发高效的污染控制技术、发展清洁工艺提供科学依据。

污染控制化学未来的发展方向是：

(1) 污染物的管道末端治理的新途径和生产全过程污染控制的新体系；

(2) 污染环境原位修复的新技术；

(3) 无污染或少污染的新能源、新技术、新工艺和新材料的开发；

(4) 固体废物处理和综合利用的基础应用研究；

(5) 单元技术强化和技术集成与过程优化研究；

(6) 居室内污染控制技术的研究。

在污染控制领域，目前已经从工业"三废"治理技术，逐渐向利用物理、化学和生物等方法相结合的综合治理技术发展；从单个污染源治理向某个水系或地区进行综合防治方向发展；从消极治理向改革工艺、减少排放方向发展。

4. 污染生态化学

污染生态化学主要研究化学污染物在生态系统中的行为规律及其危害，并研究生物体与污染环境相互作用的化学机制与化学过程及其调控的学科，是生态学与环境化学的交叉学科。

污染生态化学作为环境化学的一个重要分支,在逐渐完善其基本理论的同时,通过学科交叉和再融合,在使其自身成熟的过程中,促进或带动环境化学及其他分支学科的发展。作为应用生态学的重要组成部分,污染生态化学的研究及其成果的应用,已经成为应用生态学发展与学术创新的催化剂。

随着世界范围内环境污染的进一步恶化以及由此导致的不良生态效应在生态系统层面上逐渐地由个体向种群、群落、景观与区域、全球生态系统等高层次水平的不断扩展,污染生态化学在研究解决这些复杂问题、治理污染环境的过程中得到了发展。不仅如此,污染生态化学还在国家生态安全、人体健康、乡村城镇化、环境规划、工业清洁生产、农牧渔业可持续发展、农产品安全生产、绿色药物设计和生物多样性保护等方面发挥了其他学科不可替代的重要作用。

污染生态化学未来的发展方向是:

(1) 化学污染物的生态毒理学及新方法研究;

(2) 化学污染物的生态风险评价;

(3) 分子水平上污染物在生物与环境介质之间的相互作用机理研究;

(4) 潜在的环境内分泌干扰物和致癌、致畸、致突变化学污染物的发现和判别;

(5) 新型疾病起源的污染化学研究;

(6) 新产品的生态安全评价;

(7) 发现和研究新的环境生物标志物。

本 章 小 结

环境化学是研究有害化学物质在环境介质中的存在、特性、行为和效应及其控制的化学原理和方法的科学。本章主要介绍环境化学的产生、概念、研究对象、研究范围及环境化学的发展动向,阐述了主要环境污染物的类别和它们在各环境圈层的迁移转化过程。要求掌握现代环境问题的发展过程以及对环境化学提出的任务,明确学习环境化学课程的目的。

习 题

1. 什么是环境化学?环境化学有哪些分支学科?

2. 如何认识环境问题的发展过程?

3. 环境化学常采用哪些研究方法?

4. 环境化学的任务有哪些?

阅读材料

室内环境的化学污染

随着生活水平的不断提高,人们对居住环境的要求也越来越高,希望能有一个宽敞、舒适、健康的居住空间,因而现在人们更注重家居的环保,尤其是室内的装修。据国际有关组织调查统计,世界上30%的新建和重修的建筑物中发现有有害于健康的室内空气,这种室内污染已经引起全球性的人口发病和死亡率的增加。室内环境污染已经列入对公众健康危害最大的5种环境因素之一。国际上一些环境专家提醒人们,在经历了工业革命带来的"煤烟型污染"和"光化学烟雾污染"后,现代人正进入以"室内空气污染"为标志的第三污染时期。而室内环境中的一些有害化学物质,正是室内空气污染的罪魁祸首。

室内环境中的化学性污染物主要有甲醛、苯、甲苯、二甲苯、氨气、二氧化硫、总挥发性有机物和可吸入颗粒物。根据国家标准《民用建筑工程室内环境污染控制规范》的规定,列出甲醛、苯、氨、氡、总挥发性有机物五项污染物进行控制。

1. 甲醛

甲醛是一种无色、具有刺激性且易溶于水的气体,已被世界卫生组织确定为致癌和致畸形物质。甲醛释放污染,会造成眼睛流泪,眼角膜、结膜充血发炎,皮肤过敏,鼻咽不适,咳嗽,急慢性支气管炎等呼吸系统疾病,亦可造成恶心、呕吐、肠胃功能紊乱。严重时还会引起持久性头痛、肺炎、肺水肿、丧失食欲,甚至导致死亡。长期接触低剂量甲醛,可引起慢性呼吸道疾病、眼部疾病、女性月经不调和紊乱、妊娠综合征、新生儿畸形、精神抑郁症。另外,还会促使新生儿体质下降,造成儿童心脏病。据美国医学部门调查,甲醛释放污染是造成3~5岁儿童哮喘病增加的主要原因。它有凝固蛋白质的作用,其35%~40%的水溶液通称为福尔马林,常作为浸渍标本的溶液。

室内环境中的甲醛从其来源来看大致可分为两大类。

(1) 来自室外空气的污染:工业废气、汽车尾气、光化学烟雾等在一定程度上均可排放或产生一定量的甲醛,但是这一部分含量很少。据有关报道显示城市空气中甲醛的年平均浓度为 0.005~0.01 mg/m³,一般不超过 0.03 mg/m³,这部分气体在一些时候可进入室内,是构成室内甲醛污染的一个来源。

(2) 来自室内本身的污染:甲醛主要来源于人造木板,主要是生产中使用的;装修材料及新的组合家具是造成甲醛污染的主要来源;装修材料及家具中的胶合板、大芯板、中纤板、刨花板(碎料板)的黏合剂遇热、潮解时甲醛就释放出来,是室内最主要的甲醛释放源;UF 泡沫作房屋防热、御寒的绝缘材料。在光和热的作用下泡沫老化;用甲醛做防腐剂的涂料、化纤地毯、化妆品等产品;室内吸烟。

因此,从总体上说室内环境中甲醛的来源还是很广泛的,一般新装修的房子其甲醛的含量可超标6倍以上,个别则有可能超标达40倍以上。经研究表明甲醛在室内环境中的含量和房屋的使用时间、温度、湿度及房屋的通风状况有密切的关系。在一般情况下,房屋的使用时间越长,室内环境中甲醛的残留量越少;温度越高,湿度越大,越有利于甲醛的释放;通风条件越好,建筑、装修材料中甲醛的释放也相应越快。

2. 苯

苯为无色具有特殊芳香味的气体,已被世界卫生组织确定为强烈致癌物质。苯是近年来造成儿童白血病患者增多的一大诱因。调查数据表明,在城市儿童白血病患者中,90%的家庭一年内进行过室内装修。人在短时间内吸入高浓度苯时,会出现中枢神经系统麻醉作用,轻者出现头晕、头痛、恶心、呕吐、胸闷、乏力等现象,重者还会导致昏迷,甚至因呼吸、循环系统衰竭而死亡。如果长期接触一定浓度的苯,会引起慢性中毒,出现头痛、失眠、精神萎靡不振、记忆力减退等神经衰弱症状。

室内环境中苯的来源主要是燃烧烟草的烟雾、溶剂、油漆、染色剂、图文传真机、电脑终端机和打印机、黏合剂、墙纸、地毯、合成纤维和清洁剂等。

工业上常把苯、甲苯、二甲苯统称为三苯,在这三种物质当中以苯的毒性最大。

3. 氨

氨是一种无色且具有强烈刺激性臭味的气体,比空气轻。氨是一种碱性物质,它对所接触的皮肤组织都有腐蚀和刺激作用,可以吸收皮肤组织中的水分,使组织蛋白变性,并使组织脂肪皂化,破坏细胞膜结构。浓度过高时除腐蚀作用外,还可通过三叉神经末梢的反向作用而引起心脏停搏和呼吸停止。氨通常以气体形式吸入人体进入肺泡内,氨被吸入肺后容易通过肺泡进入血液,与血红蛋白结合,破坏运氧功能。氨的溶解度极高,所以主要对动物或人体的上呼吸道有刺激和腐蚀作用,减弱人体对疾病的抵抗力。少部分氨为二氧化碳所中和,余下少量的氨被吸收至血液可随汗液、尿或呼吸道排出体外。部分人长期接触氨可能会出现皮肤色素沉积或手指溃疡等症状;短期内吸入大量氨气后可出现流泪、咽痛、声音嘶哑、咳嗽、痰带血丝、胸闷、呼吸困难,可伴有头晕、头痛、恶心、呕吐、乏力等症状,严重者可发生肺水肿、成人呼吸窘迫综合征,同时可能发生呼吸道刺激症状。所以碱性物质对组织的损害比酸性物质深而且严重。

在我国很多地区,建造住宅楼、写字楼、宾馆、饭店等的建筑施工中,常人为地在混凝土里添加高碱混凝土膨胀剂和含尿素的混凝土防冻剂等外加剂,以防止混凝土在冬季施工时被冻裂,大大提高了施工进度。这些含有大量氨类物质的外加剂在墙体中随着湿度、温度等环境因素的变化而还原成氨气从墙体中缓慢释放出来,造成室内空气中氨浓度的大量增加。同时室内空气中的氨也可来自室内装饰材料,比如家具涂饰时使用添加剂和增白剂大部分都用氨水。烫发过程中氨水作为一种中和剂而被洗发店和美容院大量使用。

4. 氡

氡通过呼吸进入人体,衰变时产生的短寿命放射性核素会沉积在支气管、肺和肾组织中。当这些短寿命放射性核衰变时,释放出的 α 粒子对内照射损伤最大,可使呼吸系统上皮细胞受到辐射。长期的体内照射可能引起局部组织损伤,甚至诱发肺癌和支气管癌等。据估算,人的一生中,如果在氡浓度 370 Bq/m³ 的室内环境中生活,每千人中将有 30~120 人死于肺癌。氡及其子体在衰变时还会同时放出穿透力极强的 γ 射线,对人体造成外照射。若长期生活在含氡量高的环境里,就可能对人的血液循环系统造成危害,如白细胞和血小板减少,严重的还会导致白血病。室内氡来源包括从建材中析出的氡、从底层土壤中析出的氡、由于通风从户外空气中进入室内的氡、从供水及用于取暖和厨房设备的天然气中释放出的氡。

5. 总挥发性有机化合物

总挥发性有机化合物(TVOC)多指沸点在 50~250℃ 的化合物,按其化学结构的不同,可进一步分为八类:苯类、烷类、芳烃类、烯类、卤烃类、醛类、酮类、酯类和其他类。非工业性的室内环境中,可以见到 50~300 种挥发性有机化合物。它们都以微量和痕量水平出现,每种化合物很少超过 50 mg/m³ 的水平。TVOC 按挥发性可分为四类:极易挥发性有机物(VVOCs)、挥发性有机物(VOCs)、半挥发性有机物(SVOCs)和与颗粒物或颗粒有机物有关的有机物(POM)。而在对室内有机污染物的检测方面基本上以 VOCs 代表有机物的污染状况。1989年美国环境保护局曾检测到 900 多种存在室内的 VOCs。VOCs 能引起机体免疫水平失调,影响中枢神经系统功能,出现头晕、头痛、嗜睡、无力、胸闷等自觉症状;还可能影响消化系统,出现食欲不振、恶心等,严重时可损伤肝脏和造血系统,出现神经毒性作用。

室内环境中 VOCs 的来源主要是由建筑材料、清洁剂、油漆、含水涂料、黏合剂、化妆品和洗涤剂等释放出来的,此外吸烟和烹饪过程中也会产生。

参考文献

[1] 何强,井文涌,王翊亭.环境学导论.3 版.北京:清华出版社,2004.

[2] 贾振邦,黄润华.环境学基础教程.2 版.北京:高等教育出版社,2010.

[3] 吴彩斌,雷恒毅,宁平.环境学概论.北京:中国环境科学出版社,2005.

2 大气环境化学

2.1 大气的组成与大气层结构

大气是指包围在地球表面并随地球旋转的空气层。人类生活一刻也离不开大气,它为地球生命的繁衍和人类的发展提供了理想的环境。大气的状态和变化,时时处处影响着人类的活动与生存。

大气的总质量约为 3.9×10^{15} t,约占地球总质量的百万分之一。大气质量在垂直方向的分布是不均匀的,由于受地心引力的作用,大气的主要质量集中在下部,其质量的 50% 集中在离地面 5.5 km 以下,75% 集中在 10 km 以下,90% 集中在 30 km 以下。

大气为植物的光合作用提供 CO_2,为呼吸作用提供 O_2;约占大气体积 4/5 的氮气可以通过豆科植物的根瘤菌固定到土壤中,成为植物体内不可缺少的养料;大气参与自然界的水循环过程,把水从海洋输送到陆地;在 20~30 km 高度的大气层中存在着能大量吸收太阳紫外线的臭氧层,使到达地表对生物有杀伤力的短波辐射大大降低,保护着地表生物和人类。

2.1.1 大气的组成

大气是一种气体混合物,其组分可分为恒定、可变和不定三种(表 2-1)。

表 2-1 清洁干燥大气的组成

成分	相对分子质量	体积分数	成分	相对分子质量	体积分数
氮(N_2)	28.01	78.09%	甲烷(CH_4)	16.04	1.5×10^{-6}
氧(O_2)	32.00	20.95%	氪(Kr)	83.80	1×10^{-6}
氩(Ar)	39.94	0.93%	一氧化二氮(N_2O)	44.01	0.5×10^{-6}
二氧化碳(CO_2)	44.01	0.033%	氢(H_2)	2.016	0.5×10^{-6}
氖(Ne)	20.18	18×10^{-6}	氙(Xe)	131.30	0.08×10^{-6}
氦(He)	4.003	5.3×10^{-6}	臭氧(O_3)	48.00	$(0.01 \sim 0.04) \times 10^{-6}$

1. 恒定组分

大气中的恒定组分主要包括氮、氧、氩,还有微量的氖、氦、氪等稀有气体,其相对含量基本保持恒定;其中氮约占 78.09%,氧约占 20.95%,氩约占 0.93%,这三部分共计约占空气总量的 99.97%。

2. 可变组分

大气中的可变组分主要是指 CO_2 和水蒸气,其中 CO_2 的含量为 0.02%~0.04%,水蒸气的含量为 4% 以下。季节、气象的变化以及人类生活和生产活动会对大气可变组分含量产生影响。近年来,CO_2 作为"温室气体"的重要组成成分,减少碳排放已成为全球环境领域的热点问题。水汽含量随着空间位置和季节变化而改变,在热带有时可达 4%,而南北极则不到 0.1%。

只含有上述恒定组分和可变组分的空气,可认为是纯净的空气。

3. 不定组分

大气中不定组分是指尘埃、硫氧化物、氮氧化物和花粉等,它们主要是由于火山爆发、岩石风化、森林火灾、海啸、地震、植物花粉等自然现象所产生的;水汽凝结物(云、雾滴、冰晶)和电离过程中产生的少量带电离子也是大气不定组分之一。

不定组分是造成大气污染的主要因素。

2.1.2 大气层结构

大气的物理性质在垂直方向和水平方向都是不均匀的,不同高度范围内的大气层和不同区域的空气具有不同的特征。根据大气本身的物理或化学性质,可将大气分为若干层,其中应用最为广泛的是按大气的温度结构分层,即根据大气温度随高度垂直变化的特征,将大气分为对流层、平流层、中间层、热层和散逸层,如图 2-1 所示。

1. 对流层

对流层是紧靠地面的大气最低层,对人类生产、生活影响最大。云、雾、雨、雪等主要大气现象都出现在此层。

对流层主要有以下四个特征:

(1)其厚度随纬度和季节变化:在赤道附近,对流层厚度为 16~18 km;在中纬度地区,对流层厚度为 10~12 km;在两极附近,对流层厚度为 8~9 km。一般夏季对流层的厚度较厚,冬季较薄。

(2)气温随高度增加而降低:对流层空气主要吸收从地面发射的红外辐射获得热量,因此随着离地距离增加,气温降低,其降低的量值,因所在地区、所在高度和季节等因素而异。平均而言,高度每增加 100 m,气温下降约 0.65℃。

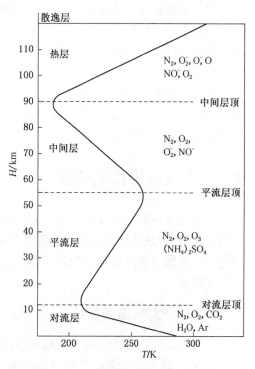

图 2-1 大气主要成分及温度分布

(3)存在垂直对流运动:由于地球表面的不均匀加热,对流层空气上冷下热,产生大规模的垂直对流运动。对流运动的强度随纬度和季节变化,一般为:低纬度较强,高纬度较弱;夏季较强,冬季较弱。空气通过对流和湍流运动,高、低层的空气进行交换,易产生风、雨、雷、电等复杂的天气现象,污染源排放到大气中的污染物亦可被输送到较远的地方且浓度得到稀释。

(4)气象要素水平分布不均匀:由于对流层受地表的影响最大,而地表面有海陆分异、地形起伏等差异,因此在对流层中,温度、湿度等要素的水平分布是不均匀的。

2. 平流层

平流层是指从对流层顶到高度 55 km 左右的大气层。在平流层内,随着高度的增高,气温最初保持不变或微有上升。大约到 30 km 以上,气温随高度增加而显著升高,在 55 km 高度上可达 -3~17℃。

平流层的特点:

(1)空气垂直对流运动很小,平流运动占据显著优势;

(2)空气稀薄,水汽、尘埃的含量较少,很少出现云、雨等天气现象;

(3) 在高约 15～35 km 范围内存在着厚度约为 20 km 的臭氧层。臭氧层吸收大部分太阳辐射的紫外线,一方面保护地球生物,另一方面使平流层温度升高。

3. 中间层

中间层是指平流层顶到高度 85 km 左右的大气层。因为这一层中几乎没有臭氧,而氮和氧等气体所能直接吸收的那些较短波长的太阳辐射已大部分被上层大气吸收了,所以中间层内气温随高度增加而迅速下降,其顶部气温降到 −113～−83℃。由于中间层中垂直温度梯度较大,因此该层具有相当强烈的垂直对流运动。

4. 热层

热层也称热成层或暖层,它位于中间层顶以上。由于波长小于 0.175 μm 的太阳紫外辐射被该层中的大气物质(主要是原子氧)所吸收,因此该层的温度随高度增加而上升。在该层中,气体吸收强太阳辐射处于高度电离状态,因此,该层又被称为电离层。

5. 散逸层

这是大气的最高层,又称外层。这一层中气温随高度的增加变化很小。由于温度高,气体粒子运动速度很大,且远离地心,引力较小,所以大气粒子经常散逸至星际空间,该层是大气圈与星际空间的过渡地带。

2.2　大气污染物的迁移

污染物由污染源排放出来进入大气,就开始一系列复杂的迁移转化过程。污染物在大气中的迁移、扩散是这些复杂过程的重要方面,大气污染物的迁移是指污染物进入大气,在空气的运动下被输送和分散的过程。迁移过程受到气象因素的强烈影响,下面先介绍两个重要的气象学概念。

2.2.1　大气温度层结

大气温度层结或大气密度层结是指:处于静止状态的大气的温度和密度在垂直方向上的分布规律。大气的湍流状况在很大程度上取决于近地层大气的垂直温度分布,因而大气的温度层结直接影响着大气的稳定程度。

大气中实际温度垂直分布情况的曲线,称为温度层结曲线(图 2-2),简称层结曲线,有时又称环境曲线。

大气温度层结曲线有三种基本类型。

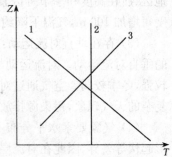

图 2-2　大气的温度层结曲线

(1) 递减层结。气温沿高度增加而降低,如图 2-2 中曲线 1 所示。由于地面吸收太阳辐射温度升高,近地空气得以加热。此时上升空气团的降温速度比周围慢,空气团处于加速上升运动,大气为不稳定状态。递减层结属于正常分布,一般出现在晴朗的白天,风力较小的天气。

(2) 等温层结。气温沿高度增加不变,如图 2-2 中曲线 2 所示。等温层结多出现于阴天、多云或大风时,此时上升空气团的降温速度比周围气温快,上升运动将减速并转而返回,大气趋于稳定状态。

(3) 逆温层结。气温沿高度增加而升高,如图 2-2 中曲线 3 所示。逆温层结简称逆温,其形成有多种机理。通常,按逆温层的形成过程可分为辐射逆温、下沉逆温、湍流逆温、平流逆温、锋面逆温等类型。当出现逆温时,大气在竖直方向的运动基本停滞,处于强稳定状态。

2.2.2 大气稳定度

大气稳定度(Atmospheric Stability)是指大气中某一高度上的气团在垂直方向上相对稳定的程度。假定有一块气团由于某种原因受到外力的作用向上或向下垂直运动,在其上升或下降时,可能出现稳定、不稳定或中性平衡三种状态。大气稳定度可根据气温垂直递减率 γ 和干绝热递减率 γ_d 进行判断。

(1) 气温垂直递减率

气温垂直递减率的含义是:在垂直于地球表面方向上,每升高 100 m 气温的变化值,通常用 γ 表示。

在对流层中 $\gamma = 0.65℃/100 \text{ m}$,表明在对流层中,每升高 100 m 气温下降 $0.65℃$。产生这种现象的主要原因有两个:

① 地面反射是大气的主要增温热源;

② 水蒸气和固体颗粒物等能大量吸收地面辐射的物质随高度增加而减少。

(2) 气温干绝热递减率

气温干绝热递减率 γ_d 是指干空气在绝热升降过程中每变化单位高度时干空气自身温度的变化。它表示干空气的热力学性质,是一个气象常数,$\gamma_d = 0.98℃/100 \text{ m}$。

(3) 大气稳定度的判断

大气稳定度取决于 γ/γ_d 的比值。当 $\gamma > \gamma_d$ 时,大气处于不稳定状态;当 $\gamma = \gamma_d$ 时,大气处于中性平衡状态;当 $\gamma < \gamma_d$ 时,大气处于稳定平衡状态。

大气稳定度对污染物在大气中的扩散有很大影响。大气越不稳定,污染物的扩散速率就越快;反之,则越慢。

2.2.3 影响大气污染物迁移的因素

大气污染物从污染源中排出来进入大气被扩散稀释,此过程受到很多因素的影响,主要包括:气象因素(大气稳定度和风)、地理因素以及污染物特征等。

1. 气象因素的影响

影响污染物扩散的气象因子主要是大气稳定度和风。

(1) 大气稳定度

大气稳定度是直接影响大气污染物扩散的重要因素。当近地面的大气处于不稳定状态时,由于上部气温低而密度大,下部气温高而密度小,两者之间形成的密度差导致空气在竖直方向产生强烈的对流,使得污染物迅速扩散。当出现逆温时,大气处于稳定状态,大气在竖直方向的运动基本停滞,污染物得不到扩散稀释,将在一定范围聚集,造成局部大气污染。

(2) 风

空气的水平运动称为风,风向和风速是描述风的两个因素。风向决定了污染物迁移的方向,依靠风的输送作用,大气污染物在下风向地区稀释。风速是决定大气污染物稀释程度的重要因素之一。风速越大,冲淡稀释的作用就越好。大气污染物浓度与风速的关系可表示为:

$$污染物浓度 \propto \frac{污染物总排放量}{平均风速} \tag{2-1}$$

大气除了整体水平运动以外，还存在着各种尺度的次生运动或漩涡运动，称为湍流。湍流可使污染物向各个方向扩散，且扩散能力很强。风速越大，湍流越强，污染物扩散得越快。

　　2. 地理因素的影响

地形地势对大气污染物的扩散和浓度分布有着重要影响。陆地和海洋，以及陆地上广阔的平地和高低起伏的山地及丘陵等不同的地形对污染物的扩散稀释影响不同。

　　(1) 山区地形

山区地形复杂，局地环流多样，由于山坡和谷底受热不均匀所引起的山谷风是最常见的局地环流。晴朗的白天，阳光使山坡首先受热，受热的山坡把热量传给其上的空气，这一部分空气比同高度谷底上空的空气温度高，密度小，于是就产生上升气流，谷底较冷的空气来补充，形成从山谷指向山坡的风，称之为"谷风"。夜间，情况正好相反，山坡冷却较快，其上方空气相应冷却得比同一高度谷底上空的空气快，较冷空气沿山坡流向谷底，形成"山风"。

吹谷风时排放的污染物向外流出，易于扩散，而当转为山风时，被污染的空气又被带回谷内。特别是山谷风交替时，风向不稳，时进时出，反复循环，使空气中污染物浓度不断增加，造成山谷中污染加重。

山区辐射逆温因地形作用而增强。夜间冷空气沿坡下滑，在谷底聚积，逆温发展的速度比平原快，逆温层更厚，强度更大；且因地形阻挡，河谷和凹地的风速很小，更有利于逆温的形成。因此山区全年逆温天数多，逆温层较厚，逆温强度大，持续时间也较长，不利于污染物扩散。

　　(2) 海陆界面

海洋和陆地的物理性质差异较大，易形成海陆风。在白天，由于太阳辐射，陆地升温比海洋快，使低空大气由海洋流向陆地，形成"海风"，高空大气从陆地流向海洋，形成"反海风"。在夜晚，陆地比海洋降温快，在海陆之间产生了与白天相反的温度差、气压差，使低空气大气从陆地流向海洋，形成"陆风"，高空大气从海洋流向陆地，形成"反陆风"。

在湖泊、江河的水陆交界地带也会产生水陆风局地环流，称为"水陆风"。但水陆风的活动范围和强度比海陆风要小。

海陆风对空气污染的影响有如下几种作用：一种是循环作用，如果污染源处在局地环流之中，污染物就可能循环积累达到较高的浓度，直接排入上层反向气流的污染物，有一部分也会随环流重新带回地面，提高了下层上风向的浓度。另一种是往返作用，在海陆风转换期间，原来随陆风输向海洋的污染物又会被发展起来的海风带回陆地。

　　(3) 城市

动力湍流显著：由于城市建筑密集，高度参差不齐，因此城市下垫面有较大的粗糙度，城市上空的动力湍流明显大于郊区。

存在"热岛效应"：由于城市生产、生活过程中燃料燃烧释放出大量热，造成城市温度高于郊区，这种现象称为城市热岛效应。夜间，城市热岛效应使近地层辐射逆温减弱或消失而呈中性，甚至不稳定状态；白天则使温度垂直梯度加大，处于更加不稳定状态，这样使污染物易于扩散。

另一方面，城市和周围乡村的水平温差，形成城郊环流。在这种环流作用下，城市本身排放的烟尘等污染物聚积在城市上空，形成烟幕，导致市区大气污染加剧。

　　3. 污染物特征的影响

污染物在扩散的过程中会发生沉降、化合分解、净化等质量转化和转移作用，从而使污染物的浓度发生变化。扩散过程中的净化作用主要包括干沉积、湿沉积和放射性衰变等。

干沉积是指颗粒物的重力沉降与下垫面的清除作用。大气污染物及其尘埃扩散时，碰到下垫面的地面、水面、植物与建筑物等,会因碰撞、吸附、静电吸引或动物呼吸等作用而被逐渐清除出去,从而降低大气中污染物浓度。湿沉积包括大气中的水汽凝结物(云或雾)与降水(雨或雪)对污染物的净化作用。放射性衰变是指大气中含有的放射物质可能产生的衰变现象。这些大气的自净化作用可能减少某种污染物的浓度,但也可能增加新的污染物。

2.3　大气污染及其影响和危害

2.3.1　大气污染和大气污染物

随着现代工业及交通运输等行业的迅速发展,特别是煤和石油等化石燃料的大量使用,产生的大量有害物质和烟尘、二氧化硫、氮氧化物、一氧化碳、碳氢化合物等排放到大气中,当其浓度超过环境所能允许的极限并持续一定时间后,就会改变大气的正常组成,破坏自然的物理、化学和生态平衡体系,从而危害人们的生活、工作和健康,损害自然资源及财产、器物等,这种情况即被称为大气污染。简单地说,大气污染是指大气中一些物质的含量远远超过正常本底含量的大气状况。

1. 大气污染源

按污染物产生的原因,大气污染源可分为天然污染源和人为污染源。

天然污染源是由自然灾害造成的,包括火山喷发、山林火灾、海啸、土壤和岩石的风化以及空气运动等。目前还不能对天然污染源进行控制,但它们所造成的污染是局部的、暂时的,通常在大气污染中起次要作用。

人为污染源是在人类生产和生活中所造成的污染。一般所说的大气污染是指人为因素引起的污染。主要可分为以下几类。

(1) 生活污染源、工业污染源和交通污染源

生活污染源是指人类生活过程中排放的污染的设施,如烧饭、取暖用的各类燃油、燃煤、燃气炉灶;工业污染源是指生产过程中产生的污染源,包括工厂烟囱、排气筒等;交通污染源是指各类排放尾气的汽车、飞机、火车和船舶等交通工具,尾气中的主要污染物为一氧化碳、氮氧化物、碳氢化合物、铅等。

(2) 固定污染源和移动污染源

固定污染源主要是指排放污染物的固定设施,如工矿企业的烟囱和排气筒,生活污染源和工业污染源基本都属于固定污染源。移动污染源主要是指排放污染物的交通工具。

(3) 点污染源、线污染源和面污染源

点污染源或称点源,是指通过某种装置集中排放的固定点状源,如烟囱、排气筒等。

线污染源或称线源,是指污染物呈线状排放或者由移动源构成线状排放的源,如城市道路的机动车排放源等。

面污染源或称面源,是在一定区域范围内,以低矮密集的方式自地面或近地面的高度排放污染物的源,如工艺过程中的无组织排放、储存堆、渣场等排放源。

(4) 一次污染源和二次污染源

一次污染源是指直接向大气排放污染物的设施。二次污染源是可产生二次污染物的发生源。所谓的二次污染物是指不稳定的一次污染物与空气中原有成分发生反应,或在污染物与污染物之间相互反应而生成的一系列新的污染物,如臭氧、酮、光化学烟雾等。

2. 大气污染类型

大气污染类型主要取决于所用能源的性质和污染物的化学反应特性,可根据不同的出发点进行不同分类。

(1) 根据污染化学物质可分为两种截然不同的类型:还原型与氧化型

① 还原型:它常发生在以使用煤炭为主,同时也使用石油的地区。它的主要污染物是 SO_2、CO 和颗粒物,在低温、高湿度的阴天,且风速很小,并伴有逆温存在的情况时,一次污染受阻,易在低空聚积,生成还原性烟雾。如伦敦烟雾事件就属于这种类型。

② 氧化型:这种类型大多发生在使用石油为燃料的地区,主要污染源是汽车排气、燃油锅炉以及石油化工企业,主要的一次污染物是一氧化碳、氮氧化物和碳氢化合物。这些大气污染物在阳光照射下能引起化学反应,生成二次污染——臭氧、醛类、过氧乙酰硝酸酯等物质,它们具有较强的氧化性质,引起人眼睛等黏膜强烈刺激。例如,20 世纪 40 年代初发生在美国洛杉矶的光化学烟雾事件就属于这种类型。

(2) 根据燃料性质可将大气污染划分为四种类型:煤炭型、石油型、混合型和特殊型

① 煤炭型:主要污染物是由煤炭燃烧时放出的烟气、粉尘、二氧化硫等所构成的一次污染物,以及由这些污染物发生化学反应而生成的硫酸、硫酸盐类气溶胶等二次污染物。工业企业的废气是其主要来源,家庭炉灶的排放物也占一定比例。

② 石油型:主要污染物来自汽车尾气、石油冶炼以及石油化工厂的排放物。主要污染物包括二氧化氮、烯烃、链烷、醇、羰基等碳氢化合物,并可通过复杂的反应生成一系列中间产物和最终产物。

③ 混合型:这是指污染物既来源于燃煤产生的污染物,也包括以石油为燃料的污染源排出的污染物,还包括从工矿企业排出的各种化学物质等。如 20 世纪曾导致日本横滨和川崎等地爆发哮喘病的污染事件便属此类型。

④ 特殊型:这是指有关工厂企业排放的特殊气体所造成的污染,它造成局部小范围的污染,如生产磷肥的工厂造成的污染,氯碱厂周围可能造成的氯气污染等。

3. 大气污染物

排入大气中的污染物种类很多,可以将其分为不同的类型。根据污染物存在的形态,大气污染物可分为颗粒污染物与气态污染物。依照与污染源的关系,可将其分为一次污染物和二次污染物。

(1) 一次污染物

此又称原发性污染物,是指从污染源直接排出且进入大气的污染物,包括气体、蒸汽和颗粒物,主要有以下几种。

① 颗粒物。根据颗粒物的大小,又可分为飘尘和降尘。

② 硫氧化物 SO_x:包括 SO_2、SO_3、S_2O_3、SO 和过氧化硫。其中 SO_2 是一种无色、具有刺激性气味的不可燃气体,是大气中分布最广、影响最大的污染物。SO_2 极不稳定,易氧化或发生光化学反应生成 SO_3,进而生成 H_2SO_4 或硫酸盐。所以,SO_2 是生成酸雨的主要因素;硫酸盐较稳定,能飘出很远,造成远距离污染;SO_3 和硫酸雾能降低能见度,对环境和人体产生危害。

③ 碳氧化物:包括 CO 和 CO_2 两种。CO_2 是一种正常组分,但浓度过高时,使氧气含量相对减少,也会对人产生不良影响。CO 是无色、无臭的有毒气体。高浓度的 CO 被血液中的血红蛋白吸收,会对人体造成致命伤害。冬季取暖时或交通繁忙的路口,常有 CO 严重超标的现象。

④ 氮氧化物 NO_x：主要有 NO、NO_2。NO_x 既是形成酸雨的主要物质之一，也是形成大气中光化学烟雾的重要物质和消耗臭氧的一个重要因素。

⑤ 碳氢化合物：包括烷烃、烯烃和芳烃等复杂多样的化合物，是形成光化学烟雾的主要成分。

（2）二次污染物

此又称继发性污染物，是指一次污染物进入空气后经过一系列化学或光化学反应而生成的新污染物，主要有硫酸雾、光化学烟雾和酸雨等。

① 硫酸雾。它是大气中未燃烧的煤尘、SO_2 与空气中的水蒸气混合并发生化学反应形成的硫酸雾和硫酸盐气溶胶。

② 光化学烟雾。大气中氮氧化物、碳氢化合物等发生光化学反应，生成的浅蓝色（有的呈紫色或黄褐色）烟雾型混合物。它的主要成分有醛类、酮类、过氧乙酰硝酸酯、O_3 等。

③ 酸雨。指 $pH < 5.6$ 的雨、雪或其他的大气降水。SO_x 和 NO_x 酸性氧化物转化成硫酸和硝酸后随着雨水的降落而沉降到地面。

2.3.2 大气污染的影响及其危害

大气污染是当前世界最主要的环境问题之一，对人类健康、工农业生产、动植物生长、社会财产和全球环境等都会造成很大的危害。

1. 对人体健康的影响

大气污染物侵入人体主要有三条途径：表面接触、食入含污染物的食物和吸入受污染的空气，其中以第三条途径最为重要。大气污染对人体健康的危害主要表现为以下几个方面。

（1）引起急性中毒，直至死亡。如一氧化碳中毒等。

（2）使慢性疾病恶化。如慢性支气管炎、支气管哮喘、肺气肿、肺病、肾病等病人在受污染的大气环境里病情会加重。

（3）引起身体机能障碍。如使肺气肿病人肺部气体交换量减少，产生血液循环障碍等。芳烃等甚至能导致遗传因子变异。

（4）引起癌症。如城市居民肺癌、肝癌等发病率高于农村，就与城市的大气污染有关，大气中的多环芳烃等化合物具有明显的致癌作用。

（5）引起其他症状，如刺激感官，导致呼吸困难，危害心、肺、肝、肾等内脏器官。光化学烟雾的主要成分能刺激人眼和上呼吸道，诱发各种炎症，浓度过大时，会导致哮喘发作。

2. 对动植物的影响

气态污染物会使植物组织脱水坏死或干扰酶的作用，阻碍各种代谢机能。例如，臭氧能使叶片上出现褐色斑点，降低植物抗病虫害能力；而粒状污染物则会擦伤叶面，影响光合作用。这些都会使植物生理活动减退，如生长缓慢，果实减少，产量降低等。

对动物的影响主要是通过呼吸或动物食用被间接污染的饲料而引起疾病。

3. 对器物的影响

一是玷污器物表面，不易清洗除去；二是与器物发生化学反应，使之腐蚀变质。

4. 对气候的影响

就区域而言，城市人口密集、工业集中等造成城市温度比周围郊区高，冷热空气对流形成"城市风"，围绕城市的大气构成所谓"城市圆拱"。就全球而言，CO_2 浓度增加产生的温室效应，使地球变暖；两极的臭氧空洞不断扩大；各地沉降酸雨等问题已让人类深深陷入环境危机当中。

2.3.3 大气污染物浓度表示法

混合比单位表示法和质量浓度表示法是常用的大气污染物浓度表示法。

1. 混合比单位表示法(体积混合比或质量混合比)

混合比的定义是在一定体积大气中某物种的数量(或质量)与该体系中所有组分的总数量(或总质量)的比值。采用混合比单位表示法适合于大气中低浓度物质,该表示法不因大气温度和压力的变化而变化。

$$\chi = \frac{部分}{全部}\left(\frac{V}{V_总}, \frac{W}{W_总}\right)$$

例如,大气中 O_3 的本底浓度是 0.03×10^{-6}(气体混合物中此浓度等于 $0.03\ \mu L/L$,体积分数;液体混合物中此浓度等于 $0.03\ \mu g/g$,相当于质量分数)。

2. 质量浓度表示法

气体质量浓度常用 mg/m^3 或 $\mu g/m^3$ 表示,颗粒物常用 $\mu g/m^3$ 或 个$/m^3$ 表示。

$$\rho(mg/m^3) = \frac{污染物的质量(g)}{空气的取样体积(m^3)} \times 10^3 \qquad (2-2)$$

$$\rho(\mu g/m^3) = \frac{污染物的质量(g)}{空气的取样体积(m^3)} \times 10^6 \qquad (2-3)$$

在大气压为 $1.013 \times 10^5\ Pa$(标准气压),温度为 $0℃$($273\ K$)时,

$$\chi(体积分数) = \rho(mg/m^3) \times \frac{22.4}{M} \times 10^{-6} \qquad (2-4)$$

其中,$22.4(L/mol)$ 是 $1.013 \times 10^5\ Pa$、$273\ K$ 时 $1\ mol$ 的理想气体体积(L);M 是气体摩尔质量(g/mol)。

2.4 大气中污染物的转化

2.4.1 大气中的光化学反应

分子、原子、自由基或离子吸收光子而发生的化学反应,称为光化学反应。大气中的气体污染物吸收来自太阳的辐射能量,可以产生各种光化学反应,从而使污染物的性质发生变化,使有害的污染物转化为无害的污染物或生成新的污染物。大气光化学是研究辐射对化学反应的影响,是大气环境化学的基础。

1. 光化学定律

光化学第一定律:只有被体系分子吸收的光,才能有效地引起分子的化学反应。此定律虽然是定性的,但它却是近代光化学的重要基础。体系分子吸收光能的过程称为光化学的初级过程。体系吸收光能后,继续进行的一系列过程,称为次级过程。

光化学第一定律指出,只有当激发态的分子的能量足够使分子内最弱的化学键发生断裂时,才能引起化学反应。也就是说在光化学反应中,旧键的断裂与新键的生成都与光量子能量有关。

光化学第二定律:在光化学初级过程中,体系每吸收一个光子则活化一个分子(或原子),即分子吸收光子的过程是单光子过程。此定律不适用于激光化学,但仍适用于发生在对流层大气中的光化学过程。

根据普朗克定律,一个频率为 ν 的光子的能量为 $h\nu$。1 mol 光子的能量为:

$$E = N_0 h\nu = 6.023 \times 10^{23} \frac{hc}{\lambda} = \frac{1.196 \times 10^5}{\lambda} (\text{kJ} \cdot \text{mol}^{-1}) \quad (2\text{-}5)$$

式中 N_0——阿伏加德罗常数,6.023×10^{23};

h——普朗克常数,6.626×10^{-34} J·s/光量子;

λ——波长;

c——光速,2.9980×10^8 m/s。

表 2-2 列出了各种光的典型波长及其相应的能量。由于一般化学键的键能大于 167.4 kJ·mol^{-1},所以波长大于 700 nm 的光量子不能引起光化学反应(激光等特强光源除外)。

表 2-2 不同波长光的能量

光称		波长/nm	能量/kJ·mol^{-1}
可见光	红光	700	170
	橙光	620	190
	黄光	580	210
	绿光	530	230
	蓝光	470	250
紫外光		420	280
近紫外光		400~200	300~600
真空紫外光		200~50	600~2 400

2. 光化学反应过程

(1) 初级过程

光化学反应的第一步是化学物种(分子、原子)吸收光量子,形成激发态物种,其基本步骤为:

$$A \xrightarrow{h\nu} A^* \quad (2\text{-}6)$$

A^* 为分子 A 的电子激发态。随后,激发态 A^* 可能进一步发生如下反应:

① 辐射跃迁 $\qquad\qquad A^* \longrightarrow A + h\nu \qquad\qquad (2\text{-}7)$

② 碰撞去活化 $\qquad A^* + M \longrightarrow A + M \qquad (2\text{-}8)$

③ 光离解 $\qquad\qquad A^* \longrightarrow B_1 + B_2 + \cdots \qquad (2\text{-}9)$

④ 与其他分子反应 $\quad A^* + C \longrightarrow D_1 + D_2 + \cdots \quad (2\text{-}10)$

式(2-7)、式(2-8)为光物理过程,其中反应①辐射跃迁为激发态物质通过辐射荧光或磷光而失去活性;反应②碰撞去活化为激发态物质通过与其他惰性分子 M 碰撞,将能量传递给 M,本身又回到基态。

式(2-9)、式(2-10)为光化学反应过程,其中反应③光离解为激发态物质离解为两个或两个以上物质;反应④A* 为与其他分子反应生成新的物质。对于环境化学而言,光化学过程更为重要。

（2）次级过程

初级过程中的反应物、生成物之间进一步发生的反应称为次级过程。次级过程大多是放热的,例如大气中氯化氢的光化学反应过程。

初级过程 $$HCl \xrightarrow{h\nu} H \cdot + Cl \cdot \qquad (2-11)$$

次级反应 $$H \cdot + HCl \longrightarrow H_2 + Cl \cdot \qquad (2-12)$$

次级过程 $$Cl \cdot + Cl \cdot \xrightarrow{M} Cl_2 \qquad (2-13)$$

HCl 分子在光的作用下,发生化学键的裂解产生 H · 和 Cl·,由初级过程中产生的 H· 与 HCl 发生次级反应,或者初级过程所产生的 Cl· 之间发生次级反应(该反应必须有其他物质如 O_2 或 N_2 等存在下才能发生,式中用 M 表示)。

3. 大气污染中重要的光解反应

在天然的和污染的对流层大气中含有众多的无机和有机污染物,这些物质可以吸收波长大于 290 nm 的光(高层大气中的氧和臭氧有效地吸收了绝大部分波长小于 290 nm 的紫外辐射),发生光解反应,从而显著改变区域和全球的大气环境。在大气中能够发生光解作用的大气组分有 O_3、N_2 等。

（1）O_2 分子的光解离反应

O_2 分子的键能为 493.7 kJ · mol^{-1}, O_2 分子对 104～240 nm 波长的光有不同程度的吸收,并产生解离反应:

$$O_2 \xrightarrow{h\nu} O + O \qquad (2-14)$$

（2）O_3 分子的光解离反应

O_3 的键能是 101.2 kJ · mol^{-1},在低于 1 000 km 的大气中,由于气体分子密度比高空大得多,三个粒子碰撞的概率较大,O_2 和 O_2 光解反应产生的 O· 作用形成 O_3,其过程为:

$$O_2 \xrightarrow{h\nu(\lambda < 240)} O \cdot + O \cdot \qquad (2-15)$$

$$O \cdot + O_2 + M \longrightarrow O_3 + M \qquad (2-16)$$

其中 M 表示 N_2 等其他物质。这一反应是平流层大气中 O_3 的主要来源,也是消除 O· 的主要过程。

O_3 的离解能较低,对光的吸收从 900 nm 开始,在紫外区和可见区的吸收由 200～320 nm、300～360 nm 和 440～850 nm 三个吸收带组成,其中最强吸收在 254 nm 处。O_3 吸收紫外光后发生离解反应:

$$O_3 \xrightarrow{h\nu} O_2 + O \cdot \qquad (2-17)$$

O_3 对波长大于 290 nm 的光的吸收相当弱,从而使波长相对较长的紫外光有可能透过臭氧层进入大气的对流层乃至地面。

（3）N_2 分子的光离解反应

N_2分子的键能为 940.1 kJ·mol^{-1},几乎不吸收波长大于 120 nm 的光,在 60~100 nm 之间光谱显示出较强的带状结构,在 60 nm 以下呈现连续光谱。当入射波长低于 79.2 nm 时,N_2分子发生电离而形成 N^+。

(4) NO 分子的光离解反应

NO 分子的键能为 626.01 kJ·mol^{-1},对光辐射的吸收大约从 230 nm 开始,在 110~230 nm 之间均有不同程度的吸收,因此 NO 分子主要是在高层大气中,特别是在中间层和热层中吸收波长低于 230 nm 的紫外光。

NO 分子的光解离产物为 N_2、NO 和 N_2O,当入射光波长低于 133.8 nm 时,NO 发生电离,形成 NO^+。

(5) NO_2分子的光解离反应

NO_2分子的键能为 300.5 kJ·mol^{-1}。NO_2是大气的重要吸收物质,参与许多光化学反应。在低层大气中 NO_2 可以吸收太阳的紫外光和部分可见光。NO_2分子吸收波长小于 420 nm 的光可以发生光离解:

$$NO_2 \xrightarrow{h\nu} NO + O \cdot \qquad (2\text{-}18)$$

生成的 O·可与 O_2分子化合而生成 O_3分子,它在低层大气的光化学污染物形成过程中起着重要作用。

(6) HNO_2分子的光解离反应

HNO_2分子键能(HO—NO)为 201.4 kJ·mol^{-1},在波长 200~400 nm 均有吸收,其光解反应的初级过程为:

$$HNO_2 \xrightarrow{h\nu} HO \cdot + NO \qquad (2\text{-}19)$$

次级过程为:

$$HO \cdot + NO \longrightarrow HNO_2 \qquad (2\text{-}20)$$

$$HO \cdot + HNO_2 \longrightarrow H_2O + NO_2 \qquad (2\text{-}21)$$

$$HO \cdot + NO_2 \longrightarrow HNO_2 \qquad (2\text{-}22)$$

由于 HNO_2分子能吸收太阳光中波长在 300 nm 以上的光,所以 HNO_2 分子的光解是 HO·的重要来源之一。

(7) HNO_3分子的光解离反应

HNO_3分子的键能(HO—NO_2)为 199.5 kJ·mol^{-1},对波长 120~335 nm 的辐射均有不同程度的吸收,其光解离反应机理为:

$$HNO_3 \xrightarrow{h\nu} HO \cdot + NO_2 \qquad (2\text{-}23)$$

如有 CO 和 O_2存在时,则有下列次级反应发生:

$$HO \cdot + CO \longrightarrow CO_2 + H \cdot \qquad (2\text{-}24)$$

$$H \cdot + O_2 \longrightarrow HO_2 \cdot \qquad (2\text{-}25)$$

$$2 HO_2 \cdot \longrightarrow H_2O_2 + O_2 \qquad (2\text{-}26)$$

(8) SO_2分子对光的吸收

SO_2的键能为 545.1 kJ·mol^{-1},由于 SO_2 的键能较大,在波长 240~400 nm 范围内不能够被解离,只能产生激发态 SO_2^*,低于 240 nm 的光可以使 SO_2进行光解离,但又难于进入对流层,所以 SO_2不易进行光解离反应。

(9) H_2O_2分子的光解离反应

H_2O_2分子的键能 HO—OH 为 207.2 kJ·mol^{-1},HO_2—H 为 370 kJ·mol^{-1},在波长 200~300 nm 紫外光照射下,H_2O_2发生光解离反应。

初级过程:
$$H_2O_2 \xrightarrow{h\nu} 2HO· \tag{2-27}$$

次级过程:
$$HO· + H_2O_2 \longrightarrow H_2O + HO_2 \tag{2-28}$$
$$HO_2 + HO_2 \longrightarrow H_2O_2 + O_2 \tag{2-29}$$

另一初级过程为:
$$H_2O_2 \xrightarrow{h\nu} H· + HO_2 \tag{2-30}$$

次级过程为:
$$H· + H_2O_2 \longrightarrow HO· + H_2O \tag{2-31}$$
$$H + H_2O_2 \longrightarrow H_2 + HO_2 \tag{2-32}$$

(10) HCHO 分子的光解离反应

HCHO 分子的键能为 356.6 kJ·mol^{-1},吸收波长为 240~360 nm,发生光解离反应。

初级过程:
$$HCHO \xrightarrow{h\nu} H· + CHO· \tag{2-33}$$

在对流层中,通过下列次级反应产生 HO_2基:
$$HCO· + O_2 \longrightarrow HO_2· + CO \tag{2-34}$$
$$H· + O_2 + M \longrightarrow HO_2· + M \tag{2-35}$$

2.4.2　大气中重要自由基的来源

自由基又称游离基,是化合物分子在光、热等条件下,共价键均裂形成的具有不成对电子的原子或基团。自由基电子外层的不成对电子具有非常强的亲和力,极易发生反应,能起到强氧化剂的作用。大气中存在的重要自由基有 HO·(氢氧自由基或羟基自由基)、HO_2·(过氧化氢自由基)、R·(烷基自由基)、RO·(烷氧基自由基)和 RO_2·(过氧烷基自由基)等。其中,HO·和 HO_2·在大气环境中的作用最为重要。

1. 大气中 HO·和 HO_2·自由基的来源

对流层大气中 HO·自由基的形成主要受光化学反应过程控制。在清洁大气中,O_3的光离解是大气中 HO·自由基的重要来源:
$$O_3 \xrightarrow{h\nu} O· + O_2 \tag{2-36}$$
$$O· + H_2O \longrightarrow 2HO· \tag{2-37}$$

当大气受到污染时,在有 HNO_2和 H_2O_2存在时,它们的光离解也可产生 HO·自由基:

$$HNO_2 \xrightarrow{h\nu} HO\cdot + NO \tag{2-38}$$

$$H_2O_2 \xrightarrow{h\nu} 2HO\cdot \tag{2-39}$$

其中,HNO₂的光离解是大气中HO·自由基的重要来源。

大气中HO₂·自由基主要来源于醛的光解,尤其是甲醛的光解,如式(2-34)、式(2-35)所示。乙醛的光离解、HO·自由基对CO的氧化作用(式(2-24)、式(2-25))、H₂O₂的光离解(式(2-28)、式(2-30)、式(2-32))、亚硝酸酯的光解也是大气中HO₂·自由基的重要来源。

$$CH_3ONO \xrightarrow{h\nu} CH_3O\cdot + NO \tag{2-40}$$

$$CH_3O\cdot + O_2 \longrightarrow HO_2\cdot + H_2CO \tag{2-41}$$

2. R·、RO·和RO₂·等自由基的来源

乙醛和丙酮光解可产生甲基自由基,是大气中最主要的烷基自由基形式:

$$CH_3CHO \xrightarrow{h\nu} \cdot CH_3 + \cdot CHO \tag{2-42}$$

$$CH_3COCH_3 \xrightarrow{h\nu} \cdot CH_3 + CH_3CO\cdot \tag{2-43}$$

烷基自由基的另一种来源是O和HO·与烃类发生脱氢反应时生成:

$$RH + O \longrightarrow R\cdot + HO\cdot \tag{2-44}$$

$$RH + HO\cdot \longrightarrow R\cdot + H_2O \tag{2-45}$$

大气中RO·主要来源于甲基亚硝酸酯和甲基硝酸酯的光解:

$$CH_3ONO \xrightarrow{h\nu} CH_3O\cdot + NO \tag{2-46}$$

$$CH_3ONO_2 \xrightarrow{h\nu} CH_3O\cdot + NO_2 \tag{2-47}$$

过氧烷基都是由烷基与空气中的O₂结合而形成的:

$$R\cdot + O_2 \longrightarrow RO_2\cdot \tag{2-48}$$

2.4.3　硫氧化物在大气中的化学转化

大气中的硫氧化物包括SO₂、SO₃、H₂SO₄、SO₄²⁻,其中SO₂为一次污染物,其余物种均为SO₂通过一系列化学反应转化形成的二次污染物。天然大气中SO₂的含量较少,含硫矿物燃料的燃烧过程是其最主要的来源,火山喷发过程中也会产生相当的SO₂。

1. 二氧化硫的气相转化

大气中SO₂的转化首先是SO₂氧化成SO₃,SO₃易被水吸收生成硫酸,从而形成酸雨或硫酸烟雾;硫酸与大气中的NH₄⁺等阳离子结合可生成硫酸盐气溶胶。SO₂的主要气相转化过程包括以下两种。

(1) SO₂的直接光氧化

大气中SO₂直接氧化成SO₃的机制:

$$SO_2 + O_2 \longrightarrow SO_4 \longrightarrow SO_3 + O\cdot \tag{2-49}$$

$$SO_4 + SO_2 \longrightarrow 2SO_3 \tag{2-50}$$

(2) SO_2 被自由基氧化

由于大气污染物的光解作用生成各种具有强氧化性的自由基,SO_2 易被这些自由基氧化。以 HO·自由基为例:

$$HO \cdot + SO_2 \xrightarrow{M} HOSO_2 \cdot \tag{2-51}$$

$$HOSO_2 \cdot + O_2 \xrightarrow{M} HO_2 \cdot + SO_3 \tag{2-52}$$

$$SO_3 + H_2O \longrightarrow H_2SO_4 \tag{2-53}$$

反应过程中生成的 $HO_2 \cdot$,可通过下列反应使 HO·自由基再生。

$$HO_2 \cdot + NO \longrightarrow HO \cdot + NO_2 \tag{2-54}$$

2. 二氧化硫的液相转化

SO_2 易溶于大气中的水,大气颗粒物表面亦存在吸附水,同样能溶解 SO_2。

$$SO_2 + H_2O \Longleftrightarrow SO_2 \cdot H_2O \tag{2-55}$$

$$SO_2 \cdot H_2O \Longleftrightarrow H^+ + HSO_3^- \tag{2-56}$$

$$HSO_3^- \Longleftrightarrow H^+ + SO_3^{2-} \tag{2-57}$$

当有 O_2、O_3、H_2O_2 等氧化剂存在时,SO_2 易被氧化,特别是有金属离子存在时,SO_2 的氧化速率可以大大加快。

以 O_3 为例:

$$O_3 + SO_2 \cdot H_2O \longrightarrow 2H^+ + SO_4^{2-} + O_2 \tag{2-58}$$

$$O_3 + HSO_3^- \longrightarrow HSO_4^- + O_2 \tag{2-59}$$

$$O_3 + SO_3^{2-} \longrightarrow SO_4^{2-} + O_2 \tag{2-60}$$

3. 硫酸烟雾型污染

"伦敦烟雾"事件使得硫酸型烟雾备受关注。硫酸型烟雾是还原型烟雾,主要是由燃煤排放出来的 SO_2、颗粒物以及由 SO_2 氧化所形成的硫酸盐颗粒物等造成的大气污染现象。1952 年 12 月,伦敦上空受冷高压控制,形成了一层逆温层,时值冬季,大量家庭烟囱和工厂排放出来的烟聚集在低层大气中,无法扩散,在低层大气中形成了浓度很高的黄色烟雾,许多人都感到呼吸困难,眼睛刺痛,流泪不止。伦敦医院由于呼吸道疾病患者剧增而一时爆满,仅仅 4 天时间,死亡人数达 4 000 多人。

2.4.4 氮氧化合物在大气中的化学转化

(1) 氮氧化合物的来源

大气中主要的氮氧化合物有 N_2O、NO、NO_2、N_2O_3 和 N_2O_5,其中 NO 和 NO_2 是引起大气污染的主要形式,亦即通常所说的氮氧化物,常用 NO_x 来总括表示。

① N_2O 是无色气体,主要来源于土壤中含氮有机物的微生物分解和大气中 N_2、O_2、O_3 之间的光化学反应。N_2O 在对流层中十分稳定,几乎不参与任何化学反应。进入平流层后,由于吸收来自太阳的紫外光而光解产生 NO,对臭氧层起破坏作用。

② NO 是无色、无味的气体,是大气中的重要污染物之一。主要是由于化石燃烧和汽车尾气的排放。

③ NO_2 是具有刺激性的红棕色气体,也是大气中最活泼、最重要的污染物之一。大气在雷电时可产生少量的 NO_2,在高温烟气排放过程中也可由 NO 转化形成。

N_2O_3 和 N_2O_5 在大气中相对含量较少,污染作用不大。

(2) 大气中 NO_x 的转化

① 大气中 NO 的转化

NO 可通过许多氧化过程转化成为 NO_2。例如与 O_3 反应:

$$NO + O_3 \longrightarrow NO_2 + O_2 \tag{2-61}$$

大气污染物光解过程中形成的自由基($HO\cdot$、$HO_2\cdot$、$RO_2\cdot$、$RC(O)O_2\cdot$ 等)可促使 NO 转化为 NO_2。以 $HO_2\cdot$ 为例:

$$NO + HO_2\cdot \longrightarrow NO_2 + HO\cdot \tag{2-62}$$

② 大气中 NO_2 的转化

NO_2 在大气中最重要的反应是 NO_2 的光离解反应,它可以引起大气中生成 O_3 的反应。此外,NO_2 还可以与一系列自由基,如 $HO\cdot$、$O\cdot$、$HO_2\cdot$、$RO_2\cdot$、$RO\cdot$ 等反应,也能与 O_3 等发生反应。其中比较重要的是与 $HO\cdot$ 的反应:

$$NO_2 + HO\cdot \xrightarrow{M} HNO_3 \tag{2-63}$$

此反应是大气中气态 HNO_3 的来源,对于酸雨和酸雾的形成有着重要影响。由于白天大气中 $HO\cdot$ 的浓度较高,因此该反应在白天能够有效地进行。

此外,NO_2 与 $HO_2\cdot$ 的反应为:

$$NO_2 + HO_2\cdot \longrightarrow HNO_2 + O_2 \tag{2-64}$$

③ 过氧乙酰基硝酸酯(PAN)的形成

PAN 一般由乙酰基与空气中的 O_2 结合而形成过氧乙酰基,然后再与 NO_2 化合生成的化合物。其中,乙烷氧化形成乙醛,乙醛光解产生乙酰基。

$$C_2H_6 + HO\cdot \xrightarrow{M} \cdot C_2H_5 + H_2O \tag{2-65}$$

$$\cdot C_2H_5 + O_2 \longrightarrow C_2H_5O_2\cdot \tag{2-66}$$

$$C_2H_5O_2\cdot + NO \longrightarrow C_2H_5O\cdot + NO_2 \tag{2-67}$$

$$C_2H_5O\cdot + O_2 \longrightarrow CH_3CHO + HO_2\cdot \tag{2-68}$$

$$CH_3CHO + HO\cdot \longrightarrow CH_3CO\cdot + H_2O \tag{2-69}$$

$$CH_3CO\cdot + O_2 \longrightarrow CH_3C(O)OO\cdot \tag{2-70}$$

$$CH_3C(O)OO\cdot + NO_2 \longrightarrow CH_3C(O)OONO_2(PAN) \tag{2-71}$$

PAN 具有热不稳定性,遇热分解为过氧乙酰基和 NO_2,分解出来的过氧乙酰基可与 NO 反应。

2.4.5　碳氢化合物在大气中的化学转化

（1）大气中的碳氢化合物

大气中以气态形式存在的碳氢化合物主要是碳原子数为 $1 \sim 10$ 的可挥发性烃类,主要有甲烷、石油烃、芳香烃和萜类等。

大气中含量最高的碳氢化合物是甲烷,占全世界碳氢化合物排放量的 80％ 以上。甲烷的来源可分为天然源和人为源,以天然源为主。天然源主要源于厌氧细菌的发酵过程,原油和天然气的泄漏等。人为源主要源于汽油燃烧、有机物品焚烧、溶剂挥发等。

石油烃成分以烷烃为主,还有部分烯烃、环烷烃和芳香烃。原油开发、石油炼制、燃料燃烧和石油产品使用过程中均可向大气泄漏或排放石油烃,从而造成大气污染。其中不饱和烃活性高,容易促进光化学反应,被认为是重要的污染物。

大气中芳香烃有单环和多环芳烃两类。典型的芳香化合物有:苯、芘等。芳香烃被广泛地应用用于工业生产过程中,可用作溶剂、合成原料等。由于化合物在使用过程中的泄漏以及伴随某些有机物燃烧反应,致使大气中存在一些芳香烃污染物。

（2）碳氢化合物在大气中的转化

碳氢化合物除个别(如某些多环芳烃)作为一次污染物之外,一般本身的危害并不严重;但碳氢化合物可以被大气中的 $O \cdot$ 、O_3、$HO \cdot$ 及 $HO_2 \cdot$ 等氧化,产生危害严重的二次污染物,并参与光化学烟雾的形成。

下面着重介绍烷烃在大气中的化学转化。

烷烃的光化学反应主要是与 $HO \cdot$ 自由基反应,生成的烷基自由基与 O_2 结合生成 $RO_2 \cdot$,$RO_2 \cdot$ 可将 NO 氧化成 NO_2,同时产生 $RO \cdot$,$RO \cdot$ 再与 O_2 发生反应生成 $HO_2 \cdot$ 和相应的醛或酮,反应式为:

$$RH + HO \cdot \longrightarrow R \cdot + H_2O \tag{2-72}$$

$$R \cdot + O_2 \longrightarrow RO_2 \cdot \tag{2-73}$$

$$RO_2 \cdot + NO \longrightarrow RO \cdot + NO_2 \tag{2-74}$$

$$RO \cdot + O_2 \longrightarrow R'CHO + HO_2 \cdot \tag{2-75}$$

如甲烷的氧化反应:

$$CH_4 + HO \cdot \longrightarrow \cdot CH_3 + H_2O \tag{2-76}$$

$$\cdot CH_3 + O_2 \longrightarrow CH_3O_2 \cdot \tag{2-77}$$

$$CH_3O_2 \cdot + NO \longrightarrow CH_3O \cdot + NO_2 \tag{2-78}$$

$$CH_3O \cdot + O_2 \longrightarrow HCHO + HO_2 \cdot \tag{2-79}$$

烷烃还可与 $O \cdot$ 发生反应,生成烷基自由基和 $HO \cdot$。由于大气中的 $O \cdot$ 主要来自 O_3 的光解,通过上述反应,CH_4 不断消耗 $O \cdot$,可导致臭氧层的损耗。

2.5 典型大气污染现象

2.5.1 光化学烟雾

光化学烟雾是汽车、工厂等污染源排入大气的碳氢化合物(HC)和氮氧化物(NO_x)等一次污染物,在阳光的作用下发生化学反应,生成臭氧(O_3)、醛、酮、酸、过氧乙酰硝酸酯(PAN)等二次污染物,参与光化学反应过程的一次污染物和二次污染物的混合物所形成的烟雾污染现象。

化学烟雾的特征是烟雾具有强氧化性,能使橡胶开裂,刺激人的眼睛,伤害植物的叶子,并能使大气能见度降低。光化学烟雾一般发生在大气相对湿度较低、气温为24~32℃的夏季晴天,污染高峰出现在中午或稍后。

1940年,美国洛杉矶首次出现光化学烟雾现象,之后在世界各地不断出现,如日本的东京、大阪、英国的伦敦以及澳大利亚、德国等国的大城市。从20世纪50年代至今,对光化学烟雾的研究日益深入,包括发生源、发生条件、反应机理、对生物的毒害及监测和控制等方面,都展开了大量工作,取得了许多成果。

光化学烟雾的形成及其浓度,除直接取决于污染物的数量和浓度以外,还受太阳辐射强度、气象以及地理等条件的影响。

(1)污染物条件:光化学烟雾的形成必须要有NO_x、碳氢化合物等污染物的存在。

(2)太阳辐射强度:是产生光化学烟雾的一个主要条件,太阳辐射的强弱主要取决于太阳的高度,即太阳辐射线与地面所成的投射角以及大气透明度等。

(3)气象条件:包括大气稳定度、风向、风速、湿度等气象条件都会对其发生产生影响。一般太阳辐射强度大、风速低、大气扩散条件差且存在逆温现象时易发生光化学烟雾。

(4)地理条件:光化学烟雾的多发地大多数是处在比较封闭的地理环境中,大气中的NO_x、碳氢化合物等污染物不能很快地得到扩散稀释,就容易产生光化学烟雾。

1. 光化学烟雾的形成机制

光化学烟雾形成过程经历了非常复杂的光化学反应,以NO_2光解生成氧原子O的反应为引发,导致臭氧的生成,在碳氢化合物存在的条件下,加速了NO向NO_2的转化,转化成的NO_2再继续光解产生O_3,反复进行链式反应,最终形成二次污染物醛类、臭氧和PAN等,组成了光化学烟雾的主要成分。上述反应过程可用式(2-80)简单表示:

$$\begin{matrix} NO_2 \\ 碳氢化合物 \end{matrix} \xrightarrow{h\nu} \begin{matrix} O_3 \\ 碳氢化合物 \end{matrix} \xrightarrow{分解} \begin{cases} 醛 \\ 酮 \\ 有机酸 \end{cases} \tag{2-80}$$

光化学烟雾的模拟实验表明,光化学烟雾的形成过程包括引发反应、自由基传递反应和终止反应:

(1)引发反应

$$NO_x \xrightarrow{h\nu} NO + O\cdot \tag{2-81}$$

$$O\cdot + O_2 + M \longrightarrow O_3 + M$$

此时产生的O_3主要用于氧化NO:

$$NO + O_3 \longrightarrow NO_2 + O_2 \qquad (2-82)$$

（2）自由基传递反应

碳氢化合物（RH）、一氧化碳（CO）被 HO·、O·、O$_3$等氧化，产生醛、酮、醇、酸等产物以及重要的中间产物 RO$_2$·、HO$_2$·和 RCO·等自由基。

$$RH + OH· \xrightarrow{O_2} RO_2· + H_2O \qquad (2-83)$$

$$RH + O_3 \longrightarrow RO_2· \qquad (2-84)$$

$$RCHO + HO· \xrightarrow{O_2} RC(O)O_2· + HO_2· \qquad (2-85)$$

（3）过氧自由基引起的 NO 向 NO$_2$的转化

$$HO_2· + NO \longrightarrow NO_2 + OH· \qquad (2-86)$$

$$RO_2· + NO \longrightarrow NO_2 + RCHO + HO_2· \qquad (2-87)$$

$$RC(O)O_2· + NO \longrightarrow NO_2 + RO_2· + CO_2 \qquad (2-88)$$

由于上述反应使 NO 快速氧化成 NO$_2$，抑制了 O$_3$与 NO 的反应，使二次污染物 O$_3$不断积累，大气中 O$_3$浓度显著增加。

（4）终止反应

自由基的传递形成的最终产物，使自由基消除而终止反应。

$$HO· + NO_2 \longrightarrow HNO_3 \qquad (2-89)$$

$$RO_2· + NO_2 \longrightarrow PAN \qquad (2-90)$$

$$RC(O)O_2· + NO_2 \longrightarrow PAN \qquad (2-91)$$

由 RO$_2$·（如丙烯与 O$_3$反应生成的双自由基 CH$_3\overset{·}{C}$HOO·）与 NO$_2$反应生成过乙酰硝酸酯（PAN）类物质。光化学烟雾反应物和产物的消长变化情况见图 2-3。

2. 光化学烟雾的控制对策

（1）改进技术

汽车尾气是 NO$_x$ 和碳氢化合物的最主要的排放源，改进技术控制汽车尾气是避免光化学烟雾的形成，保证环境空气质量的有效措施。

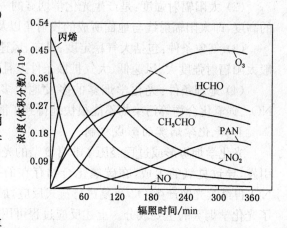

图 2-3　光化学烟雾反应物和产物消长曲线

① 安装尾气净化装置：主要是在排气系统中安装热反应器、催化反应器和向排气门出口喷入新鲜空气的办法来减少尾气污染物的排放量。目前，我国生产的部分汽车已经安装尾气净化装置，并广泛推广三元催化气的使用。

② 改良燃料：改变汽油成分或使用替代燃料，来降低汽车尾气污染。资料表明，天然气燃料燃烧与无铅汽油相比 CO 和碳氢化合物的排放量均可降低 60％以上；甲醇燃料与汽油相比，CO 和碳氢化合物的排放量也可降低 37％和 56％；燃氢汽车排放的 NO$_x$ 不到汽油车的 10％。当然，燃料的改变要求汽车发动机在出厂时做相应的改造，会造成发动机成本的提高。

（2）使用化学抑制剂

使用消除 OH·自由基的化学抑制剂使反应链受到抑制，从而抑制光化学烟雾的生成。目前，已用苯胺、苯酚、二苯胺、苯甲醛等化学试剂作为抑制剂，其中，以二乙基羟胺 $(C_2H_5)_2NOH$ 效果最好，反应为：

$$(C_2H_5)_2NOH + HO \cdot \longrightarrow (C_2H_5)_2NO + H_2O \tag{2-92}$$

（3）利用 EKMA 曲线

通过控制光化学烟雾的前体物 NO_x 和碳氢化合物来控制 O_3 的日最大浓度，从而达到对光化学烟雾进行总量控制的目的。EKMA 曲线是指由光化学反应模式做出一系列 O_3 等浓度曲线，这些曲线是由不同的 NO_x 和碳氢化合物的初始浓度的混合物为起始条件，计算出 O_3 日最大浓度，然后绘出三维图得到。EKMA 曲线作为一种联系一次污染物和二次污染物的纽带，表明二者之间具有非线性的关系，即 $c_{O_3 max} = c_{NO_x 0, HC0}$，这里 c 表示浓度，$c_{NO_x 0, HC0}$ 指的是未进行光化学反应的初始浓度，通过它就可以把 O_3 的控制问题转化为对一次污染物 NO_x 和碳氢化合物的控制，从而定量地给出总量控制所需要的削减方案。

2.5.2 酸性降水

酸雨是指 pH 值小于 5.6 的雨水、冻雨、雪、雹、露等大气降水，其形成最主要是 SO_2 和氮氧化物（NO_x）在大气或水滴中转化为硫酸和硝酸所致。早在 19 世纪中叶，英国化学家 Smith 首次提出"酸雨"（acid rain）这一术语，1972 年，瑞典政府把酸雨作为一个国际性的环境问题提出并引起了各国政府的广泛关注。

20 世纪 70 年代，酸雨问题也引起了我国的重视，环保部门先后在全国布设了酸雨监测站，气象部门也相继建立了长期的酸雨监测网。监测结果表明，80 年代中期，年均降水 pH 值小于 5.6 的地区主要在西南、华南以及东南沿海一带。90 年代以来，酸雨出现的区域发生了比较明显的变化，酸雨区面积有所扩大，以南昌和长沙等城市为中心的华中酸雨区污染水平超过西南酸雨区；西南酸雨区酸雨强度虽然有所缓和，但仍维持较严重的水平；华南酸雨区主要分布在珠江三角洲及广西东部地区，总体格局变化不大；华东酸雨区，包括长江中下游地区以南至厦门的沿海地区，小尺度上的污染格局有所波动。总体而言，目前我国年均降水 pH 值小于 5.6 的地区覆盖了全国约 40% 的面积，长江中下游以南地区至少 50% 以上的面积年均降水 pH 值低于 4.5，为酸雨重污染区。

1. 酸雨的定义

在未被污染的大气中，可溶于水且含量较大的酸性气体是 CO_2，如果只把 CO_2 作为影响天然降水 pH 值的因素，根据全球 CO_2 的平均浓度，考虑其弱酸平衡，即可计算出天然的未受污染的大气降水背景值为 5.6，此值为国际上一直通用的判断酸雨的界限值。

但是，由于实际大气中除 CO_2 外，还存在着其他复杂的化学成分，如有机酸和对酸性物质能起到缓冲作用的各种碱性离子等，因此，只考虑一个单一因子 CO_2 是不确切的。由于世界各地区条件不同，如地质、气象、水文、工业生产等差异，会造成各地区降水 pH 的背景不同，故用 pH 为 5.6 作为判断降水酸性的依据存在不合实际的情况。

研究者在对全球背景降水进行了研究，认为 4.8 作为定义酸雨的界限，内陆降水以 5.0 为界限更为合理。

2. 酸雨的化学组成

酸雨现象是大气化学过程和大气物理过程的综合效应。酸雨中含有多种无机酸和有机酸。其中绝大部分是硫酸和硝酸,一般情况下以硫酸为主。从污染源排放出来的 SO_2 和 NO_x 是形成酸雨的主要起始物,其形成过程为:

$$SO_2 + [O] \longrightarrow SO_3 \tag{2-93}$$

$$SO_3 + H_2O \longrightarrow H_2SO_4 \tag{2-94}$$

$$SO_2 + H_2O \longrightarrow H_2SO_3 \tag{2-95}$$

$$H_2SO_3 + [O] \longrightarrow H_2SO_4 \tag{2-96}$$

$$NO + [O] \longrightarrow NO_2 \tag{2-97}$$

$$2NO_2 + H_2O \longrightarrow HNO_3 + HNO_2 \tag{2-98}$$

式中,[O]为各种氧化剂。

大气中的 SO_2 和 NO_x 经氧化后溶于水形成硫酸、硝酸或亚硝酸,这是造成降水 pH 值降低的主要原因。除此以外,还有许多气态或固态物质进入大气对降水的 pH 值也会有影响。大气颗粒物中 Mn、Cu、V 等是酸性气体氧化的催化剂。大气光化学反应生成的 O_3 和 HO· 等又是使 SO_2 氧化的氧化剂。飞灰中的氧化钙,土壤中的碳酸钙,天然和人为来源的 NH_3 以及其他碱性物质都可使降水中的酸中和,对酸性降水起"缓冲作用"。当大气中酸性气体浓度高时,如果中和酸的碱性物质很多,即缓冲能力很强,降水就不会有很高的酸性,甚至可能成为碱性。在碱性土壤地区,如大气颗粒物浓度高时,往往会出现这种情况。相反,即使大气中 SO_2 和 NO_2 浓度不高,而碱性物质相对较少,降水仍然会有较高的酸性。

降水中的主要化学离子一般包括阳离子:H^+、Ca^{2+}、NH_4^+、Na^+、K^+、Mg^{2+},阴离子:SO_4^{2-}、NO_3^-、Cl^-、F^-、HCO_3^-。在我国降水中总离子浓度很高,相当于欧洲、北美和日本的 $3\sim5$ 倍,反映出我国大气污染严重。

我国降水中的主要致酸物质是 SO_4^{2-} 和 NO_3^-,其中 SO_4^{2-} 浓度是 NO_3^- 离子浓度的 $5\sim10$ 倍,远高于欧洲、北美和日本的比值。因此,我国酸雨是典型的硫酸性酸雨,这是因为我国的矿物燃料主要是煤,且煤中的含硫量较高,成为大气中硫的主要来源。

对我国降水酸度影响最大的阳离子是 NH_4^+ 和 Ca^{2+},阴离子是 SO_4^{2-} 和 NO_3^-,降水中 Na^+ 和 Cl^- 的浓度比较接近,可认为这两种离子主要来自海洋,对降水酸度不产生影响。降水中 SO_4^{2-}、NO_3^-、NH_4^+ 和 Ca^{2+} 的浓度分别占总浓度的 31.6%、4.9%、7.0% 和 20.2%。在统计的 8 个省份(福建、江西、湖南、浙江、湖北、安徽、江苏、山东)中,上述 4 种离子的平均浓度分别为 125.86 $\mu g/L$、19.62 $\mu g/L$、67.89 $\mu g/L$ 和 80.41 $\mu g/L$。我国降水酸度与 $(SO_4^{2-} + NO_3^-)/(NH_4^+ + Ca^{2+})$ 的浓度比值有着高度的正相关。降水中的 NH_4^+ 主要来自中国农田中氮肥的大量施用和农田中氨的挥发损失,Ca^{2+} 则主要是由中国的气候和土壤结构等自然条件的特殊性所决定的。

3. 影响酸雨形成的因素

(1) 酸雨的形成与酸性污染物的排放及其转化条件有关。从现有的监测数据分析,降水酸度的时空分布与大气中 SO_2 和降水中 SO_4^{2-} 浓度的时空分布存在着一定的相关性。如某地 SO_2 污染严重,降水中 SO_4^{2-} 浓度就高,降水 pH 值就低。我国西南地区煤中含硫量高,并很少经脱硫处理,直接作为燃料燃烧,SO_2 排放量很高。另外该地区气温高,湿度大,有利于 SO_2 的转化,因而造成了大面积强酸性降雨区。

(2) 土壤性质。土壤中碱金属离子含量及其 pH 值是影响酸雨形成的重要因素之一。我国降水中的主要碱性离子 Ca^{2+}、Mg^{2+}、NH_4^+，它们主要来自土壤之中。我国的土壤北方偏碱性，pH 值为 7～8；南方偏酸性，pH 值为 5～6。土壤中碱金属 Na、Ca 的含量是由南至北逐渐递增，尤其是过淮河、秦岭后其含量迅速增加。由于空气中的颗粒物有一半左右来自土壤，而且碱性土壤的氨挥发量大于酸性土壤，因此北方地区大气中的碱性物质远高于南方，从而导致我国酸雨主要发生在土壤碱性物质含量低、土壤 pH 值低的南方地区。

（3）大气中的氨。NH_3 为大气中常见的气态碱，易溶于水，能与大气或雨水中酸性物质起中和作用，从而降低雨水的酸度。如 NH_3 与 SO_2 可在有水分的条件下反应生成硫酸氨和亚硫酸氨，从而对酸性物质起到中和作用。一般酸雨区 NH_3 的含量比非酸雨区普遍低一个数量级，说明氨在酸雨形成中的重要作用。大气中氨主要来自有机物分解及农田施用氮肥的挥发。土壤中氨的挥发量随土壤 pH 的上升而增加，我国北方土质偏碱性，南方偏酸性，氨含量北高南低，是中国酸雨主要分布在南方的一个重要原因。

（4）颗粒物酸度及其缓冲能力的影响。大气颗粒物的组成很复杂，主要来源于土地飞起的扬尘。扬尘的化学组成与土壤组成基本相同，因而颗粒物的酸碱性取决于土壤的性质。此外，大气颗粒物还有矿物燃料燃烧形成的飞灰、烟等，它们的酸碱性都会对酸雨的酸性有一定影响。

（5）气象条件影响。气象条件对酸雨形成的影响主要表现在两个方面：在化学方面影响前物质的转化速率；在大气物理方面影响有关物质的扩散、输送和沉降。太阳光强和水汽浓度与 SO_2 转化速率有直接的关系。光强增加使大气自由 OH 等浓度升高，加速 SO_2 的氧化，丰富的水汽也有利于 SO_2 转化为硫酸，形成硫酸的局地沉降。太阳光强随纬度的升高而降低，我国的大气湿度也是由南向北递减，因此，若某地气象条件和地形有利于污染物的扩散，则大气中污染物浓度降低，酸度就减弱；反之则加重。

4. 酸雨的控制对策

（1）加强环境宏观管理，实行大气污染物排放总量控制。对工业过于集中的地区适当控制污染型工业的再建，并进行必要的疏散，以减小当地污染物的排放量。合理调整城市产业布局，注意发展耗能少而产值高的新兴工业、轻工业和手工业。

（2）节约能源，减少污染。根据我国目前产品耗能高等特点，我们应从改善能源管理，开展技术改进，分期分批进行设备更新，综合利用能源，把工业余热充分利用，从节能的投资等方面着手，达到提高能源利用率，降低产品能耗，减少致酸气体排放量的目的。

（3）开发和应用各种脱硫脱氮技术及设备，优化能源质量，提高能源利用率，减少燃烧产生的 SO_2。

（4）改变能源结构，使用清洁能源。开发可以替代燃煤的清洁能源，如核电、水电、太阳能、风能、地热能等，将会对减排 SO_2 作出很大贡献。

（5）加强对汽车尾气的控制。

（6）加强环境管理，强化环保执法。

2.5.3　温室效应

地球的大气层可以让大部分太阳短波辐射穿过致使地面温度升高，而大气中的痕量温室气体却能强烈地吸收地面发出的长波辐射，只有少部分辐射散失到宇宙空间，就像玻璃温室一样，使阳光的能量多进少出，造成地球的温度上升，这种现象称为大气的温室效应，如图 2-4 所示。能够引起温室效应的气体，称为温室气体。

温室气体中,产生温室效应最主要的气体是 CO_2,其他温室气体还包括 CH_4、N_2O、CCl_3F、CCl_2F、O_3,特别是氟氯烷烃($C_nCl_mF_x$)的温室效应很强,按分子计算,一个 $C_nCl_mF_x$ 分子的作用相当于一个 CO_2 分子的一万多倍。

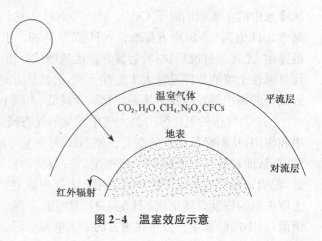

图 2-4　温室效应示意

1. 温室气体源与汇

(1) CO_2

海洋是大气中 CO_2 的最重要来源,地幔是大气中 CO_2 的另一个来源。与人类活动有关的 3 个主要源是化石燃料燃烧、水泥生产和土地利用变化,向大气排放的碳总量约为 7.5 pgc/a,其中约有一半留在大气圈中增加大气 CO_2 浓度,而另外一半被海洋和陆地生态系统这两个主要碳库所吸收。

(2) CH_4

在通过人类活动排放的温室气体中,CH_4 对温室效应的作用仅次于 CO_2,人类活动排放的 CH_4 量要比自然界排放的 CH_4 量多得多。全球 CH_4 的释放途径有两种:一种是自然源,如沼泽和其他湿地中的厌氧腐烂,其排放量不到甲烷总排放量的 25%;另一种是人为源,有水稻种植、家畜饲养、生物质燃烧、化石燃料生成和使用、固体废物堆存以及污水处理等。

(3) N_2O

N_2O 的源包括天然源(海洋、土壤、森林等)和人为源。人类活动中的 N_2O 释放源主要来自化肥施用,毁林(特别是森林变成牧场、农田),化石燃料和生物物质的燃烧,以及其他农业活动(可加速土壤中 N_2O 的释放)。

(4) CFCs

大气中原来基本不含大气中氟氯烷烃,从 20 世纪以来,人工合成的卤素碳化物不断大量排入大气,使其在大气中的浓度迅速上升。CFC-11 和 CFC-12 是最重要的氟氯烷烃,由于化学性质不活泼,它们会在大气中滞留 100~200 年。CFCs 排放源较为简单,主要来自工业生产,其汇则主要是在对流层与·OH 自由基反应及在平流层光化分解。

2. 温室效应的影响

温室效应除对大气环流、洋流、风、降水等天气现象造成一定的影响外,最主要的是可能导致全球气候变暖,从而带来一系列的问题。

(1) 全球气候变暖将大大加速蒸发过程,并导致全球降水增加,且分布不均,干旱和洪涝的频率及其季节变化难测。气候缓慢的变化,生物的多样性也将受到影响。气候的变化曾灭绝了许多物种,近代人类活动对环境的破坏加速了生物物种的消亡。

(2) 全球气候变暖对农业将产生直接的影响。引起温室效应的主要气体二氧化碳,也是形成 90% 的植物干物质的主要原料。光合作用与 CO_2 浓度关系紧密,但不同的植物对 CO_2 的浓度要求又各有差别。CO_2 浓度增长对农业的间接影响体现为气温升高,潜在蒸发增加,从而使干旱季节延长,减少四季温差。除此以外,高温、热带风暴等灾害将加重。

(3) 全球气候变暖对人类健康也产生直接影响。气候要素与人类健康有着密切的关系。研究表明:传染病的各个环节,如病毒、原虫、细菌和寄生虫等病原体,传播媒介一般为蚊、蝇和虱等带菌宿主,传染媒介对气候最为敏感。温度和降水的微小变化,对于传染媒介的生存时间、生命周期和地理分布都会发生明显影响。

(4) 全球变暖还可以改变哺乳类基因。例如为适应气候的变暖,加拿大的棕红色松鼠已发生了变化。这是人们第一次在哺乳类动物身上发现如此迅速的遗传变化。加拿大阿尔伯塔大学的德鲁·麦克亚当和他的合作者在对北方育空地区的四代松鼠进行 10 年观察以后指出,现在的雌松鼠产仔的时间比它们的"曾祖母"提前了 18 天。发生这一变化的原因是发情时间提前,春天食量的增加有利于幼仔的存活。最近 27 年来,松鼠繁殖季节的气温上升了 2℃。加拿大科研人员的这一发现验证了其他动物为适应地球变暖而出现的变化情况。人们发现,蚊子的基因遗传已发生了变化。有些动物(其中包括欧洲的鸟类、阿尔卑斯山区的草、蝴蝶)正在向比较冷的地方迁移,平均每 10 年向比较冷的方向迁移 15 km。

3. 减缓温室效应的对策

(1) 采用替代能源,减少使用化石燃料。当前,世界能源消费的结构是:石油约占 40%,煤占 30%,天然气占 20%,核能占 6.5%;人类使用的化石燃料约占能源使用总量的 90%,是温室气体排放的重要来源。寻找替代能源,开发利用生物能、太阳能、水能、风能、核能等可显著减少温室气体排放量。

(2) 控制人口增长,实行可持续发展战略。

(3) 防止森林破坏和沙漠化。

2.5.4　臭氧层破坏

臭氧(O_3)是氧气的同素异形体,常温下是一种有特殊臭味的淡蓝色气体。臭氧层是位于大气平流层中的一个薄气层,距地面约 20~50 km,集中了地球上 90% 以上臭氧量,在平流层的较低层(离地面 20~30 km 处),臭氧浓度最高。

尽管大气中臭氧的平均浓度不高,只有 0.04×10^{-6},但臭氧层对于地球生命具有特殊的意义。臭氧能吸收太阳辐射中对生命体有害的波长为 200~300 nm 的紫外线,为地球生物的正常生长提供了天然屏障。

地球上不同区域的大气臭氧层密度大不相同,在赤道附近最厚,两极变薄。20 世纪以来工业化的迅猛发展,导致臭氧层受到破坏。据报道,北半球的臭氧层厚度每年减少 4%。现在大约 4.6% 的地球表面没有臭氧层覆盖,这些地方成为"臭氧层空洞",大多在两极之上。

平流层中臭氧的产生和消耗与太阳辐射有关,在正常情况下,平流层中的臭氧处于一种动态平衡,即在同一时间里,太阳光使分子分解而生成臭氧的数量与经过一系列反应重新转化成分子氧所消耗的臭氧的量相等。

$$O_2 \xrightarrow{h\nu} 2O \cdot (\lambda \leqslant 243 \text{ nm}) \tag{2-99}$$

$$2O \cdot + 2O_2 + M \longrightarrow 2O_3 + M \tag{2-100}$$

总反应　　　　　　　　$$3O_2 \xrightarrow{h\nu} 2O_3 \tag{2-101}$$

太阳辐射使臭氧经过一系列的反应又重新转化为分子氧。

$$O_3 \xrightarrow{h\nu} O_2 + O \cdot (230 \text{ nm} < \lambda < 320 \text{ nm}) \tag{2-102}$$

人类活动如飞机航行、制冷剂、喷雾剂等惰性物质的广泛使用,使得大量污染物质进入大气层,在一定条件下,会进入平流层破坏臭氧的作用。自从 1985 年,有研究报道了南极上空出现臭氧层"空洞"后,全世界对臭氧层耗竭问题开始普遍关注。现在人们已基本弄清破坏平流层中臭氧层的物质,主要是 CFC-11($CFCl_3$)、CFC-12(CF_2Cl_2),以及三氯乙烯、四氯化碳等人工合成的有机氯化物。

当氮氧化物、氟氯烃等污染物进入平流层中后,它们能加速臭氧耗损过程,破坏臭氧层的稳定状态:

$$NO + O_3 \longrightarrow NO_2 + O_2 \tag{2-103}$$

$$NO_2 + O \cdot \longrightarrow NO + O_2 \tag{2-104}$$

总反应 $\qquad O_3 + O \cdot \longrightarrow NO_2 + O_2 \tag{2-105}$

制冷剂 CFC-11 和 CFC-12 等氟氯烃在波长 175~220 nm 的紫外光照射下会产生 Cl·。

$$CFCl_3 \xrightarrow{h\nu} CFCl_2 + Cl \cdot \tag{2-106}$$

$$CF_2Cl_2 \xrightarrow{h\nu} CF_2Cl + Cl \cdot \tag{2-107}$$

光解所产生的 Cl· 可破坏 O_3,其机理为:

$$Cl \cdot + O_3 \longrightarrow ClO \cdot + O_2 \tag{2-108}$$

$$ClO \cdot + O \cdot \longrightarrow Cl \cdot + O_2 \tag{2-109}$$

总反应 $\qquad O_3 + O \cdot \xrightarrow{Cl \cdot} 2O_2 \tag{2-110}$

臭氧层被大量损耗后,吸收紫外辐射的能力大大减弱,导致到达地球表面的紫外线明显增加,给人类健康和生态环境带来多方面的危害:如皮肤癌发病率上升,对眼睛造成各种伤害(如引起白内障、眼球晶体变形等),使人体免疫系统功能发生变化,抵抗疾病的能力下降并引起多种病变;破坏动植物的个体细胞,损害细胞中的 DNA,使传递遗传和累积变异性状发生并引起变态反应;损害海洋食物链等,对人类生活和自然环境将造成巨大的不利影响。

控制臭氧层破坏首先须有国际公约作保证。1985 年 3 月联合国环境保护署主持通过《保护臭氧层维也纳公约》;1987 年 9 月签署关于控制消耗臭氧层物质的《蒙特利尔协议书》,它要求各国在 2000 年取消氟氯烃的生产和使用;1996 年 11 月 27 日在哥斯达黎加的圣何塞召开了有 164 国参加的有关臭氧层首脑会议,会上提出发达国家捐款成立多国基金,用以控制臭氧层破坏问题。

其次,寻找氟氯烃的替代产品。提高工业能效,开发更清洁的技术和生产工艺,改善污染治理技术,用适当的替代品取代氯氟烃,以及其他消耗臭氧的物质,减少废弃物排放。

可以相信,随着人们对臭氧层破坏的重视,臭氧层破坏完全可以得到控制。

2.5.5 汽车尾气污染

汽车作为现代社会最重要的交通工具之一,给人们的生活和工作带来了便利。然而,汽车尾气已成为除煤烟型大气污染之外的又一主要的大气污染源。有关研究表明,2000 年中国机动车燃油消耗占当年燃油消耗总量的 1/3;2010 年,这一数值达到了 43%;预计到 2020 年,将达到 57%。与此同时,汽车污染物排放总量也在迅速上升。目前,全国各大城市均在遭受汽车尾气的严重污染,北京、上海、广州等大城市,汽车尾气排放已经成为当地的一氧化碳、氮氧化物等主要污染物的第一来源。汽车的排气管就像一个释放着巨大污染的烟筒,不停地把有害的气体抛散到空中,这些被污染的空气正在危害着城市居民的身体健康。

1. 汽车尾气的有害成分及危害

汽车排放的尾气,除空气中的氮、氧以及燃烧产物 CO_2、水蒸气为无害成分外,其余均为有害成分。在这些物质中,对环境污染较大物质有一氧化碳、碳氢化合物、氮氧化合物、铅和碳烟。一氧化碳可与血液中的血红素结合,阻碍血液吸收和输送氧气,危害中枢神经系统造成机体中毒死亡。碳氢化合物会与氧化氮起光化反应生成臭氧、醛等毒性很强的烟雾状物质,它不仅危害人们与动物,而且使生态环境遭到破坏,严重影响农作物的生长,使农业减产,同时还具有致癌作用。NO 与血液中的血红素的结合能力比 CO 还强,容易使人们中毒而死亡。NO_2 是产生酸雨和引起气候变化、产生烟雾的主要原因,成为汽车尾气的排放公害。汽车尾气排放的颗粒物,一般是由直径为 $0.1\sim40\ \mu m$ 的多孔性炭粒构成。它能黏附 SO_2 及苯芘等有毒物质,对人们呼吸道极为有害(颗粒度较大的炭粒能迅速沉淀,不易从肺部排出)。

2. 汽车尾气治理的主要途径与技术手段

机动车污染防治工作应通过法律、行政、管理、技术等综合手段,最大限度地控制污染上升势头,使城市环境质量保持"稳中趋好"的态势。

(1) 加强行政管理,减少和消除汽车尾气对大气环境的污染

不断提高我国的汽车排放标准,强化新车准入制度;加强用车的维护保养;通过合理方式加速老旧车辆的淘汰;解决交通拥堵问题,为汽车使用创造好的外部环境;实施税收等经济激励政策;加强和提高公众的环保意识等。

(2) 提高汽车尾气的净化处理技术

汽车尾气净化分为机内净化和机外净化两类。机内净化是通过使用清洁燃料、改善发动机性能等手段促使燃油充分燃烧,从而降低有害物质生成。机外净化技术主要是基于在排气管加装废气催化转换器,使汽车尾气经催化剂的催化作用将其中未燃烧及燃烧不充分产生的有害气体转化为无害物质,这是减少汽车尾气污染简便有效的办法。

2.6 大气颗粒物

2.6.1 大气颗粒物的来源与消除

1. 大气颗粒物的来源

大气中污染物可分为气态污染物和颗粒态污染物。颗粒态污染物又称气溶胶,是指液体或固体微粒均匀地分散在气体中形成的相对稳定的悬浮体系。它们可以是无机物,也可以是有机物,或由二者共同组成;可以是无生命的,也可以是有生命的;可以是固态的,也可以是液态的。

城市大气中的颗粒物污染按来源可以分为三个部分:一是人为源,主要包括燃料燃烧、工业生产过程排放的烟尘、粉尘和交通运输中车辆排放的尾气等;二是扬尘,包括大风将外地的尘土从高空输送到本地产生的扬尘和由城市建筑施工、裸露地面、地面尘土、渣土堆放以及人为排放的颗粒污染物沉降等方面而产生的尘土在风力和机动车跑动等外力作用下形成的扬尘;三是其他原因产生的颗粒物,如植物花粉和孢子、各种生物气溶胶以及海盐(沿海城市)等。

由于其纯属自然原因引起的,它对城市颗粒物污染的贡献率在短期内变化不大。由于积极采取控制措施,第一类污染源(主要为烟尘和粉尘)的排放量逐年减少(表 2-3),其对城市颗粒物的贡献率也正表现出稳中有降的趋势;而由于我国城镇化进程的快速发展以及城市基础设施建设的集中开工,近年来大气扬尘污染仍然比较严重,其对城市颗粒物污染的贡献日益突出,已成为城市颗粒物污染的主要原因。

表 2-3　历年全国烟尘、粉尘排放量/万吨

	2001	2002	2003	2004	2005	2006	2007	2008	增长率/%
烟尘	1 069.8	1 012.7	1 048	1 094.9	1 182.5	1 088.8	986.6	901.6	−8.6
粉尘	990.6	941	1 021	904.8	911.2	808.4	698.7	584.9	−16.3

从扬尘污染的变化趋势来看,由于城市建设施工、裸露地面的大量存在以及城市周围生态环境的恶化,在相当长的一段时间内,由扬尘所造成的颗粒物污染将成为是影响我国众多城市空气质量的重要因素。

2. 大气颗粒物的去除过程

大气颗粒物的清除方式有干沉降、湿沉降、化学反应去除几种,目前主要是干沉降和湿沉降。

(1) 干沉降

颗粒物的重力沉降,并与植物、建筑物或地面(土壤)碰撞而被捕获的过程,称为干沉降。这种沉降存在着两种机制:一种是利用重力的作用,颗粒物降落在土壤、水体的表面或植物、建筑物等物体上。沉降的速度由斯托克斯定律求出:

$$v = \frac{gd^2(\rho_1 - \rho_2)}{1.8\eta} \qquad (2-111)$$

式中　v——沉降速度,cm/s;

　　　g——重力加速度,cm/s^2;

　　　ρ_1、ρ_2——分别为颗粒物和空气的密度,g/cm^3;

　　　η——空气黏度,Pa·s。

另一种沉降机制是粒径小于 0.1 μm 的颗粒,它们靠布朗运动扩散,相互碰撞而凝聚成较大的颗粒,通过大气湍流扩散到地面或碰撞而去除。

(2) 湿沉降

通过降雨、降雪等使颗粒物从大气中去除的过程称为湿沉降。被降水湿沉降是颗粒物去除最有效的方法。湿沉降有两种类型:雨除和冲刷(洗脱)。雨除是指被去除物质参与了成云过程,即作为云滴的凝结核,使水蒸气在其上凝结。雨除对半径小于 1 μm 的颗粒物的去除率较高,特别是具有吸湿性和可溶性的颗粒物更明显。冲刷是指在云层下部即降雨过程中的去除,对半径为 4 μm 以上的颗粒物效率较高。

一般通过湿沉降过程去除大气中颗粒物的量约占总量的 80%～90%,而干沉降只有10%～20%。但是,不论雨除或冲刷,对半径为 2 μm 左右的颗粒物都没有明显的去除作用,因而它们可随气流被输送到几百千米甚至上千千米以外的地方去,造成大范围的污染。

2.6.2　大气颗粒物的粒度分布

粒度是颗粒物粒子粒径的大小。粒径是指颗粒物的直径。通常球体颗粒的粒度用直径表

示,而立方体颗粒的粒度可用边长表示。由于大气中粒子的形状极不规则,实际工作中普遍采用有效直径表示,最常用的是空气动力学直径(D_p)。D_p的定义是与所研究粒子有相同终端降落速度的、密度为 1 g/cm³ 的球体直径。D_p 可由式(2-112)求得:

$$D_p = D_g K \sqrt{\frac{\rho_p}{\rho_0}} \tag{2-112}$$

式中　D_g——几何直径;

　　　ρ_g——忽略了浮力效应的粒密度;

　　　ρ_0——参考密度,1 g/cm³;

　　　K——形状系数,当粒子为球形时,$K=1.0$。

大气颗粒物按其粒径大小可分为如下几类。

(1)总悬浮颗粒物 TSP:空气动力学直径小于 100 μm 的粒子的总和。

(2)可吸入颗粒物 PM_{10}:动力学直径小于 10 μm 的粒子的总和,易于通过呼吸过程而进入呼吸道的粒子。

(3)可入肺颗粒物(细颗粒物)$PM_{2.5}$:动力学直径小于 2.5 μm 的颗粒物的总和。

粒度与粒形是大气颗粒物的重要表征,在颗粒物形成与健康效应、光辐射效应、气候效应、清除机制等方面都有关键作用,相关研究已对此获得一定成果。例如,有研究选取大气颗粒物污染严重的某市为采样地区,进行近地面大气颗粒物粒度和粒形特性分析,结果表明:该市秋冬季近地面大气颗粒物粒度分布呈连续多峰曲线形态,以粗模态为主,粒径范围 0.8～120 μm,主体在 10 μm 以下,集中于 3～7 μm;颗粒以方块形为主。受地面排放影响强烈,大气颗粒物粒度与粒形特征在由非采暖期进入采暖期后发生较大改变,随着大气颗粒物浓度增加,粒度均值增大,新增颗粒物主要为 5～8 μm 的近圆形及圆形颗粒物,近圆形颗粒物多为团聚体,粒度粒形变化都反映燃煤等地面源的影响。

2.6.3　大气颗粒物的化学组成

由于来源众多,大气颗粒物的化学组分非常复杂。即使是单个颗粒,也可能包含不同来源和不同种类的化合物。例如,干旱和半干旱地区大气颗粒物以矿物氧化物为主,海洋上空以 NaCl 为主,而森林上空的二次颗粒物中有机物的含量较高,工业区大气颗粒物中硫酸盐、硝酸盐的含量较高。

(1)大气颗粒物的无机组分

由于表层土壤是矿质颗粒物的重要来源,二者的化学组成非常相似。表 2-4 是典型表层土壤和矿质大气颗粒物组成的对比。全球范围内土壤中 SiO_2 的平均含量为 57.8%～64.8%,Al_2O_3 为 14.8%～16.7%,Fe_2O_3 为 4.6%～9.1%,MgO 为 2.7%～4.4%,CaO 为 3.4%～7.5%。矿质颗粒物中 Si、Al 总量占矿物组分的 63% 以上,其他组分随采样地点不同而存在一定差异。虽然通常用氧化物表示土壤和颗粒物的矿物组成,但是氧化物并不一定代表其真实存在形态。而化学形态对大气颗粒物的吸湿性、光学性质(吸收和散射)和大气非均相反应活性具有决定性的影响。一般地,大气颗粒物中无机组分的矿物学形态包括方解石($CaCO_3$)、绿泥石[$(Al, Fe, Li, Mg, Mn, Ni)_{5-6}(Al, B, Si, Fe)_4O_{10}(OH)_8$]、刚玉($\alpha$-$Al_2O_3$)、白云石等。

表 2-4　土壤与矿质颗粒物的组成比较

氧化物	含量/%	
	土壤	矿质颗粒
SiO_2	61.5	48.076
Al_2O_3	15.1	15.142
Fe_2O_3	6.28	6.429
CaO	5.5	9.844
Na_2O	3.2	1.678
MgO	3.7	6.121
K_2O	2.4	2.331
TiO_2	0.68	0.634
BaO	0.0584	0.206
MnO	0.100	0.100

除表 2-4 所列各种元素以外,大气颗粒物还包括多种 $ng \cdot m^{-3} \sim pg \cdot m^{-3}$ 水平的痕量金属元素。例如,Li、Be、Ba、V、Cr、Co、Ni、Cu、As、Se、Mo、Cd、Sb、Pb、Zn、Ti、Sc、Rb、Cs、La、Ce、Nd、Sm、Th、Hg、Y、Ga、Sr、Pt、Rh、U、Ag 等。大气颗粒物中痕量金属元素的含量与区域内土壤的背景值和工业排放等因素密切相关。因此,各采样点测得的痕量金属元素的含量差别非常大。这些痕量元素的生态效应、健康效应和大气环境化学效应的认识还非常有限。大气颗粒物中可溶性无机离子主要有 K^+、Na^+、NH_4^+、Ca^{2+}、Mg^{2+}、Cl^-、NO_2^-、NO_3^-、CO_3^{2-}、SO_4^{2-}、PO_4^{3-} 等。

(2) 大气颗粒物的有机组成

据估计,全球范围内生物源(主要为植物)排放到大气中的挥发性有机化合物(VOCs)约为 1150 $Tg \cdot yr^{-1}$(C),人为源排放到大气中的 VOCs 约为 100 $Tg \cdot yr^{-1}$(C)。VOCs 可通过均相成核(主要为半挥发性有机化合物,SVOCs)、异相成核(气/粒分配过程)以及在大气颗粒物表面发生非均相反应从气相向颗粒态转移。大气颗粒物中常常含有大量(数千种)有机化合物,由于种类繁多,有关大气颗粒物中有机化合物的形态和定量分析的数据都还非常有限,这也是当前大气颗粒物化学组成分析所面临的挑战之一。一般地,颗粒态有机化合物具有分子量较大、蒸气压较低和极性强等特点。由于多环芳烃(PAHs)具有强"三致效应",水溶性有机物可显著改变大气颗粒物的吸湿性,进而影响其粒径分布和云凝结核活性,有机氯农药等持久性有机污染物是重要的环境内分泌干扰物质而受到广泛关注。实际大气颗粒物中已经检测出上百种多环芳烃。由于我国能源结构以煤为主,大气颗粒物种 PAHs 的浓度远远高于其他国家和地区。由燃烧排放、植物排放的烃类的氧化过程等产生的各种有机酸,经均相和异相成核(气/粒分配)而成为有机颗粒物。各地检测的颗粒物中草酸浓度为 250 $ng \cdot m^{-3}$,远远高于其他有机酸的含量。全球范围内,曾经大量使用的有机氯农药,尽管很多农药已经停止使用多年,由于其具有持久性特征在大气颗粒物中仍可检出 $pg \cdot m^{-3}$ 水平的有机氯。我国大气颗粒物中有机氯农药的残留也高于其他国家和地区。

此外,大气颗粒物中也已定量检测出 6,10,14-三甲基-2-十五烷酮、三萜烯酮、胆固醇、豆甾醇、谷甾醇、蒎酮、蒎醛、蒎酸、松香酸、松香醛、$C_{20} \sim C_{31}$ 的烷烃、十六烷醇、十八烷醇、左旋葡聚糖、木糖醇等化合物。

2.6.4 大气颗粒物来源的识别

大气颗粒物是由多种源和复杂的大气物理、化学过程产生的不同尺度的粒子组成的群体。不同粒径和不同来源的颗粒物产生机理不同,产生的大气效应及其对环境和人体健康的影响作用亦不同。因此,弄清城市大气颗粒物的来源及各来源所占比例,是环境管理和科学决策的一个非常重要而又复杂的课题。

1. 大气颗粒物源解析技术概述

源解析技术是一种对大气颗粒物来源进行定性或定量研究的一系列技术方法。最早开展大气颗粒物源解析技术并用于大气环境资源管理的国家是美国。近 20 年来,我国也对大气颗粒物源解析技术进行了大量的研究,并取得了一定的成就。源解析技术大体上可以分为三种:①排放清单(Emission Inventory);②以污染源为对象的扩散模型(Diffusion Model);③以污染区域为对象的受体模型(Receptor Model)。其中受体模型不依赖于排放源排放条件、气象、地形等数据,不用追踪颗粒物的迁移过程,避开了应用扩散模型遇到的困难,因而受体模型解析技术自 20 世纪 70 年代应用以来发展很快。

2. 受体模型的技术路线

受体模型从对采样点测量的颗粒物特性入手,计算污染源对颗粒物的贡献。其中,这些可测量的颗粒物特征参数包括:粒子大小、粒子形状、颜色、颗粒物粒径分布、化学组成(有机物、无机物、放射性核素),组成成分的化学状态和浓度及其在时间和空间上的变化。

3. 受体模型的研究方法

受体模型的研究方法大致可以分为三类:显微镜法、物理法、化学法,其中以化学法的发展最为成熟。

(1) 显微镜法

显微镜法是根据单个颗粒物粒子的大小、颜色、形状、表面特性等形态上的特征来判断颗粒物排放源的方法。许多大气颗粒物的单个粒子具有独特的形态特征,这些形态特征反映了颗粒物的污染源。例如,燃煤排放的颗粒物的一般呈灰褐色,表面相对平滑,形状呈球形居多,表面主要含有 Al、Si、Pe、S 等元素;燃油排放的颗粒物大多呈黑色,表面高低不平,呈海绵多孔结构,表面含有 Pb、V、Si、S 等元素。根据这些形态特征可利用显微技术从颗粒物单个粒子的显微图像来判断颗粒物的来源。

(2) 物理法

此法主要包括 X 射线衍射法(XRD)和轨迹分析法(Trajectory Analysis)。陈昌国等用 XRD 研究了重庆市大气颗粒物的物相组成,结果表明重庆市大气颗粒物中以硫酸盐为主,这体现了重庆市区以煤烟型污染为主的特点。

(3) 化学法

化学法是以气溶胶特性守恒和特性平衡分析为前提,与数学统计方法相结合而发展起来的,主要提出了化学质量平衡法、因子分析法、富集因子法等三种。

• 化学质量平衡法

化学质量平衡法(CMB)又称化学元素平衡法(CEB),其基本原理是质量守恒。它有 3 个假设条件:①各源类所排放的颗粒物的化学组成有明显的差别;②各源类所排放的颗粒物的化学组成相对稳定;③各源类所排放的颗粒物之间没有相互作用,在传输过程中的变化可以忽略。大气颗粒物的组分与排放源颗粒物元素成分呈线性组合。

设通过采样分析测得的空气中元素 i 浓度为 $d_i(\mu g/m^3)$,若已知某排放源 k 所排放颗粒物中元素 i 的含量为 $X_{ik}(\mu g/mg)$,则 k 源在该空气中占有的量 $g_k(mg/m^3)$ 应满足:

$$d_i = \sum_{k=1}^{p} X_{ik}g_k \quad (i = 1, 2, \cdots, m) \tag{2-113}$$

式中　p——该区域环境中排放源的种类数;

　　　m——元素个数。

选择所测定的 m 个元素可建立 m 个方程。只要 $m \geqslant p$,就可解出一组 g_k,即各排放源的贡献大小。则源 k 的贡献率 η 为:

$$\eta = g_k \Big/ \sum_{i=1}^{m} g_k \tag{2-114}$$

化学平衡法在定量计算各种污染源对不同元素的贡献,以及探索不同元素的未知污染源的位置方面,是非常有用的。在美国,CMB 已经被 EPA 定为区域环境污染评价的重要方法之一,并日臻得到完善。

- 因子分析法

因子分析法的基本原理是把一些具有复杂关系的变量或样品归结为数量较少的几个综合因子的一种多元统计方法。它有三个基本假定:①从源到采样点之间,污染物在途中保持质量守恒。这是一般受体模型的共同要求。②污染物中第 i 种元素是由 k 个污染源贡献的线性组合,这 k 个污染源之间是互不相关的。这是因子分析法的基础。③由各个污染源贡献的某元素的量(称为因子载荷 a_{ij})应有足够的差别,而且它在采样和分析期间变化不大。在气溶胶研究中,综合因子往往代表了气溶胶的来源。样品中每一元素的量是各类源贡献的线性加和,且每类源的贡献都可以分成两个因子的乘积,其数学表示式为:

$$x_{ij} = \sum_{k=1}^{m} a_{ik}f_{kj} + d_iU_i + \varepsilon_i \quad (k = 1, 2, \cdots, m) \tag{2-115}$$

式中,x_{ij} 是元素 i 在样品 j 的浓度($\mu g/m^3$);a_{ij} 是元素 i 在源 k 排放物中的含量($\mu g/mg$);f_{kj} 是 k 源对 j 样品贡献的质量浓度(mg/m^3);U_i 是元素 i 的唯一源排放量(mg/m^3);d_i 为其系数($\mu g/mg$);ε_i 为元素 i 的测量误差及其他误差;m 是因子数。用矩阵表示为:

$$X = AF + DU + \varepsilon \tag{2-116}$$

因子分析的目的就是从实测数据(作为变量)x_{ij} 出发,根据它们之间的相关关系,从全局变量数据中综合、归纳出最少数目的公因子,计算出因子模型中的各个因子载荷。对式(2-116)的不同处理会产生不同形式的因子分析,常见的有主因子分析和目标转移因子分析。

有研究运用因子分析法考察了兰州市大气降尘的污染来源及各源所占的比例,结果表明:该市大气降尘的主要来源按贡献率大小依次为:燃煤 41.04%,风沙扬尘 22.97%,汽车尾气 18.67%,建材 12.84%,其他约 4.48%。

- 富集因子法

富集因子法是戈登(Gorden)于 1974 年首先提出来的。它用于研究大气气溶胶粒子中元素的富集程度,判断和评价气溶胶粒子中元素的自然来源和人为来源。富集因子法是一种双重归一化的计算方法,它能消除大气颗粒物采样、分析、风速、风向及离污染源远近等引起的各种因素的影响。

首先选择一种相对稳定的元素 R 作参比元素,将气溶胶粒子中待考查元素 i 与参比元素 R 的相对浓度 $(X_i/X_R)_{气溶胶}$ 和地壳中相对应元素和 R 的平均丰度求得的相对浓度 $(X_i'/X_R')_{地壳}$,按式(2-117)求得富集因子 $(EF)_{地壳}$:

$$(EF)_{地壳} = \frac{(X_i/X_R)_{气溶胶}}{(X_i'/X_R')_{地壳}} \tag{2-117}$$

式中,X_i' 和 X_R' 是元素 i 和 R 的地壳丰度。根据富集因子大小可以将元素大体上分为两类,劳茨等人提出,某种元素的富集因子值小于 10 时,则可以认为是非富集的成分,来源于地壳;当富集因子增大到 $10\sim1\times10^4$ 时,则可以认为被富集了,来源于人为污染源。例如,用这种方法计算我国渡口市大气飘尘中元素富集系数(表 2-5)就可发现,Cr、Ni、Co 和 Mn 的富集系数均较小,可认为它们主要来自地壳组分;而 Cd、Pb、Cu 和 Zn 的富集系数却较大,可认为是由于人为活动造成的。

表 2-5　渡口市大气飘尘中元素的富集系数

元素	Cr	Ni	Co	Mn	Cd	Pb	Cu	Zn
富集系数	0.80	1.2	2.9	1.2	61	26	9.3	21.5

参比元素通常选择地壳中大量存在的、人为污染源很小、化学稳定性好、挥发性低、且易于分析的元素。通常多选用 Fe、Al 或 Si 等。在研究海洋上空颗粒物时,常选 Na 作参比元素。近年来也有人主张用元素 Se 作参比元素。虽然 Se 的地壳丰度很小,但由于它的人为污染源较少,且化学稳定性好,挥发性也较低,与 Fe、Al 之间有很强的相关性。此外,Se 能用中子活化分析法精确分析。故当采用富集因子法分析各种元素含量时,选用 Se 为参比元素最为适宜。

2.6.5　大气颗粒物中的 $PM_{2.5}$

$PM_{2.5}$ 是指大气中粒径小于或等于 2.5 μm 的颗粒物。Pooley 和 Gibbs(1996)将其定义为可吸入肺颗粒物,属于细微颗粒物,通常也称为细粒子。目前,细微颗粒物 $PM_{2.5}$ 已成为国际上大气污染研究领域的热点和前沿。自 20 世纪 80 年代起,美国和一些欧洲国家对 $PM_{2.5}$ 开展了广泛的研究;美国更是于 1997 年制定了关于 $PM_{2.5}$ 的环境空气质量标准。在我国,针对 $PM_{2.5}$ 研究刚刚起步,尚未形成大规模、高层次的系统研究。少数城市进行的研究虽然取得了一些成果,对细颗粒物污染有了一定的认识,但大多数只有个别地点、短期的监测,尚不能借此对 $PM_{2.5}$ 的污染特征进行较为全面的分析。对 $PM_{2.5}$ 污染源的排放特征进行的调查、研究更是缺乏。

1. $PM_{2.5}$ 的基本组成

$PM_{2.5}$ 由直接排入空气中的一次微粒和空气中的气态污染物通过化学转化生成的二次微粒组成。一次微粒主要由尘土性微粒和由植物及矿物燃料燃烧产生的碳黑(有机碳)粒子两大类组成。二次微粒主要由硫酸铵和硝酸铵组成,其形成的主要过程是大气中的一次气态污染物 SO_2 和 NO_2 通过均相或非均相的氧化形成酸性气溶胶,再和大气中唯一的偏碱性气体 NH_3 反应生成硫酸铵(亚硫酸铵)和硝酸铵气溶胶粒子。大气中的水滴为这些化学转化过程提供了重要的前提条件。硫酸铵和硝酸铵是水溶性盐类,在水中的溶解度较高,所以,大气中的水滴就易成为二次污染物在 1 000 m 以下低空不断累积的重要媒介。

PM$_{2.5}$中一次粒子与二次粒子的比例因地而异,主要取决于污染源的特征和气象、气候特征。例如,美国的华盛顿地区由于SO$_2$浓度较高(主要由火力发电厂排出),相对湿度较高,所以二次粒子的比例较高。美国西部干旱的菲尼克斯由于有大量与燃烧有关的排放源,所以一次粒子的比例较高(表2-6)。

表 2-6　华盛顿地区与菲尼克斯大气中 PM$_{2.5}$ 的组成/%

粒子成分	硫酸铵粒子	硝酸铵粒子	土壤尘粒子	燃烧产生的粒子
华盛顿地区	47	13	5	35
菲尼克斯	14	13	16	57

2. PM$_{2.5}$ 的来源

(1) 一次粒子

在一次微粒中,尘土性微粒主要来源于道路、建筑和农业产生的扬尘;碳黑粒子主要来源于柴油发动机汽车、锅炉、废物焚烧、露天烧烤、火烧秸秆和居民烧柴等。在一次微粒的各个来源中,PM$_{2.5}$所占的比例相差较大,道路扬尘与建筑扬尘以粗颗粒为主,由燃烧产生的颗粒则以PM$_{2.5}$为主(表2-7)。

表 2-7　常见颗粒物污染源中的粒径分布/%

颗粒物污染源粒径/μm	道路与土壤扬尘	农业燃烧	薪柴燃烧	柴油车	石油燃烧	建筑扬尘
<1	4.5	81.9	92.4	87.4	4.6	
<2.5	10.7	82.7	93.1	92.3	97.4	5.8
<10	52.3	95.8	95.8	96.1	99.1	34.9
>10	47.7	4.2	4.2	3.8	0.8	65.1

在城市的一次粒子中,由燃烧产生的碳黑有机碳粒子尽管在大气气溶胶中所占比例一般不超过20%,但其对可见光有着强烈的吸光效应。

(2) 二次粒子

硫酸铵和硝酸铵的前体物中:SO$_2$主要来源于燃煤锅炉和燃油锅炉,NO$_x$主要来源于锅炉与机动车,NH$_3$主要来源于化肥生产、动物粪便、焦炭生产、冷冻车间和控制NO$_x$的锅炉(NH$_3$作为降解剂)。NH$_3$是大气中唯一的碱性气体,大气中的NH$_3$溶解在水滴中形成NH$_4^+$能加快SO$_2$的氧化速度。SO$_2$与NH$_3$的反应属于不可逆反应,而NO$_x$与NH$_3$的反应属于可逆的反应,其反应易受到温度和湿度的影响。在二次粒子的生成过程中,大气相对湿度起着至关重要的作用。相对湿度不仅是决定二次粒子的生成和低空累积的重要条件,而且是决定二次粒子粒径增大与散射率变化的首要条件。

3. PM$_{2.5}$ 对人体健康和大气能见度的影响

虽然大气颗粒物只是地球大气成分中含量很少的组分,但对空气质量、能见度、酸沉降、云和降水、大气的辐射平衡、平流层和对流层的化学反应等均有重要影响。与较粗的颗粒物相比,PM$_{2.5}$比表面积大(易成为其他污染物的运载体和反应体),富含大量的有毒、有害物质且在大气中的滞留时间长、输送距离远(如粒径在0.1~1.0 μm范围内的颗粒物可在对流层滞留2~3周,输送到高度20 km、距离8 000 km以外),因而对人体健康和大气环境质量的影响更大。

(1) $PM_{2.5}$对人体健康的影响

自 20 世纪 80 年代后期以来,人们逐渐重视对大气颗粒物的健康影响研究。在美国巴尔的摩进行的研究表明,$PM_{2.5}$的浓度与人体心率降低之间具有显著的统计相关性。根据Schwartz等人的研究,每天死亡率的增加与 $PM_{2.5}$ 的相关性最强,当 $PM_{2.5}$ 日平均增加$10 \mu g/m^3$时,死亡率增加 1.5%。哈佛大学对 8 000 名成年人进行了为期 16 年的颗粒物流行病学研究,证实$PM_{2.5}$与死亡率的上升显著相关。目前已知的细微颗粒物对人体健康的影响主要包括:增加重病和慢性病患者的死亡率;使呼吸系统、心脏系统疾病恶化,医院中此类急诊增多;改变肺功能及其结构;改变免疫功能;患癌率增加。颗粒物引起的三类疾病值得重视:①传染病:包括流感、肺结核和肺炎等;②过敏:包括由自然过敏源引起的哮喘和肺泡炎;③肺癌等。

大气颗粒物对人体的危害程度主要取决于其成分、浓度和粒径。颗粒物的成分是主要的致病因子,决定是否有害和引起何种疾病;颗粒物的浓度和暴露时间决定了吸入剂量,颗粒物的浓度越高、暴露时间越长,则危害越大;颗粒物粒径与其在呼吸道内沉着、滞留和清除有关。此外,环境因素如温度和相对湿度对颗粒物的吸入危害也有一定影响。一般而言,大于 $10 \mu m$粒子大部分被阻留在鼻腔或口腔内;穿过气管的 PM_{10}中的 10%~60%可沉积在肺部而造成危害。大气颗粒物的肺部沉积曲线呈双模态,在 $3 \mu m$ 处的峰值为 20%,在 $0.03 \mu m$ 处的峰值为 60%。沉积在肺部的粒子能存留数周至数年;可吸入颗粒物在鼻腔内的大量沉积可导致上呼吸道疾病,如鼻窦炎、过敏症等。

(2) $PM_{2.5}$对大气能见度的影响

自 20 世纪 70 年代以来,大气颗粒物对能见度的影响就一直是环保部门关注的问题之一。尽管在大气中只占很少的一部分,但颗粒物对城市大气光学性质的影响可达 99%。大量的研究表明,$PM_{2.5}$与能见度密切相关。

大气能见度主要是由大气颗粒物对光的散射和吸收决定的。空气分子对光的散射作用很小,其最大的视距(极限能见度)为 100~300 km(具体数值与光的波长有关)。在实际的大气中由于颗粒物的存在,能见度一般远远低于这一数值:在极干净的大气中能见度可达 30 km以上;在城市污染大气中能见度可在 5 km 左右甚至更低;在浓雾中能见度只有几米。在大气气溶胶中,主要是粒径为 0.1~$1.0 \mu m$ 的颗粒物通过对光的散射而降低物体与背景之间的对比度,从而降低能见度。在这一粒径范围的颗粒物中,含有 SO_4^{2-} 的粒子和含有 NO_3^- 的粒子最易散射可见光。

$PM_{2.5}$对光的吸收效应几乎全部是由碳黑(也称元素碳)和含有碳黑的颗粒物造成的。尽管全世界每年排放的碳黑仅占人为颗粒物排放量的 1.1%~2.5%和全部颗粒物排放量的0.2%~1.0%,但其引起的消光效应却要高得多,在某些地方甚至可以使能见度降低一半以上。根据 Chan 等人的研究,在澳大利亚布里斯班,细颗粒物的吸光系数占总消光系数的 27.8%。

据气象资料,北京市市区的能见度在十多年前为十几千米,而现在通常仅为 2~3 千米。在北京进行的研究表明,$PM_{2.5}$与大气能见度的线性相关性高达 0.96。

4. 控制 $PM_{2.5}$的途径分析

(1) 一次粒子的控制

一次粒子的成分复杂、来源较广。在常规的大气监测与控制中,细粒子往往被忽视。所以目前一次粒子的控制应从以下几个方面入手。

① 摸清各种来源中的粒径分布,抓住污染"大户"。

② 摸清各种来源的时空分布特征,分区、分时加以控制。

③ 杜绝城市近郊的秸秆、草木和废物的露天焚烧设备的燃烧状况,减少碳黑和有机碳粒子的排放。我国一些地区特别是经济和农业比较发达的大中城市郊区,田间地头、道路两旁随意焚烧农作物秸秆,造成烟雾弥漫,环境污染,有时还酿成交通事故和飞机航班延误。例如,成都郊县麦收时由于乱烧秸秆,到处烟雾弥漫,甚至影响了双流机场飞机的起降。北京、天津、石家庄、济南、西安、郑州、沈阳、成都、上海、南京等 10 大城市郊区和京津塘、京石、沪宁、济青等 4 条高速公路沿线,在麦收季节已划为秸秆综合利用和禁烧重点地区,严禁在以上城市郊区和公路两侧焚烧农作物秸秆。

(2) 二次粒子的控制

$PM_{2.5}$ 的控制分为一次粒子的控制和二次粒子的控制。目前的大气污染源调查与控制主要是针对一次粒子,而二次粒子是北京上空“灰锅盖”中首要成分,控制二次粒子可能是目前控制北京市大气中 $PM_{2.5}$ 污染的一个最为有效的突破点。控制二次粒子的方法可从两个方面入手,即控制二次粒子的前体物(SO_2、NO_x 和 NH_3)和控制二次粒子生成与累积的途径。

- 控制前体物

二次粒子的前体物中,SO_2 和 NO_x 在来源的时空分布、数量上均和 NH_3 有着较大的差别。在时空分布上,SO_2 和 NO_x 面广而持续;在数量上,SO_2 和 NO_x 的排放量远远超过 NH_3。大气中 90% 以上的 NH_3 来源于动物粪便、化肥的生产与使用,控制起来比控制 SO_2 和 NO_x 更为容易些。所以,在控制 SO_2 和 NO_x 的同时,要重视对 NH_3 的控制。

- 控制二次粒子生成与累积的途径

前体物生成二次粒子和二次粒子在低空累积产生累积效应,需要特定的时空条件和气象条件。控制前体物各自的时空分布和根据不同的气象条件选用不同污染紧急控制措施,可阻断和避免可能对市民造成严重危害的累积性污染。

5. 我国 $PM_{2.5}$ 的污染状况和污染特征

(1) 浓度污染特征

目前,我国还没有对 $PM_{2.5}$ 进行大规模的系统研究,只有部分城市在个别点位进行了一些短期的研究。图 2-5 给出了我国和美国部分城市 $PM_{2.5}$ 的污染情况,可以看出,我国 $PM_{2.5}$ 污染非常严重。

在沿海地区城市 $PM_{2.5}$ 的污染水平较低,这是特殊的地理位置所造成的;在内陆地区,南京、太原、柳州和南宁等污染非常严重,最高值(南京)可达到美国 $PM_{2.5}$ 日均浓度标准的 4.6 倍。

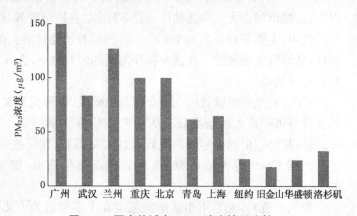

图 2-5　国内外城市 $PM_{2.5}$ 浓度情况比较

从监测区域上看,我国对 $PM_{2.5}$ 的监测主要集中在东部和东南部地区,而且主要集中在北京、上海、南京、广州和香港等大城市;我国东北部和西部对 $PM_{2.5}$ 的监测非常少。从监测时间上看,早在 1988 年就有人对大气中的 $PM_{2.5}$(云岗和柳州)进行监测,但监测时间很短,这也是

我国目前 $PM_{2.5}$ 研究的一大特征,有的甚至仅有几天,导致结果偶然性太大。另外,由于各城市对 $PM_{2.5}$ 监测时间不平行,采用的监测方法也不统一(不同的监测方法测得的结果存在一定的差异),大大降低了各城市之间 $PM_{2.5}$ 质量浓度的可比性,因此开展大规模的系统的 $PM_{2.5}$ 的监测研究非常必要。

（2）时间变化特征

研究者对北京市的 PM_{10} 和 $PM_{2.5}$ 的质量浓度的日变化进行了研究,发现两种粒子在全天的变化趋势基本上一致,分别在上午和夜间出现两个污染高峰,这主要与人为活动、污染物排放以及气象条件有关。北京市和青岛市夏季 $PM_{2.5}$ 的质量浓度最高,秋季最低,春冬两季相差不大;南宁市 $PM_{2.5}$ 的污染春、冬季明显大于夏、秋季;上海冬季 $PM_{2.5}$ 的质量浓度要明显高于夏季,该结果也与处于热带气候的印度南部的特里凡得琅的研究结果相同。对南京市不同功能区(交通区、居民生活区、商贸饮食区、化工区和风景旅游区)的 $PM_{2.5}$ 的质量浓度的季变化研究发现:秋季各功能区污染水平明显低于冬春两季,交通干道、居民生活区、商贸饮食区的粒子浓度在冬、春两季差别不大,而对化工区、风景旅游区来说,冬季明显高于春季。

$PM_{2.5}$ 质量浓度及变化规律的不同可能与各地污染源排放结构、气象条件等因素有关,监测时间短也是一个重要原因。

（3）空间变化特征

研究者对北京地区 $PM_{2.5}$ 的质量浓度的垂直分布进行了研究,发现其随高度的增加而减小。在夏季,边界层中 $PM_{2.5}$ 的质量浓度为近地面相应值的 90% 左右,而在冬季则为 70%～80%。另一项研究考察澳门地区道路附近的 $PM_{2.5}$ 质量浓度的垂直分布,发现 $PM_{2.5}$ 的质量浓度随高度的上升先下降,当高度上升至 30 m 左右后,浓度变化趋于平缓,这与北京市近地层 $PM_{2.5}$ 质量浓度随高度变化的趋势一致,对 $PM_{2.5}$ 质量浓度的垂直分布轮廓线进行了回归分析,发现浓度随高度的变化成显著的对数关系,见表 2-8。

表 2-8　$PM_{2.5}$ 质量浓度随高度的变化

季节	回归方程	相关系数(R^2)	置信度($1-\alpha$)
秋季	$Y = -7.522\ 1\ln X + 78.699$	0.830	0.95
冬季	$Y = -6.167\ 1\ln X + 54.083$	0.908	0.95

注:Y 代表 $PM_{2.5}$ 的质量浓度;X 代表距地面高度。

（4）来源解析研究

我国颗粒物来源解析方面的研究主要集中在 TSP 和 PM_{10} 上,对 $PM_{2.5}$ 来源解析的研究较少。研究采用化学质量平衡法(CMB)、因子分析(FA)法,对北京 $PM_{2.5}$ 的来源进行了定性、定量研究,见表 2-9。可以看出城区 $PM_{2.5}$ 的主要污染源为人为源(机动车尾气尘和燃煤尘),而清洁地区为自然源(土壤风沙尘)。

表 2-9　北京 $PM_{2.5}$ 的来源解析结果

地区	方法	土壤风沙尘	机动车尾气尘	燃煤尘	地面扬尘	二次粒子	工业园
北京	化学质量平衡	—	35.7	32.7	24.1	7.7	—
北京*	因子分析	67.1	10.6	6.8			13.7

注:* 指的是北京东北方向距中心城区 100 km 处,监测为 $PM_{2.0}$;"—"表示没有该类污染源。

本 章 小 结

大气是由多种气体组成的混合体。其成分可分为恒定、可变和不定三种组分类型。其中，可变组分和不定组分是导致大气污染的主要因素。

大气层的结构是指气象要素的垂直分布情况，根据温度、成分、电荷等物理性质，同时考虑到大气的垂直运动等情况，可将大气分为对流层、平流层、中间层、热层和逸散层。通常所说的大气污染主要发生在对流层中。

通常把静大气的温度和密度在垂直方向上的分布，称为大气温度层结。实际大气的气温层结曲线主要有递减层结、等温层结和逆温层结三种。其中逆温层结又可分为：辐射逆温、下沉逆温、湍流逆温、平流逆温、锋面逆温等类型。

大气稳定度是指大气中某一高度上的气团在垂直方向上相对稳定的程度。在垂直于地球表面方向上，每升高 $100\,m$ 气温的变化值，称为大气垂直递减率(γ)。干燥气团或未饱和的湿空气团绝热上升 $100\,m$（膨胀），温度下降 $1℃$ 称为气温的干绝热递减率(γ_d)。大气温度垂直递减率越大，气团越不稳定；反之，气团就越稳定。而气团越稳定，地面污染源排放出来的污染物越难以上升扩散。

影响大气污染物迁移的因素主要有气象条件（大气稳定度和风）、地貌状况造成的逆温现象和污染源本身的特性。

大气污染是指当污染物的量超过了大气的自净能力，引起空气质量恶化，对人体、动物、植物和物体产生不良影响的现象。

按污染物产生的原因，大气污染源可分为天然污染源和人为污染源两种。其中人为污染源又分为：生活污染源、工业污染源和交通污染源；固定污染源和移动污染源；点污染源、线污染源和面污染源；一次污染源和二次污染源。

根据出发点的不同，大气污染类型可进行如下划分：①以污染化学物质及它们存在的大气环境状况为依据，划分为：还原型（煤炭型）、氧化型（汽车尾气型）；②根据燃料性质和大气污染物组成和反应，划分为：煤炭型、石油型、混合型和特殊型。

根据污染物存在的形态，大气污染物可分为颗粒污染物与气态污染物。依照与污染源的关系，可将其分为一次污染物和二次污染物。

大气污染是当前世界最主要的环境问题之一，其对人类健康、器物、动植物和全球环境等都会造成很大的危害。

常用大气污染物的浓度表示法有混合比单位表示法和单位体积内物质的质量表示法。

大气中的污染物可以发生化学变化。主要有光解、氧化-还原、酸碱中和以及聚合等反应。通过本章的学习要掌握大气中重要吸光物质的光解和化学转化。侧重掌握大气中重要自由基的来源，硫氧化物、氮氧化物和碳氢化合物等在大气中化学转化。

光化学烟雾、酸性降水、温室效应、臭氧层破坏和汽车尾气污染是比较突出的大气环境污染问题，要了解其产生机理、危害和防治措施。

作为引起大气污染的重要物质——大气颗粒物，要了解其分类（人为源、扬尘以及其他原因产生的颗粒物）、去除方法（干沉降、湿沉降）、粒径分类（TSP、PM_{10}、$PM_{2.5}$）、化学组成（无机组成和有机组成）以及大气颗粒物来源的识别方法（显微镜法、物理法、化学法）。

$PM_{2.5}$（细粒子）已成为国际上大气污染研究领域的热点和前沿，要了解其基本组成、来源、影响、控制方法以及我国 $PM_{2.5}$ 的污染状况和污染特征。

习 题

1. 大气共分为哪几层？每一层的特征是什么？
2. 何谓大气温度层结和大气垂直递减率？
3. 简述逆温现象对大气污染物的迁移有什么影响。
4. 影响大气中污染物迁移的主要因素有哪些？
5. 简要说明大气污染对人体健康的危害。
6. 简述大气中O_3的光解反应过程，并说明为什么大气O_3层被称为人类"保护伞"。
7. 简述酸雨的形成因素及其危害。
8. 简述温室效应的形成及其危害。
9. 简述臭氧层破坏的主要机理及对人类健康的影响。
10. 简述何为光化学烟雾及其形成机理。
11. 简述何为$PM_{2.5}$以及它对人体健康和大气的影响。

阅读材料

苔藓"听诊"上海大气环境

苔藓是一种结构相对简单的绿色高等植物，对所生长地区的土壤、水汽、气候条件相当敏感，特别是对大气中的二氧化硫等有害气体反应较为灵敏，其对环境污染因子的反应敏感度是种子植物的10倍，因此是生物界对人类环境污染拉响的"生物警报"。同时因取材容易，调查方法简便，苔藓作为一种良好的生物指示材料，被世界各国广泛应用为环境指示植物。

上海师范大学生命与环境科学学院博士生导师曹同教授，就是从苔藓所记录的各种蛛丝马迹中，准确地"读"出了上海若干年来大气环境中重金属含量迅速增加的重要信息。他所带领的一组精干人马，完成了《苔藓植物对上海环境质量及其变化的指示》的市级科研课题，揭示出一个严峻的事实：上海近半世纪来环境重金属污染有加剧的趋势。

借助电脑与附有绘图功能的特殊显微镜，我们可以观察到一片前所未见的精彩苔藓世界。平时只能在墙根街角见到的小苔藓，竟是一个种类繁盛的大家族——目前世界上记录在册的就有2万多种，而那些触目可及、琳琅满目的种子植物，在我国总共也不过3万余种。"这是泥炭藓，它具有超强的吸水性，可吸附比自身重10~16倍的水，是生态修复、改良土壤的好帮手，二战期间还曾被用来替代脱脂棉包扎伤口；光藓，在最阴暗的岩洞里也能发荧光，世界上只有少数国家能找到它的踪迹，包括我国；银叶真藓，它有很强的耐污染性，即使在化工区也能活得很自在……"

曹教授称他的课题是为上海大气环境"听诊"。天性敏感、吸附能力特强的"小羽藓"，就是作"听筒"的好帮手。曹教授和他的科研队伍从市自然博物馆找来了1965年、1975年前后、1980年前后采自16个样点的27份小羽藓标本，又在上海市四处新采了大批小羽藓，然后应用原子吸收光谱法和双因素方差分析、线性回归分析等科学方法,对其中佘山地区、某石化厂区等四个样点平均值的小羽藓体内的重金属含量,进行了测定与分析。结果显示,上海市各样点小羽藓体内的铜、锌、铅、铬、镉这五种重金属元素的含量在 1965 年至 2005 年间均有不同程度的显著增加;而且分析出,导致上海这些年来重金属含量加剧的主要污染源来自工业和交通。

现在,苔藓保护和利用工作的意义正在为越来越多的人了解。像上海卢湾高级中学,就形成了一个颇具规模的专门研究苔藓科学的小团队。不久前,该校学生祝之瑞因参与"苔藓植物环境指示及生态功能的研究",获得了全国青少年科技创新大赛优秀项目一等奖和英特尔世界中学生科学大赛环境科学类大奖二等奖,并被保送进了清华大学环境工程专业。与此同时,这项研究也在世界范围找到了许多知音,不少重要的研究材料——苔藓老标本,从澳大利亚、法国、加拿大等地源源送来。

二氧化碳可直接转为液体燃料

美国加州大学洛杉矶分校的科学家日前宣布,他们成功开发出一种能将二氧化碳转化为液体燃料的转基因蓝藻。这种蓝藻能通过光合作用消耗二氧化碳并产生异丁醇。该研究被认为具有较大的应用价值,相关论文发表在最新出版的《自然·生物技术》杂志上。

研究人员称,这种新方法有两个优势:第一,它能回收二氧化碳,有助于减少由燃烧化石燃料所产生的温室气体;第二,它能将太阳能和二氧化碳转化为燃料,并应用于现有的能源设施和大多数汽车上。除此之外,与其他汽油替代方案相比,这种转基因海藻在转化过程中不需要中间步骤,可直接将二氧化碳转化为燃料。

据介绍,通过基因技术,研究人员首先增加了聚球蓝藻菌中具有吸收二氧化碳作用的核酮糖二磷酸羧化酶(RuBisCO)的数量。而后又插入了其他微生物的基因以增强其对二氧化碳的吸收能力。通过光合作用,转基因蓝藻就可以产生异丁醇气体。这种气体具有沸点低、承压能力强的特点,容易从系统中分离。

负责该研究的加州大学洛杉矶分校化学与生物分子工程系副主任詹姆斯·廖教授说,这种新方法避免了生物质解构的需要,无论在纤维素类生物质还是在藻类生物质中都可生产。它突破了生物燃料生产最大的经济障碍。因此,该技术将比现有生产方法具有更大应用价值。

研究人员表示,虽然该工程菌也可以直接产生异丁醇,但出于成本考虑,利用现有设备和相对便宜的化学催化过程更便于大规模生产和推广。该系统的理想安置地点应是排放二氧化碳的火力发电厂的附近,这样由发电厂排出的废气就可被直接捕获而被转化为燃料。

参考文献

[1] 张蓓,叶新,井鹏. 城市大气颗粒物源解析技术的研究进展. 能源与环境,2008:130-134.
[2] 于林平,贾建军. 城市光化学烟雾的形成机理及防治. 山东科技大学学报,2001,20(4):111-114.
[3] 周军,柴国勇,陈元. 城市大气中 $PM_{2.5}$ 污染控制的意义途径. 甘肃环境研究与监测,2006,16(1):29-31.
[4] 郝冉,李辉,孙丽梅. 大气污染的危害及防治措施. 工业安全与环保,2005,31(6):27-28.
[5] 张稳婵. 光化学烟雾及防治对策的探讨. 太原师范学院学报,2003,2(3):69-71.
[6] 王赞红. 近地面大气粒度与理性特性. 环境科学,2008,28(9):1935-1940.
[7] 范彩玲,高向阳,朱保安. 温室效应及其防治对策,2006,34(20):5351-5352.
[8] 常蓉,钱旭. 我国汽车尾气污染及其控制,1999,18(3):30-32.
[9] 郝明途,林天佳,刘炎. 我国 $PM_{2.5}$ 的污染状况和污染特征,2006,31(2):58-61.

[10] 杨宗慧. 我国酸雨状况和对策. 云南环境科学,2002,21(1):25-26.

[11] 吴丹,王式功,尚可政. 中国酸雨研究综述,2006,24(2):70-75.

[12] 姜安玺,时双喜,徐江兴. 主要大气污染的现状及控制途径. 哈尔滨建筑大学学报,1999,32(6):63-65.

[13] 王红云,赵连俊. 环境化学. 北京:化学工业出版社,2004.

[14] 戴树桂. 环境化学. 北京:高等教育出版社,1996.

[15] 韩宝华. 环境化学. 北京:中央广播电视大学出版社,1995.

[16] 刘永春,贺泓. 大气颗粒物化学组成分析. 化学进展,2007,19(10):1620-1629.

[17] 郝瑞彬,刘飞. 我国城市扬尘污染及控制对策. 环境保护科学,2003,29:1-3.

[18] 张瑾,戴猷元. 环境化学导论. 北京:化学工业出版社,2008.

[19] 汪群慧,王雨泽,姚杰,等. 环境化学. 哈尔滨:哈尔滨工业大学出版社,2004.

3 水环境化学

水是宝贵的自然资源,是人类与生物体赖以生存和发展必不可少的物质。可以说,没有水就没有生命,也就没有人类。从表面上看,地球上的水是足够多的,约覆盖地球表面的71%,整个地球上的水量约为 1.36×10^{18} m³,主要分布于河流、湖泊、海洋、水库、沼泽、冰川、雪地,以及大气、生物体、土壤和地层等,但是,其中绝大部分是海水,约占水总量的97.3%,陆地、大气和生物体内的淡水只占2.59%,可供人类采用的淡水资源仅占地球水总储量的0.26%(表3-1)。

表 3-1 地球上水资源的分布

存在形式	分布面积/10^{12} m²	体积/10^{15} m³	质量分数/%
海 洋	360.0	1 322.0	97.22
冰川与永久积雪	18.0	29.2	2.15
深层地下水	—	4.170	0.307
浅层地下水	—	4.170	0.307
咸水湖及内海	0.70	0.104	0.007 7
淡水湖	0.86	0.125	0.009 2
土壤及沼泽水	—	0.067	0.004 9
大 气	—	0.013	0.001
河 流	0.001 25	—	0.000 1
生物水	0.001 20	—	0.000 1

近几十年来,随着世界人口的剧增,工农业生产的发展,一方面使用水量迅速增加,另一方面,未经处理的废水、废物排入水体造成污染,又使可用水量急剧减少。目前,世界上许多地区面临着水资源不足的问题,已有几十个国家出现了"水荒",所以水源问题已经成为全世界关注的首要问题。我国的淡水资源从总量上看居于世界第四位,但是人均水量却是第121位,只是世界平均数的四分之一,因此,充分合理地开发与利用水源,防治水污染是我国面临的艰巨而繁重的任务。爱护水资源,节约用水是每一个人的责任。

水体是指自然界中水的积聚体。具体地讲,它是指地面上的各种水体,如海洋、湖泊、水库、沼泽、河流、冰川等。水体是一个完整的生态系统,其中包括水、水中的悬浮物、溶解物、底质和水生生物等。

水环境化学是环境化学的重要组成部分,主要研究化学物质在天然水体中的存在形态、迁移转化规律、反应机理、化学行为及其对生态环境的影响。研究水环境化学将为水污染控制和水资源的保护提供科学依据。

3.1 水环境化学基础

3.1.1 天然水的基本特性

1. 水的起源及天然水的组成

关于水的起源,比较普遍的看法是认为在地球形成的开始阶段,由于大规模的活动释放出大量挥发气体,这些气体的主要成分是水蒸气、二氧化碳、氮气和其他微量气体。水蒸气凝结为液态的水降落到地壳表面,汇集到地壳低洼的地方,就形成现今的海洋和湖泊。

天然水从严格意义上讲,都含有一定的杂质。一般含有悬浮物质(包括悬浮物、矿物黏土、水生生物等)和成分十分复杂的可溶性物质。天然水与岩石、大气、土壤和生物相互接触并不断进行化学与物理作用,同时也进行物质和能量的交换。所以,天然水的化学组成经常在变化,并且成为极其复杂的体系。根据存在形态分类,天然水中包括溶解物质、悬浮物质和胶体物质,见表3-2。

表3-2　天然水的组成

分类	主 要 物 质
溶解物质	O_2、CO_2、H_2S等溶解气体;钾、钠、钙、镁、铁等的卤化物;碳酸盐、硫酸盐等盐类;其他可溶性有机物
悬浮物质	泥沙、黏土等颗粒物;细菌、藻类及原生动物
胶体物质	硅、铝、铁的水合氧化物胶体物质;黏土矿物胶体物质;腐殖质等有机化合物

(1) 天然水体中的主要离子成分

天然水中存在有常见的八大离子:K^+,Na^+,Ca^{2+},Mg^{2+},HCO_3^-,NO_3^-,Cl^-,SO_4^{2-},占天然水中离子总量的$95\%\sim99\%$。水中这些主要离子的分类常用来作为表征水体中的主要化学特征性指标。比如,水的硬度一般定义为Ca^{2+}、Mg^{2+}离子的总量。水中的HCO_3^-、CO_3^{2-}和OH^-三种离子的总量称为总碱度,水的pH值是氢离子浓度或活度的负对数等。天然水中常见主要离子总量可以粗略地作为水的总含盐量(TDS)。

$$TDS = [K^+ + Na^+ + Ca^{2+} + Mg^{2+}] + [HCO_3^- + NO_3^- + Cl^- + SO_4^{2-}]$$

(2) 天然水中的金属离子

水中的金属离子,例如Fe^{2+},不可能在水中以分离的实体独立存在。在水溶液中,常用Me^{n+}表示金属离子,其含义是简单的水合金属阳离子$Me(H_2O)_x^{n+}$。水中可溶性金属离子可以多种形式存在。例如三价铁离子就可以$Fe(OH)^{2+}$、$Fe(OH)_2^+$、$Fe(OH)_4^{4+}$和Fe^{3+}等形式存在。在中性水体中,各种形态的浓度可以通过各种配合离子的平衡常数计算得出。

(3) 天然水中的微量元素

除上述元素以外,还有一系列元素在天然水中的分布也很广泛,虽然它们的含量很低,常低于$1\,\mu g/L$,但是起的作用很大,尤其对水中动植物体的生命活动有很大影响。这类元素包括重金属(Cu、Zn、Cr、Ni、Pb等),稀有金属(Be、Rb、Cs、Li等),卤素(Br、I、Cl)及放射性元素。

(4) 天然水中溶解的气体

天然水体中溶解的气体主要有O_2、CO_2、H_2S、N_2、CH_4等。溶解在水中的气体对于水中生物的生存非常重要。例如,鱼类呼吸,需要水中溶解的氧气而放出二氧化碳,水中污染物在生物降解过程中会大量消耗水体中的溶解氧,导致鱼类无法生存。藻类在白天的光合作用则吸收溶解的二氧化碳而放出氧气。在夜晚,由于藻类的新陈代谢过程又使氧气损失,藻类死后残体的降解过程也会消耗氧气。许多工业生产过程中排出的有毒有害气体,例如,HCl、SO_2、NH_3等进入水体后,对水体中的生物产生了各种不良的影响。

在天然水中,溶解的气体与大气中同种气体存在着溶解平衡。

$$X(g) \Longleftrightarrow X(aq)$$

这一平衡服从亨利定律,即一种气体在溶液中的溶解度与所接触的该气体的分压成正比。但是许多气体溶解后会发生进一步的化学反应,所以溶解在水中气体的量远远高于亨利定律表示的量。气体在水中的溶解度$[G(aq)]$可以表示为

$$[G(aq)] = K_H \cdot P_G \tag{3-1}$$

式中 K_H——在一定温度下的亨利定律常数;

P_G——气体的气相分压。

表 3-3 给出一些气体在水中的亨利定律常数 K_H 值。

表 3-3 一些气体在水中的亨利常数(25℃)

气体	$K_H/mol \cdot L^{-1} \cdot Pa^{-1}$	气体	$K_H/mol \cdot L^{-1} \cdot Pa^{-1}$
O_2	1.26×10^{-8}	N_2	6.40×10^{-9}
O_3	9.16×10^{-8}	NO	1.97×10^{-8}
CO_2	3.34×10^{-7}	NO_2	9.74×10^{-8}
CH_4	1.32×10^{-8}	HNO_2	4.84×10^{-4}
C_2H_2	4.84×10^{-8}	HNO_3	2.07
H_2	7.80×10^{-9}	NH_3	6.12×10^{-4}
H_2O_2	7.01×10^{-1}	SO_2	1.22×10^{-5}

在计算气体的溶解度时需对水蒸气的分压进行校正,表 3-4 给出了在不同温度下水蒸气的分压。可以看出,温度较低时,水蒸气的分压很小。根据气体的亨利常数以及不同温度下水蒸气的分压,可以利用亨利定律计算出不同气体在水中的溶解度。

表 3-4 不同温度下水蒸气的分压

$T/℃$	$p_水/10^5\ Pa$	$T/℃$	$p_水/10^5\ Pa$
0	0.006 11	30	0.042 41
5	0.008 72	35	0.056 21
10	0.012 28	40	0.073 74
15	0.017 05	45	0.095 81
20	0.023 37	50	0.123 30
25	0.031 67	100	1.013 25

① 氧在水中的溶解度 干燥空气中氧气的含量为 20.95%,25℃时水蒸气的分压为 $0.031\,67 \times 10^5$ Pa,所以,氧气的分压为

$$p_{O_2} = (1.013\,25 - 0.031\,67) \times 10^5 \times 0.209\,5 = 0.205\,64 \times 10^5 (Pa)$$

利用亨利定律,可以计算出氧气在水中的摩尔浓度

$$[O_2(aq)] = K_H \cdot p_{O_2} = 1.26 \times 10^{-8} \times 0.205\,64 \times 10^5 = 2.591 \times 10^{-4} (mol/L)$$

因此,氧气在 $1.013\,25 \times 10^5$ Pa, 25℃饱和水中的溶解度为

$$2.591 \times 10^{-4} \times 32 \times 10^3 = 8.291\,2 (mg/L)$$

气体的溶解度随温度的升高而降低。若温度从 0℃上升到 35℃时,氧气在水中的溶解度将从 14.74 mg/L 降低到 7.03 mg/L。

② 二氧化碳在水中的溶解度 干燥空气中二氧化碳的体积百分含量为 0.033%,25℃时

水蒸气的分压为 $0.031\,67 \times 10^5$ Pa，查表可知二氧化碳的亨利常数（25℃）是 3.34×10^{-7} mol/(L·Pa)，则二氧化碳在水中的溶解度为

$$p_{CO_2} = (1.013\,25 - 0.031\,67) \times 10^5 \times 3.3 \times 10^{-4} = 32.39(Pa)$$

$$[CO_2(aq)] = 3.34 \times 10^{-7} \times 32.39 = 1.082 \times 10^{-5}\,mol/L = 0.476\,1(mg/L)$$

二氧化碳在水中部分离解产生等浓度的 H^+ 和 HCO_3^-：

$$CO_2 + H_2O \rightleftharpoons H^+ + HCO_3^-$$

$$k_{a1} = \frac{[H^+][HCO_3^-]}{CO_2} = 4.23 \times 10^{-7}\,mol/L$$

可以解出 $[H^+] = 2.14 \times 10^{-6}$ mol/L，即 pH = 5.67。所以溶解在水中的二氧化碳总浓度应为：$[CO_2] + [HCO_3^-] = 1.296 \times 10^{-5}$ mol/L。

（5）天然水中的微生物

水体中的微生物的种类和数量直接关系到水质的好坏。与水生化学关系密切的微生物，可以分为两类：菌类微生物和藻类。

菌类微生物是关系到水环境自然净化、给水和废水生物处理过程的重要的微生物群体。细菌在水处理过程中降解有机物质，根据氧化过程中利用的受氢体种类不同，可分为好氧细菌、厌氧细菌和兼氧细菌。

藻类是水体中的生产者，能利用太阳能进行光合作用，把光能转化为化学能贮存起来，没有阳光时，藻类就利用化学能供应其代谢的需要，同时，也消耗水中的溶解氧。所以，从某种意义上说，菌类可视为环境的催化剂，而藻类却起着水中太阳能电池的作用。

2. 水的特性及水体特征

纯净的水是无色、无臭、无味的透明液体，是一种重要的天然溶剂。在 101 325 Pa 大气压力下，凝固点为 0℃，沸点为 100℃。水分子的基本结构式为 H_2O，构型为 V 型。水分子之间存在着氢键，使天然水具有许多不同于其他液体的物理化学性质，从而决定了水在人类生命过程和生活环境中无可替代的作用。

（1）水的透光性　水是无色透明的液体，太阳光中的可见光和波长较长的近紫外光部分可以透过，使水生植物光合作用所需要的光能够达到水面以下的一定深度，而阻挡了对生物体有害的短波远紫外光。这对生活在水中的各种生物具有重要的意义，在地球上生命的产生和进化过程中也起到了关键性的作用。

（2）水的比热容及汽化热　水的比热容为 4.18 J/(g·℃)，是除了液氨以外所有液体和固体中比热容最大的。这是由于水中存在缔合分子的缘故。水的汽化热也极高，在 20℃ 为 2.418 J/g。正是由于这种高比热容、高汽化热的特性，滨海地区白天太阳辐射强烈，海水升温需要吸收大量的热量，使气温不至于太高，夜晚海水降温释放出大量的热量，避免了气温急剧下降，所以，水的高比热容对于调节环境气温有重大作用。由于组成生命物质的主要成分是水，水的高比热容对于维持生物的恒定体温是十分重要的。

（3）水的密度　由于水分子缔合的特性，水在 3.98℃ 时的密度最大，为 1 000 kg/m³。水的这一特性在控制水体温度分布和垂直循环中起着重要作用。在气温急剧下降时，水面上较重的水层向下沉降，与下部水层交换，这种循环过程使得溶解在水中的氧及其他营养物得以在整个水域分布均匀。到冰点时，全部水分子都缔合成有大量空隙的大的缔合分子。因此，冰的

密度比水小,只有 0.916 8 g/mL,可以浮在水面上。冬天,当江河湖海水温下降时,4℃附近的水由于密度最大,沉入水的下层,当水温继续下降时,密度变小升到水的上层,直到0℃时结成了冰。由于冰比水轻,漂浮在水面上,即使水面封冻,又使水体水底温度仍可保持 4℃的稳定状态,为水生生物的生存创造了良好条件。

(4) 水的溶解性及介电常数 水是良好的溶剂,水的介电常数在所有的液体中也是最高的,因此,许多物质在水中不仅有很大的溶解度,而且也有很大的电离度。这对于营养物质的吸收和生物体在生命活动中进行的各种生化反应具有极其重要的作用。

(5) 水溶液的依数性 水中溶解了其他物质后会引起水溶液的蒸气压的变化,对于非挥发性溶质,可以引起蒸气压的下降,从而导致沸点升高和凝固点下降。

不同来源的天然水,其自然资源不同,水质状况也不同。在地面水中,不同的河流、湖泊和蓄水库等水体均有各自的特征。就是同一条河,由于从它的源头到入海口,沿途经历了许多不同的自然条件,特别是上游和下游,无论物理条件和生物特征都有很大差异。因此,其水质是不同的。在河流的上游,底部常为各种大小的岩块和砾石,水流清澈,含土壤颗粒和有机物质较少,流量和流速在各季有巨大的变化。由于曝气良好和水温较低,水中溶解氧的含量较高。而河流的中下游河宽和水深加大,水的流速变小,水的悬浮沉积物加多,因而光投入的深度缩小;底部物质在河流下游变得细小;由于河流植被的遮蔽作用减弱,在同样的气温下,下游水的温度比上游为高,因而溶解氧的含量较低。

总之,河流流域面积宽广,又是敞开流动,除所接触的自然条件差异较大外,还受到生物和人类社会活动的影响,使其化学组成随时间、空间而变。在河口包括河流入海处的海湾,又构成了另一种水体类型。淡水和盐水混合,赋予河口许多独特的化学和生物学性质。河口是许多非常重要的需要加以保护的海洋生物的繁殖地。

湖泊可以分为贫营养湖、富营养湖和营养障碍湖,这个级序往往与湖中的生物情况相平行。贫营养湖多数较深,水常清澈,缺乏营养物,生物活动不多。富营养湖则含有较多的营养素,能支持较多生物生长,湖水较为浑浊。营养障碍湖常较浅,植物壅塞,其水质通常为低 pH值,并带有颜色。

水库是人工淡水湖泊,但与天然湖泊相比差别仍很大。容积比径流速度大的水库叫做蓄水库。容积比径流速度小的水库叫做径流式水库。这两类水库中的物理、化学和生物学性质明显不同。蓄水库中的水较接近于湖水,而径流式水库中的水则较像河水。

3. 天然水体的性质

(1) 天然水的循环

天然水的循环包括自然循环和社会循环。

水在自然界中并不是静止不动的,地球上各种形态的水在太阳辐射和地球引力的作用下,不断地运动循环、往复交替。在太阳能和地球表面热能的作用下,地球上的水不断地被蒸发成水蒸气,进入大气并被气流输送至各处,在适当条件下凝结成降水,其中降落到陆地表面的雨雪,经截留、入渗等环节而转化为地表及地下径流,最后又回归海洋。这种不断蒸发、输送、凝结、沉降的往复循环过程称为水的自然循环。

人类社会为了满足生活和生产上的需要,从天然水体取用大量的水,在使用过程中混入的杂质使水受到不同程度的污染,生活污水和工业废水不断地排入天然水体,构成了水的社会循环过程。社会循环的水量只占地球总水量的几百万分之一,然而却表现出人对自然界中水的良性循环产生的负面效应。

水的循环是一个巨大的动态系统,它将地球上各种水体连接起来构成水圈,使得各种水体能够长期存在,并在循环过程中渗入大气圈、岩石圈和生物圈,将它们联系起来形成相互制约的有机整体。水循环的存在使水能够周而复始地被重复利用,成为再生性资源。水循环的强弱直接影响到一个地区水资源开发利用的程度,进而影响到经济的可持续发展。

(2) 水量平衡

水循环过程中存在三个重要环节:蒸发、降水和径流,这三个环节一起决定着全球的水量平衡。假如将水从液态转变为气态的蒸发作为水的支出($E_{全球}$),将水从气态转变为液态或固态的大气降水作为收入($P_{全球}$),径流是调节收支的重要参数。根据水量平衡方程,全球一年中的蒸发量等于降水量,即

$$E_{全球} = P_{全球}$$

3.1.2　水体污染及水体污染源

1. 水体污染

当污染物进入天然水体并超过水体的自净能力,使水和水体底泥的物理、化学、生物或放射性等方面的特性发生变化,从而降低了水体的使用价值和使用功能,即水体受到了污染。造成水体污染的物质称为水体污染物。

2. 水体污染物

水中污染物的种类繁多,它们的分类方法也很多,在1960年,美国有些学者把它分成八大类。

(1) 耗氧污染物　主要来自生活污水和工业废水,它是一些能够被微生物降解为二氧化碳和水的有机物。通常,水中溶解氧至少应为 5 mg/L,如果溶解氧数量不足或有机污染物含量过高,都可引起水体溶解氧耗尽,直到出现“腐臭”现象。水中存在的耗氧污染物在降解时耗氧并导致水质恶化从而影响鱼类及其他水生生物的正常活动,也严重影响人类生活及生产用水的供给。

(2) 致病污染物　主要来自人类排泄物和医院污水,其中含有病原微生物与细菌,可使人类和动物患病,由于饮水不卫生造成的传染病有:血吸虫病、霍乱、痢疾、病毒性肝炎和脊髓灰质炎等疾病,经过消化道感染某些病毒等。水中致病污染物指标主要是测定水中大肠杆菌的数量。

(3) 合成有机物　包括洗涤剂中的表面活性剂、农药、工业有机产品及其降解物。这些物质在环境中很难进行生物和化学降解。它们大多对鱼类具有明显毒性,对人类的危害更大。

(4) 植物营养物　主要是氮、磷类物质,其含量过高时能刺激藻类及水草生长,干扰水质净化。水体中过量营养物所造成的“富营养化”,对于湖泊及流动缓慢的水体造成的危害,已经成为水源保护的严重问题。

(5) 无机物及矿物质　主要来自城市及工业废水的排入,采矿废水的抛弃。这些污染物的危害随物质的种类、存在形态和水体的物理化学性质以及生物的不同而不同。例如无机汞排入水体,底泥中厌氧性细菌能够把无机汞转化为甲基汞,甲基汞容易在生物体内积累,使汞的毒性明显增大。

(6) 沉积物　主要来自土壤碎屑、沙砾以及岩石冲刷下来的无机矿物的沉积,部分来自工

业排放的颗粒物。水中颗粒沉积物阻塞河道、水库,堵塞、腐蚀设备管道,减弱阳光对水体中水生生物的照射,覆盖鱼穴,妨碍鱼类产卵、寻食而降低鱼类的生产量。据估算,在有人类之前,全世界每年由河流带入海洋的固体物约 93 亿吨,而现在每年约 240 亿吨之多。

(7) 放射性物质　水中放射性物质包括来自放射性矿床的开采、冶炼,核电站、反应堆及放射性物质的使用等。它的限制浓度用居里/升表示。放射性物质除了具有相应的元素及其化合物的毒性外,电离辐射对人体的作用是它们的主要危害。电离辐射使机体组织的分子分裂成离子或自由基,使生物体内重要物质(如细胞核红的 DNA 分子)破裂,使细胞染色体或基因破坏造成遗传变异。急性辐射病的症状呈恶心、疲乏、呕吐、贫血等。辐射导致白血病、某些癌症以及心血管疾病等。

(8) 热污染　发电厂排放大量的冷却水导致水体温度升高,造成水的密度及黏度减小,悬浮物的沉积速度加快(在 35℃时的沉积速度为 0℃时的 2.5 倍),蒸发加强(32℃时比 15.5℃时快 5 倍),反应速度加快(每增加 10℃,反应速度增加 2~4 倍),加快有机物的氧化降解,增加氧的消耗,使溶解氧(DO)含量减少(在 35℃时的 DO 值仅为 15℃时的 70%)。由于鱼类等水生生物对温度变化适应性小,以至于影响鱼类的生存。

3. 水体污染源

造成水体污染的因素是多方面的。水体污染源是指造成水体污染的污染物的发生源。按污染物的来源可分为天然污染源和人为污染源两大类。

水体天然污染源是指自然界自行向水体释放有害物质或造成有害影响的场所。例如,岩石和矿物的风化和水解、火山喷发、水流冲蚀地表、大气沉降物、有机物的自然降解以及水体由于自然灾害等原因接受的放射性物质、硫化物和氟化物等。可以说,人为活动的结果也加速了天然源的污染进程。

水体人为污染源是指由于人类活动形成的污染源,包括工业污染源、农业污染源和生活污染源三大部分。

工业污染源是造成水体污染的主要来源和环境保护的主要防治对象。各种工业企业在生产过程中排出的废物和污水等统称为工业废水,其中所含的污染物质包括生产废料、残渣以及部分原料、产品、半成品、副产品等,因此成分极为复杂。由于行业众多,各类废水组成复杂多变,差异很大,各有其独特的特点,因此对工业废水污染源很难做出明确的分类,处理起来也是很困难的。

农业污染源是指由农业生产而产生的水污染源,如大气降水所形成的径流和渗流把土壤中的氮、磷和农药带入水体;由牧场、养殖场、农副产品加工厂排放的含有机物的废水排入水体,它们都会造成河流、水库、湖泊等水体污染,使水体水质恶化。农业污染源的特点是面广、分散、难以治理。

生活污染源是人类日常生活中产生的各种废水,其中包括厨房、浴室、厕所等场所排放的污水和污物。生活污水中的固体物质小于 1%,可溶物多为无毒的无机物和有机物。无机物主要有氯化物、硫酸盐、磷酸盐和钠、钾、钙、镁等的重碳酸盐,此外还有 Zn, Cu, Cr, Mn, Ni, Pb 等微量重金属。有机物主要有纤维素、淀粉、糖类、蛋白质、脂肪、酚类、尿素、表面活性剂及洗涤剂,此外,还有多种数量不等的各种微生物。根据实测,每毫升水中可含有 900 个细菌(包括病原体),pH 值多在 7 以上。生化需氧量(BOD_5)一般为 110~400 mg/L。生活污水水质参数的大体数值范围列举在表 3-5 中。

表 3-5 生活污水的水质参数范围

水质参数	数值范围/(mg/L)	水质参数	数值范围/(mg/L)
生化需氧量(BOD_5)	110~400	总氮(TN)	20~85
化学需氧量(COD)	250~1 000	总磷(TP)	4~15
有机氮(Org-N)	8~35	总残渣	350~1 200
氨态氮(Amm-N)	12~50	悬浮固体物(SS)	100~350

3.1.3 水体的自净作用与水环境容量

1. 水体的自净作用

工业废水、农业废水和生活污水等未经妥善处理直接排入天然水体中,会使水体的物质组成发生变化,破坏了原有的物质平衡,造成水质恶化。水体受污染后,污染物在水体的物理、化学和生物学作用下,使污染成分不断稀释、扩散、分解破坏或沉入水底,水中污染物浓度逐渐降低,水质最终又恢复到污染前的状况,这个自然净化过程称为水体自净作用。

废水进入水体后,污染与自净过程几乎同时开始,距排污口近的水域以污染过程为主,表现为水质恶化,形成严重污染区,而在相邻的下游水域,自净过程有所加强,污染强度逐渐减弱,水质渐见好转,形成中度至轻度污染区域,在轻度污染水域下游,则以自净过程为主。水体的自净过程十分复杂,按其机理划分为以下几个。

(1) 物理过程。其中包括稀释、混合、扩散、挥发、沉淀等过程。水体中的污染物质在这一系列的作用下,其浓度得以降低。稀释和混合作用是水环境中极普遍的现象,又是比较复杂的一项过程,它在水体自净中起着重要的作用。

(2) 化学及物理化学过程。污染物质通过氧化、还原、吸附、凝聚、中和等反应使其浓度降低。

(3) 生物化学过程。污染物质中的有机物,由于水体中微生物的代谢活动而被分解、氧化并转化为无害、稳定的无机物,从而使浓度降低。

水体的自净作用包含着十分广泛的内容,任何水体的自净作用又常是相互交织在一起的,物理过程、化学和物化过程及生物化学过程常常是同时同地产生,相互影响,其中常以生物自净过程为主,生物体在水体自净作用中是最活跃、最积极的因素。例如,河流对污染物的净化过程大致如下:当污染物质排入河流后,首先被流水混合、稀释扩散,比水重的粒子即沉降堆集在河床上;接着可氧化的物质被水中的氧所氧化;有机物质通过水中微生物的作用进行生物化学的氧化分解还原成无机物质;与此同时,河流表面又不断地从大气获得氧气,补充水中被消耗掉的溶解氧;阳光可以杀死病原微生物;⋯⋯这样经过一段时间,河水流到一定距离后就恢复到原来的"清洁"状态。水的自净能力与水体的水量、流速等因素有关。水量大、流速快,水的自净能力就强。但是,水对有机氯农药、合成洗涤剂、多氯联苯等物质以及其他难以降解的有机化合物、重金属、放射性物质等的自净能力是极其有限的。

2. 水体的环境容量

水体的环境容量是指在不影响水的正常用途的情况下,水体所能容纳的污染物的量或自身调节净化并保持生态平衡的能力。水环境容量是制定地方性、专业性水域排放标准的依据之一,环境管理部门还利用它确定在固定水域到底允许排入多少污染物。

水环境容量理论上是环境的自然规律参数和社会效益参数的多变量函数;反映污染物在

水体中迁移、转化规律,也满足特定功能条件下对污染物的承受能力。实践上是环境管理目标的基本依据,是水环境规划的主要环境约束条件,也是污染物总量控制的关键参数。容量的大小与水体特征、水质目标、污染物特征有关。

水环境容量由两部分组成:稀释环境容量和自净环境容量。

一般水环境容量的应用体现在以下三个方面:

(1) 制定地区水污染物排放标准;

(2) 在环境规划中的应用:水环境容量的研究是进行水环境规划的基础工作,只有弄清了污染物的水环境容量,才能使所制定的水环境规划真正体现出生态环境效益和经济效益,做到工业布局更加合理,污水处理设施的设计更加经济有效,对水环境的总体质量才能进行有效的控制;

(3) 在水资源综合开发利用规划中应用:相对水资源综合开发利用,不仅要保证它能提供足够质量的水质合格的水,而且还应考虑它接纳污染物的能力。因此,一个地区的水环境容量也是该地区水资源是否丰富的重要标志之一。

3.2 天然水体中的化学平衡

水体中所含物质的存在形态主要是由水体中存在的化学平衡,包括沉淀-溶解平衡、酸-碱平衡、氧化-还原平衡、配合-离解平衡以及吸附-解吸平衡等决定的。天然水体可以看成是一个含有多种溶质成分的复杂的水溶液体系,上述各平衡的综合作用决定了这些组分在水体中的存在形态,进而决定了它们对环境所造成的影响及影响程度。

3.2.1 天然水中的溶解和沉淀平衡

固体在水中的溶解和沉淀对天然水体和水污染控制具有重要影响。例如,天然水中各种离子从矿物中的溶出,废水处理中污染物形成沉淀而去除等。所以,天然水中的溶解和沉淀是污染物在水环境中迁移的重要途径,也是水处理过程中极为重要的现象。

难溶盐的溶解平衡可以用溶度积常数(K_{sp})来表征,例如,对于二价金属的硫酸盐存在如下关系:

$$MeSO_4(s) \xrightleftharpoons{K_{sp}} Me + SO_4^{2-}$$

$$K_{sp} = [Me^{2+}][SO_4^{2-}]$$

金属氢氧化物在水环境中的行为差别很大。它们与质子或氢氧根离子都发生反应,达成水解和羟基配合物的平衡,体系存在某个 pH 值,在此 pH 值下它们的溶解度最小,当 pH 值增大或减小时,其溶解度都增大,其迁移能力会随着升高。

在中性条件下绝大多数重金属硫化物是不溶的,在盐酸中 Fe、Mn、Zn、Cd 的硫化物可溶,而 Ni、Co 的硫化物难溶,Cu、Hg、Pb 的硫化物只有在硝酸中才能溶解,因此只要水环境中存在 S^{2-},几乎所有重金属均可以从水体中沉淀除去。

天然水中碳酸盐沉淀实际上是二元酸在三相($Me^{2+} - CO_2 - H_2O$)中的平衡分布。有溶解二氧化碳存在时,能生成溶解度较大的碳酸氢盐。当 pH 值增大时,碳酸盐的溶解度减小。因此,碳酸盐的溶解度在很大程度上取决于水中溶解的 CO_2 和水体 pH 值。

通过溶解沉淀平衡计算盐类的溶解度时,应该同时考虑溶液的温度、pH 值、同离子效应、盐效应,以及酸碱平衡、配位平衡、氧化-还原平衡液面上方气相相关物质分压等因素对溶解度的影响。例如 $FeS(s)$ 在含硫化物的水溶液中的溶解度,除依赖其溶度积之外,还取决于阳离子 Fe^{2+} 和阴离子 S^{2-} 的水解平衡以及生成配离子 $FeHS^+$、FeS_2^{2-} 等的平衡。

3.2.2 天然水体中的酸-碱化学平衡

天然水环境中的许多化学反应和生物反应都是与酸碱化学相关联的。例如,沉积物的生成、转化及溶解,酸性降水对缓冲能力较小的水体的影响,水体中金属离子的转化和迁移等,都与酸碱化学有关。

通常,天然水体中都含有溶解的二氧化碳,主要来源是大气中的二氧化碳以及土壤或水体中有机物氧化时的分解产物。二氧化碳是藻类等生物体进行光合作用所必需的,但在某些情况下它又是一个限制性因素,当二氧化碳含量高时,影响水生动物的呼吸和气体交换,并导致水生生物死亡。一般情况下,二氧化碳的含量不应超过 $25\ mg \cdot L^{-1}$,因此,二氧化碳对于调节天然水的 pH 值和组成起着重要作用。

天然水的 pH 值主要由下列系统决定:

$$CO_2 + H_2O \rightleftharpoons H_2CO_3 \quad pK_0 = 1.46$$

$$H_2CO_3 \rightleftharpoons H^+ + HCO_3^- \quad pK_1 = 6.35$$

$$HCO_3^- \rightleftharpoons H^+ + CO_3^{2-} \quad pK_2 = 10.3$$

从平衡常数可以看出,H_2CO_3 的含量极低,主要是溶解的 CO_2,因此,常把 CO_2、H_2CO_3 合并为 $H_2CO_3^*$。若用 α_0、α_1、α_2 分别代表 $H_2CO_3^*$、HCO_3^- 和 CO_3^{2-} 在总量中所占的百分含量,根据 K_1 及 K_2 值,就可以绘制出以 pH 值为主要变量的 $H_2CO_3^*$ - HCO_3^- - CO_3^{2-} 体系的形态分布图(图 3-1)。

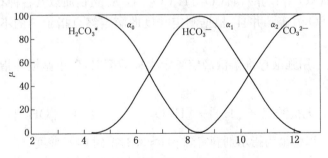

图 3-1 碳酸化合态分布图

1. 水的碱度

对于天然水、工业废水或受严重污染的水体的评价,除需测定 pH 值外,还应测定碱度和酸度。水的碱度是指水中能与强酸发生中和作用的全部物质的总量,即能接受质子(H^+)的物质的总量。在一般的天然水体中,对碱度有贡献的主要包括:强碱,如 $NaOH$、$Ca(OH)_2$ 等;弱碱,如 NH_3、$C_6H_5NH_2$ 等;强碱弱酸盐,如碳酸盐、重碳酸盐、磷酸盐和硫化物等。

对于碳酸盐体系,对水的碱度有贡献的主要是 HCO_3^-、CO_3^{2-} 和 OH^-,并且,根据测定碱度的滴定终点指示剂的不同分为总碱度、酚酞碱度和苛性碱度。

(1)总碱度 在测定水样总碱度时,一般用强酸标准溶液滴定,用甲基橙为指示剂,当溶液由黄色变为橙红色(pH≈4.3)时停止滴定,此时所得的结果称为该水样的总碱度,也称为甲基橙碱度。所加的 H^+ 即为下列反应的化学计量关系所需要的量。

$$H^+ + OH^- \rightleftharpoons H_2O$$

$$H^+ + CO_3^{2-} \rightleftharpoons HCO_3^-$$

$$H^+ + HCO_3^- \rightleftharpoons H_2CO_3$$

因此,总碱度是水中各种碱度成分的总和,即加酸至 HCO_3^- 和 CO_3^{2-} 全部转化为 CO_2。根据溶液质子平衡条件,可以得到碱度的表达式:

$$总碱度 = [HCO_3^-] + 2[CO_3^{2-}] + [OH^-] - [H^+] \tag{3-2}$$

(2) 酚酞碱度 如果用酚酞做指示剂进行滴定,溶液的 pH 值降到约 8.3 时滴定结束,此时溶液中的 OH^- 被中和,CO_3^{2-} 全部转化为 HCO_3^-,碳酸盐只中和了一半,因此得到酚酞碱度表达式:

$$酚酞碱度 = [CO_3^{2-}] + [OH^-] - [H_2CO_3^*] - [H^+]$$

(3) 苛性碱度 若滴定已知体积水样的碱度时,仅使碳酸盐体系中的 OH^- 被中和,这就得到苛性碱度。苛性碱度在实验室内测定时不容易控制终点,不可能迅速测定,如果已知总碱度和酚酞碱度,可以用计算的方法确定苛性碱度。

$$苛性碱度 = [OH^-] - [HCO_3^-] - 2[H_2CO_3^*] - [H^+]$$

2. 水的酸度

酸度是指水中能够与强碱发生中和作用的全部物质的总量,即能放出质子(H^+)或经过水解能产生质子(H^+)的物质的总量。在一般的天然水体中,对酸度有贡献的主要是:强酸,如 HCl、H_2SO_4、HNO_3 等;弱酸,如 CO_2、H_2CO_3、H_2S、蛋白质以及各种有机酸类;强酸弱碱盐,如 $FeCl_3$、$Al_2(SO_4)_3$ 等。并且,根据测定酸度的滴定终点指示剂的不同分为无机酸度、CO_2 酸度和总酸度。

(1) 无机酸度 用强酸标准溶液滴定测定水样酸度时,以甲基橙为指示剂滴定到 $pH \approx 4.3$,得到无机酸度。

$$无机酸度 = [H^+] - [HCO_3^-] - 2[CO_3^{2-}] - [OH^-]$$

(2) CO_2 酸度 以酚酞为指示剂滴定到 $pH \approx 8.3$,得到 CO_2 酸度。

$$CO_2 \, 酸度 = [H^+] + [H_2CO_3^*] - [CO_3^{2-}] - [OH^-]$$

(3) 总酸度 总酸度应在 $pH \approx 10.8$ 处得到,但此时滴定曲线无明显突跃,难以选择合适的指示剂,故通常以游离二氧化碳作为酸度主要指标。根据溶液质子平衡条件,可得到总酸度表达式:

$$总酸度 = [HCO_3^-] + [H^+] + 2[H_2CO_3^*] - [OH^-]$$

如果已知某水体的 pH 值、碱度及相应的平衡常数,就可计算出水体中 $H_2CO_3^*$、HCO_3^-、CO_3^{2-}、OH^- 在水中的浓度(假设其他各种形态对碱度的影响可以忽略)。

例 3-1 某水体的 pH = 7.00,碱度为 1.00×10^{-3} mol/L,计算该水体中 HCO_3^-、$H_2CO_3^*$、CO_3^{2-}、OH^- 的浓度。

解：$pH = 7.00$ 的水体，与 HCO_3^- 相比，CO_3^{2-} 的浓度可以忽略不计，总碱度全部由 HCO_3^- 贡献。则：

$$[HCO_3^-] = 碱度 = 1.00 \times 10^{-3} \text{ mol/L}$$

$$[OH^-] = 1.00 \times 10^{-7} \text{mol/L}$$

根据碳酸的离解常数 K_1，可以计算出 $H_2CO_3^*$ 的浓度。

$$[H_2CO_3^*] = [HCO_3^-][H^+]/K_1$$
$$= 1.00 \times 10^{-3} \times 1.00 \times 10^{-7}/(4.45 \times 10^{-7})$$
$$= 2.25 \times 10^{-4} \text{ mol/L}$$

代入 K_2 的表示式

$$[CO_3^{2-}] = K_2[HCO_3^-]/[H^+]$$
$$= 4.69 \times 10^{-11} \times 1.00 \times 10^{-3}/(1.00 \times 10^{-7})$$
$$= 4.69 \times 10^{-7} (\text{mol/L})$$

例 3-2 某水体的 $pH = 10.00$，碱度为 1.00×10^{-3} mol/L，计算该水体中 HCO_3^-、$H_2CO_3^*$、CO_3^{2-}、OH^- 的浓度。

解：$pH = 10.00$ 的水体，$[OH^-] = 1.00 \times 10^{-4}$ mol/L，$[H^+] = 1.00 \times 10^{-10}$mol/L，而对碱度的贡献是由 HCO_3^-、CO_3^{2-}、OH^- 同时提供的，由总碱度表示式得

$$碱度 = [HCO_3^-] + 2[CO_3^{2-}] + [OH^-] - [H^+] \approx [HCO_3^-] + 2[CO_3^{2-}] + [OH^-]$$

因为 $K_2 = [CO_3^{2-}][H^+]/[HCO_3^-]$，整理得

$$[HCO_3^-] = 0.9 \times 10^{-3}/1.938 = 4.64 \times 10^{-4} (\text{mol/L})$$

$$[CO_3^{2-}] = K_2[HCO_3^-]/[H^+] = 4.69 \times 10^{-11} \times 4.64 \times 10^{-4}/(1.00 \times 10^{-10})$$
$$= 2.18 \times 10^{-4} (\text{mol/L})$$

所以 $[HCO_3^-]$ 为 4.64×10^{-4} mol/L，$[CO_3^{2-}]$ 为 $2 \times 2.18 \times 10^{-4}$ mol/L，$[OH^-]$ 为 1.00×10^{-4} mol/L。总碱度为三者贡献之和，即 1.00×10^{-3} mol/L。

3. 天然水体的缓冲能力

天然水体的 pH 值一般保持在 6~9。天然水体是一个缓冲体系具有一定的缓冲能力，如果没有人为的干扰，其 pH 值的波动不大。

碳酸化合物是水体缓冲作用的重要因素，常常根据它的存在情况来估算水体的缓冲能力。在酸性较强的水中，H_2CO_3 占优势；在碱性较强的水中，CO_3^{2-} 占优势；而大多数天然水的 pH 在 6 ~ 9 范围内，HCO_3^- 占优势，即水中含有的各种碳酸化合物控制了水的 pH 值并具有缓冲作用，这就使得天然水对于酸碱具有一定的缓冲能力。最近研究表明，水体和周围环境之间有多种物理、化学和生物化学过程，它们对水体的 pH 值也有着重要作用。

碳酸盐的溶解平衡是水环境化学常遇到的问题。在工业用水系统中，也经常需要知道所用的水是否会产生碳酸钙沉淀，即水的稳定性问题。通常，当溶液中 $CaCO_3(s)$ 处于未饱和状态时，称水具有侵蚀性；当 $CaCO_3(s)$ 处于饱和状态时，称水具有沉淀性；当处于溶解平衡状态时，则称水具有稳定性。

3.2.3 天然水中的氧化-还原平衡

在天然水以及水和废水处理过程发生的很多反应中,氧化还原反应起着重要的作用。当水体中含有两种或两种以上可发生价态变化的离子时,必须考虑到氧化-还原平衡的重要影响。在被污染的水体中,这种影响更为明显,它对于水体中污染物的迁移具有重要意义。水体中氧化-还原作用的类型、速度和平衡,在很大程度上决定了水中主要溶质的性质。例如,在厌氧性湖泊中,湖下层的元素均以还原态存在,如 CH_4、NH_4^+、H_2S、Fe^{2+} 等;而表层水由于可被大气中的氧饱和,成为相对氧化性介质,当达到热力学平衡时,则上述元素将以氧化态存在,如 CO_2、NO_3^-、SO_4^{2-}、$Fe(OH)_3$ 等。显然,这种变化对水生生物和水质影响很大。由于许多氧化-还原反应非常缓慢,实际上很少达到平衡,存在的是几种不同氧化还原反应的混合行为。

天然水及污水中许多重要的氧化还原反应均为微生物催化反应。细菌作为催化剂,能使氧分子与有机物质反应,使三价铁还原成二价铁,使 NH_4^+ 氧化为硝酸盐;水环境中的氧化还原反应与酸碱反应类似,通常用电子活度来表示水体中氧化性或还原性的强弱。

1. 电子活度和氧化-还原电位

(1) pE 的定义

在研究水体的氧化还原性时,采用 pE 来表示氧化-还原的能力更为方便。pE 的概念可以像定义 pH 一样来定义。

$$pH = -\lg[\alpha_{H^+}]$$
$$pE = -\lg[\alpha_{e^-}] \tag{3-3}$$

式中,$[\alpha_{H^+}]$、$[\alpha_{e^-}]$ 分别为水溶液中氢离子活度和电子活度。电子活度和 pE 的热力学定义是由 Sturmn 和 Morgan 提出的,它基于下列反应:

$$2H^+(aq) + 2e^- \Longleftrightarrow H_2(g)$$

当此反应的全部组分均以单位活度存在时,该反应的自由能变化 ΔG 可以定为零。电子活度是当 $\alpha_{H^+} = 1.0$ 并与 0.101 MPa 的 H_2(同样活度也为 1.0)相平衡的介质中,电子活度为 1.0,即 pE = 0.0。如果电子活度增加 10 倍(正如 $\alpha_{H^+} = 0.10$ 与 0.101 MPa 的 H_2 相平衡的情况),那么电子活度将为 10,即 pE = -1.0。

(2) 氧化-还原电位(E)与 pE 的关系

在氧化-还原平衡体系中,对于任意一个氧化-还原半反应:

$$氧化态 + ne^- \Longleftrightarrow 还原态$$

达到平衡时

$$K = \frac{[还原态]}{[氧化态][e^-]^n}$$

两边取负对数得

$$-\lg K = -\lg \frac{[还原态]}{[氧化态]} + n\lg[e^-]$$

整理上式得

$$-\lg[e^-] = \frac{1}{n}\lg K + \frac{1}{n}\lg \frac{[氧化态]}{[还原态]}$$

令

$$pE^{\theta} = \frac{1}{n}\lg K$$

则
$$pE = pE^{\theta} + \frac{1}{n}\lg\left[\frac{氧化态}{还原态}\right] \qquad (3-4)$$

从式(3-4)可知,pE^{θ} 是氧化态与还原态相等时的 pE,或是 $\frac{1}{n}\lg K$;pE 可用以衡量溶液接受或迁移电子的相对趋势。pE 越小,体系的电子浓度越高,提供电子的趋势越强;反之,pE 越大,体系的电子浓度越低,体系接受电子的趋势越强;当 pE 增大时,体系氧化态的相对浓度升高;当 pE 减小时,体系还原态的相对浓度升高。由此可见,pE 和我们熟悉的电极电势 E,应该具有一定的联系,实际上两者可以相互换算。

已知 25℃时,对于任意半反应的能斯特方程为
$$E = E^{\theta} + \frac{0.059}{n}\lg\left[\frac{氧化态}{还原态}\right] \qquad (3-5)$$

比较式(3-4)、式(3-5),可得
$$pE = \frac{E}{0.059} = 16.92E$$

$$pE^{\theta} = \frac{E^{\theta}}{0.059} = 16.92E^{\theta}$$

据此,虽然 pE^{θ} 不能实测,但是可以由 E^{θ} 实验值换算得到,例如,铁的半反应为:
$$Fe^{3+} + e^- \Longrightarrow Fe^{2+} \quad E^{\theta} = 0.771 \text{ V} \qquad (3-6)$$

例 3-3 当水体中 Fe^{3+} 的浓度为 1×10^{-5} mol·L^{-1},Fe^{2+} 的浓度为 1×10^{-3} mol·L^{-1} 时,其 pE 值为多少?

解:
$$pE = pE^{\theta} + \frac{1}{n}\lg\left[\frac{氧化态}{还原态}\right] = 16.92 \times 0.771 + \lg\frac{1\times10^{-5}}{1\times10^{-3}}$$
$$= 13.05 - 2 = 11.05$$

(3) 天然水体的 pE-pH 图 pE 除与氧化态和还原态的浓度有关外,还受体系 pH 值的影响,可用 pE-pH 图表示(图 3-2)。

在水环境系统中,存在下列两个半反应,而图 3-5 中 a、b 线分别表示下列平衡的 pE 表达式。

$$H^+ + e^- = \frac{1}{2}H_2 \quad [pE^{\theta}(H^+/H_2) = 0.00] \qquad (3-7)$$

$$\frac{1}{4}O_2 + H^+ + e^- = \frac{1}{2}H_2O \quad [pE^{\theta}(O_2/H_2O) = 20.75]$$
$$\qquad (3-8)$$

这两个反应决定了水系统中 pE 值的限度,反应式(3-7)氢气的放出,表示水的还原,限制了 pE 值不能再低;反应式(3-8)表示水的氧化,则限制的 pE 值不能再高。由于这些反应体系包含了氢离子和氢氧根离子,因此,这些反应是与 pH 相关的反应。

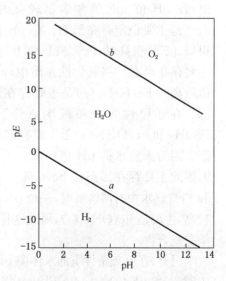

图 3-2 水的 pE-pH 图

对于式(3-7)有

$$pE(H^+/H_2) = pE^\theta(H^+/H_2) + lg[H^+] \tag{3-9}$$

$$pE(H^+/H_2) = -pH$$

对于式(3-8)有

$$pE(O_2/H_2O) = pE^\theta(O_2/H_2O) + 1/4 lg PO_2 + lg[H^+] \tag{3-10}$$

式中：PO_2的单位为 atm，（1 atm = 101 325 Pa），$lg PO_2 = 0$，故有

$$pE(O_2/H_2O) = 20.75 - pH$$

如果一个氧化剂在某 pH 值下的 pE 高于图中 b 线，可氧化 H_2O 放出 O_2；一个还原剂在某 pH 值下的 pE 低于 a 线，则会还原 H_2O 放出 H_2；在某 pH 值时，若氧化剂的 pE 在 b 线之下，或还原剂的 pE 在 a 线之上，则水既不会被氧化，也不会被还原。所以，在水的 pE-pH 图中，a、b 线之间以外的区域是水不稳定存在区域。可见，通过 pE-pH 图能了解某 pE 和 pH 下，平衡体系中物质的存在形态，以及各存在形态提供和接受电子、H^+ 和 OH^- 倾向的强弱，从而在理论上预测有关化学反应发生的可能性。这对于研究污染物，特别是金属离子在水中的行为是很有用途的。

物质在水中可能有很多存在形式，因此，会使 pE-pH 图变得非常复杂，例如，一种金属可以有不同的金属氧化态、羟基配合物以及不同形态的固体金属氧化物或氢氧化物，不同形态就会存在于 pE-pH 图中的不同区域。图 3-3 是当总可溶性铁浓度为 1.0×10^{-7} mol/L 时的 pE-pH 图，由图中可以看出，在 pH 值、pE 值两者都较低时，Fe^{2+} 是主要稳定存在形态。在 pH 值很低，pE 值很高时，Fe^{3+} 和 $FeOH^{2+}$ 是主要存在形态。在氧化性介质中，pH 值较高时 $Fe(OH)_3(s)$ 是主要存在形态。在还原性介质和碱性条件下，$FeOH^-$ 和 $Fe(OH)_2(s)$ 是主要存在形态。因为天然水的 pH 值一般为 6～9，因此主要存在形态是 $Fe(OH)_3(s)$ 和 Fe^{2+}。水中有溶解氧时，一般 pE 值

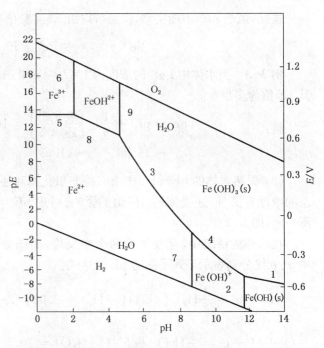

图 3-3 水中铁的 **pE-pH** 图

较高，主要是 $Fe(OH)_3(s)$，因此这样的水体中有较多的悬浮铁化合物，溶解性的铁化合物只能是配合物。

另外，在厌氧条件下的水体中 pE 值较低，可能有相当量的 Fe^{2+}，当这样的水暴露于空气中时，一般 pE 值较高，会产生 $Fe(OH)_3$ 沉淀，这就解释了许多日常生活中的现象，如用泵抽地下水，在泵附近有红棕色瘢痕，在井壁上和厕所里也会发现这样的红棕色瘢痕。

图 3-4 反映了不同水质区域的氧化-还原特性，氧化性最强的是上方同大气接触的富氧

区,这一区域代表大多数河流、湖泊和海洋水的表层情况;还原性最强的是下方富含有机质的缺氧区,这一区域代表富含有机质的水体底泥和湖、海底层水情况;在这两个区域之间的是基本上不含氧而有机质比较丰富的沼泽水等。因此可以得到结论,天然水的 pE 值即与其决定电位体系的物质含量有关,也与其 pH 值有关(见图 3-4),它随水体溶解氧(DO)的减少而减小,随 pH 值的减小而增大。

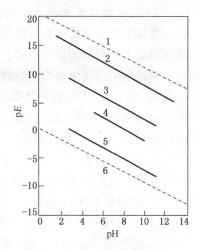

1—水稳定存在上限;2—与大气接触;3—矿泉水、雨水、河水、湖水、正常海洋水、盐水;4—海洋水、深层湖水、地下水,与大气隔绝;5—土壤积水、富有机质盐水;6—水稳定存在下限

图 3-4　不同天然水在 pE-pH 图中的近似位置

3.2.4　天然水中的配合-离解平衡

大多数金属能与许多配位体形成各种各样的配合物。配合物的形成使得很多难溶元素溶于水体中,从而发生迁移和转化。可见,配合平衡对天然水中污染物的迁移、转化影响很大。天然水体中的配合反应是水环境化学家一直关心研究的课题,无论是淡水还是海水,由于离子的配合、水解、吸附、沉淀、氧化和还原等反应的存在,而使水体中存在的平衡十分复杂,人们在研究污染物在水体中的产生、迁移、转化、影响和归趋规律以及如何控制污染和恢复水体的实践中逐步认识到,污染物特别是重金属,大部分以配合物形态存在于水体中,其迁移、转化及毒性等均与配合作用有密切关系。据估计,进入环境的配合物已达 1 000 万种之多,天然水体中,某些阳离子是良好的配合物中心体,某些阴离子则可作为配合体。它们之间的配合作用和反应速率等的概念和机理,可以应用配合物化学基本原理予以描述。因此,在接触实际水体及废水处理过程时,认识到水中金属化合物的配位形态对了解物质的溶解度和迁移特性是十分重要的。

1. 水体中无机配位体对重金属离子的配合作用

天然水体中的无机配离子有 Cl^-、OH^-、CO_3^{2-}、HCO_3^-、F^-、S^{2-} 等。Cl^- 是天然水体中最常见的阴离子之一,被认为是较稳定的配合剂,它与金属离子(以 Me^{2+} 为例)形成的配合物主要有 $MeCl^+$、$MeCl_2$、$MeCl_3$ 和 $MeCl_4^-$。

氯离子与金属离子配合的程度受多方面因素的影响,除与氯离子的浓度有关外,还与金属离子的本身性质有关,即与生成配合物的稳定常数有关。Cl^- 与常见的四种金属离子配合能力的顺序为 $Hg^{2+} > Cd^{2+} > Zn^{2+} > Pb^{2+}$。

大多数重金属离子均能水解,其过程实际上是羟基配合过程,它是影响一些重金属难溶盐溶解度的主要因素。通常水体中存在 OH^-,因此当同时存在 Cl^- 时,它们对金属离子的配合作用发生竞争。例如,Pb^{2+}、Cd^{2+}、Hg^{2+}、Zn^{2+} 等除形成氯配离子外,还可以形成 $PbOH^+$、$CdOH^+$、$Hg(OH)_2$、$Zn(OH)_2$ 等配离子或配分子;据研究,在 pH=8.5 和 $[Cl^-]=0.1\sim1.7$ mol/L 时,Cd^{2+}、Hg^{2+} 主要为 Cl^- 所配合,而 Pb^{2+}、Zn^{2+} 主要为 OH^- 所配合。

在天然水体中,重金属离子易形成配离子,对其迁移转化起着重要作用。一方面可以大大提高难溶金属化合物的溶解度,如在 $[Cl^-]=1\times10^{-4}$ mol/L 时,$Hg(OH)_2$ 和 HgS 的溶解度分别增大 45 倍和 408 倍;另一方面可使胶体对金属离子的吸附作用减弱,对汞尤为突出。当 $[Cl^-]>1\times10^{-3}$ mol/L 时,无机胶体对汞的吸附作用显著减弱。

2. 腐殖质与重金属离子的配合作用

水体中的有机物也易与重金属离子发生配合作用。大量分析已经表明,天然水体中对水质影响最大的有机物是腐殖质。

腐殖质指的是由动物、植物残骸被微生物分解而成的有机高分子化合物,其相对分子质量一般为 300～30 000,颜色从褐到黑。腐殖质通过氢键等作用形成巨大的聚集体,呈现多孔疏松的海绵结构,有很大的比表面积。腐殖质的组成和结构极其复杂,根据它在酸和碱中的溶解情况和颜色,通常分为三类。

① 富里酸 FA (fulvic acid)　它是既可以溶于酸,又可溶于碱的部分,相对分子质量由数百到数千。因其为黄棕色,又称黄腐酸。

② 腐殖酸 HA (humic acid)　它是可溶于稀碱液但不溶于酸,且碱萃取液酸化后就沉淀的部分,相对分子质量由数千到数万。因其为棕色,又称棕腐酸。

③ 腐黑物(humin)　又称胡敏素,它是不能被酸和碱萃取出来的部分,相对分子质量由数万到数百万。

腐殖质在结构上的显著特点是含有大量苯环及醇羟基、羧基和酚羟基,特别是富里酸中有大量的含氧官能团,因而亲水性较强。腐殖质中所含官能团在水中可以离解并发生化学作用,因此它具有高分子电解质的特性,表现为弱酸性。此外,腐殖质具有抵抗微生物降解的能力;具有同金属离子和水合氧化物形成稳定的水溶性和不溶性盐类及配合物的能力,具有与黏土矿物以及人类排入水体的有机物相互作用的能力。

腐殖质广泛存在于水体中,含量较高。实验表明,除碱金属离子外,其余金属离子都能同腐殖质螯合。起螯合作用的配位基团主要是苯环侧链上的含氧官能团,如羧基、酚羟基、羰基及氨基等。

腐殖质的螯合能力与其来源有关,并与同一来源的不同成分有关。一般相对分子质量小的成分对金属离子的螯合能力强;反之则弱。例如,螯合能力:FA＞HA＞腐黑物。腐殖质的螯合能力还与水体的 pH 值有关,水体的 pH 值降低时,螯合能力减弱。腐殖质的螯合能力随金属离子的改变表现出较强的选择性。例如,湖泊腐殖质的螯合能力按照 Hg^{2+}、Cu^{2+}、Ni^{2+}、Zn^{2+}、Co^{2+}、Cd^{2+}、Mn^{2+} 顺序递降。

腐殖质与金属离子的螯合作用对重金属在环境中的迁移转化有着重要影响。当形成难溶螯合物时,便降低了重金属的迁移能力;而当形成易溶螯合物时,便能促进重金属的迁移。水体中腐殖质大多数以胶体或悬浮颗粒状态存在,这对重金属在水中的富集过程起着重要作用,从而影响重金属的生物效应。据报道,在腐殖质存在下可以减弱 Hg(Ⅱ)对浮游生物的抑制作用,也可降低对浮游生物的毒性,而且影响鱼类和软体动物富集汞的效应。

3.3　水体中重金属污染物

在水体污染中,重金属污染是最严重的污染之一。水体污染物中的重金属是指 Hg、Cd、Cr、Pb、As、Cu、Zn、Ni、Co、Sn 等,其中前五种元素毒性最大。重金属污染源较为广泛,它涉及采矿、冶金、化工、轻工、核工业等众多的工业部门,品种和数量很多。

3.3.1　水体中重金属污染的特性

水体中重金属污染物具有自身的一些特点。

(1) 在被重金属污染的水体中,重金属的形态多变且形态不同毒性也不同。例如排放的汞化合物进入水体后沉积于底泥中,各种形态的汞在环境中都可能被氧化成 Hg^{2+},进而在微生物作用下生成甲基汞和二甲基汞。甲基汞易溶于水,可被生物富集参加到食物链的循环中,所以有机汞的毒性要比无机汞大得多。

(2) 产生毒性效应的浓度范围低,一般为 $1 \sim 10$ mg/L,而毒性较强的重金属如 Hg、Cd 等则在 $0.001 \sim 0.01$ mg/L 左右。

(3) 重金属污染物不易被微生物分解,反而会被微生物吸收并通过食物链在生物体中富集,或在人体内蓄积,造成急性或慢性中毒,危及生命,极难治愈。

(4) 进入水体的重金属污染物大部分沉积于底泥中,只有少部分可溶态及颗粒态存在于水相中,但它们也不是固定不变的。

(5) 重金属离子在水体中的迁移转化是一个复杂的过程,它与水体的 pH 值、pE 值等有密切的关系。

3.3.2 水体中重金属污染物的迁移转化途径

重金属污染物的迁移转化是指重金属污染物在自然环境中空间位置的移动和存在形态的变化以及这些变化所引起的污染物的富集或分散。例如,含汞污水排入水体中,它不但随水流而进行扩散引起空间位置的变化,而且它们的存在形式也在发生变化。任一污染物在环境中包括空间位置的移动和存在形态的转化两个方面,它们或是同时发生,或是一前一后交替进行,这取决于污染物的性质及环境等众多因素。在天然水体这个复杂多变的开放体系中,重金属污染物迁移转化过程十分复杂,几乎涉及水体中所有可能的物理、化学和生物过程。这些过程往往是几种作用同时发生,但在一定条件下往往又以某种作用为主。重金属污染物的实际存在形态就是这些过程综合作用的结果。

物理迁移是指重金属污染物随着水体径流而进行的机械搬迁作用。主要的物理过程有扩散、混合稀释、沉降、悬浮等;例如,金属铅由于相对密度大而发生沉降作用;汞蒸气随气流进行扩散等。

物理化学迁移是指以一定形态存在的重金属污染物在环境中通过一系列物理化学作用,使它们的存在形态发生变化,从而实现它们在环境中的迁移。主要的物理化学迁移过程有水解、中和、配合-离解、氧化-还原、沉淀-溶解、吸附-解吸、离子交换和甲基化等。

生物迁移是指重金属污染物通过生物体的新陈代谢、生长、衰亡等生物活动而发生特有的生命作用过程。生物迁移主要是由生物体自身活动规律所决定,但是污染物的物理化学状态对它的影响也不容忽视。污染物依靠生物化学作用实现它们在气、水、土之间的迁移、转化。这实质上是把无机矿物界和有机生命界联系起来。这一作用主要是通过食物链的形式进行的。

3.3.3 主要重金属污染物的环境化学行为

本章仅对汞、镉、铬、铅等四种毒性较大的重金属元素的环境化学行为分别予以阐述。

3.3.3.1 汞的环境化学行为

未受污染的环境,无论是水体、大气、土壤或生物都含有极微量的汞。通常土壤含汞 $10 \sim 10^2$ mg/kg,水中含汞 $10^{-1} \sim 10^2$ mg/kg,大气中含汞 $10^{-3} \sim 10^2$ $\mu g/m^3$,环境受到汞污染时,其含量可以高出本底值 $3 \sim 5$ 个数量级。

水体汞污染主要来自工业排放的含汞污水,如:氯碱工业、仪器仪表、电气设备、化工及造纸工业排放的废水。此外,金属冶炼、燃料燃烧也排放汞,而汞的有机物作为农药使用是引起土壤、水体及大气汞污染的重要来源。另外,废气和废渣中的汞经雨水洗涤及径流作用,最终也都转移到水体中。排入水体中的汞化合物,可以发生扩散、沉降、吸附、聚沉、水解、配合、螯合、氧化-还原等一系列的物理化学变化及生化变化。

1. 汞的吸附

水体中的底泥、悬浮物等具有巨大的比表面积和很高的表面能,对于汞和其他金属有强烈的吸附作用。研究表明无论是悬浮态还是沉积态中,腐殖质对汞的吸附能力最大,且吸附量不受氯离子浓度变化的影响。由于吸附作用决定了汞在天然水体的水相中含量极低,所以,从各污染源排放的汞污染物,主要富集在排放口附近的底泥和悬浮物中,但是通过某些过程,如微生物甲基化或加入无机配合剂或有机配合剂,可能会加速汞的解析。

2. 汞的化学行为

进入水体的汞可发生很多化学反应。一般汞化合物的溶解度较小,但 Hg^{2+} 和有机汞离子的高氯酸盐、硝酸盐、硫酸盐较易溶外,而 HgS 最难溶。

(1) 汞的配合

Hg^{2+} 以及有机汞离子可与多种配体发生配合反应,可以表示为:

$$Hg^{2+} + 2X^- \longrightarrow HgX_2$$

$$R-Hg^+ + X^- \longrightarrow R-HgX$$

其中,X^- 为提供电子对的配体,如 Cl^-、OH^-、NH_3、S^{2-} 等。S^{2-} 和含有—SH 基的有机化合物对汞的亲和力最强,其配合物的稳定性最高。当 S^{2-} 大量存在时,则有如下反应:

$$Hg^{2+} + 2S^{2-} \longrightarrow HgS_2^{2-}$$

腐殖质与汞配合的能力也很强,腐殖质在水体中是主要的有机胶体。当水体中无 S^{2-} 和—SH 存在时,汞离子主要与腐殖质螯合。

(2) 汞的水解

Hg^{2+} 和有机汞离子都能发生水解反应,生成相应的羟基化合物,反应如下:

$$Hg^{2+} + H_2O \longrightarrow HgOH^+ + H^+$$

$$Hg^{2+} + 2H_2O \longrightarrow Hg(OH)_2 + 2H^+$$

如果水体的 pH<2 时,不发生水解;pH 值在 5~7 范围,Hg^{2+} 几乎全部水解。

(3) 汞的氧化还原

汞有三种不同价态,但在水环境中主要为单质汞和二价汞。当水体 pH 值在 5 以上和中等氧化条件下,大部分是单质汞;而在低氧化条件下,汞被沉淀为 HgS。

(4) 汞的生物甲基化作用

环境中的 Hg^{2+},在某些微生物的作用下,转化为含有甲基的汞化合物的反应称为汞的生物甲基化。汞的甲基化产物有一甲基汞和二甲基汞。甲基汞可以由 Hg^{2+} 通过各种生物的或非生物的过程产生,但是过程的必要条件是需要存在 Hg^{2+} 和甲基供给体。

甲基钴氨素(CH_3CoB_{12})是甲基化过程中甲基基团的重要生物来源。在微生物的作用下,甲基钴氨酸中的甲基能以 CH_3^- 的形式与 Hg^{2+} 作用生成甲基汞,反应式为

$$CH_3CoB_{12} \longrightarrow CH_3 + Hg^{2+} \longrightarrow CH_3Hg^+ (一甲基汞)$$

$$CH_3CoB_{12} \longrightarrow 2CH_3 + Hg^{2+} \longrightarrow CH_3HgCH_3 (二甲基汞)$$

汞的生物甲基化是在微生物存在下完成的。这一过程既可以在水体的淤泥中进行,也可以在鱼体内进行。

Hg^{2+}还能在乙醛、乙醇和甲醇作用下,经紫外线辐射进行甲基化。这一过程比微生物的甲基化要快得多。但 Cl^- 对光化学过程有抑制作用,故可推知,在海水中上述过程进行缓慢。

3. 汞污染的危害

汞的毒性因其化学存在形态的不同而有很大的差异。经口摄入体内的汞基本上是无毒的,但是通过呼吸道摄入的气态汞是高毒的,有机汞化合物的毒性是最大的。

无机汞化合物难于吸收,但 Hg^{2+} 与体内的—SH 有很强的亲和力,能使含巯基最多的蛋白质和参与体内物质代谢的主要酶类失去活性。长期与汞接触的人有牙齿松弛、脱落,口水增多、呕吐等症状,重者消化系统和神经系统机能被严重破坏,由此引起各种有害的后果。

甲基汞呈白色粉末状,有类似温泉中硫黄散发出的气味,甲基汞具有脂溶性和高神经毒性,在细胞中可以整个分子原形积蓄。在含甲基汞的污水中,鱼类、贝类可以富集一万倍,鳖鱼、箭鱼、枪鱼、带鱼及海豹体内的汞含量最高。它主要通过食物链进入人体与胃酸作用,产生氯化甲基汞,经肠道几乎全部被吸收于血液中,并被输送到全身各器官尤其是肝和肾,其中有约 15% 进入脑细胞。由于脑细胞富含类脂,脂溶性的甲基汞对类脂有很强的亲和力,所以容易蓄积在细胞中,主要部位为大脑皮层和小脑,会出现手脚麻木、哆嗦、乏力、耳聋,视力范围变小、听力困难、语言表达不清、动作迟缓等常见的症状。

为防止汞中毒,我国规定环境中汞的最高允许浓度:生活饮用水为0.000 1 mg/L,地表水为 0.001 mg/L;工业废水排放时汞及其化合物为 0.05 mg/L。

3.3.3.2　镉的环境化学行为

镉与锌的化学性质相近,常共生,故在环境中 Zn、Cd 近似相等,通常认为在自然界中两者总是在一起迁移和转化。镉是严重污染元素之一。水体的镉污染来自地表径流和工业废水,主要是由铅锌矿的选矿废水和有关工业(如电镀、碱性电池等)废水排入地面水或渗入地下水引起的。工业废水的排放使近海海水和浮游生物体内的镉含量高于远海,工业区地表水的镉含量高于非工业区。

1. 镉的吸附

镉排入水体以后,河流底泥与悬浮物对其有很强的吸附作用。已有证明,底泥对 Cd^{2+} 的富集系数为 5 000~50 000,而腐殖质对 Cd^{2+} 的富集能力更强。这种吸附作用及其后可能发生的解吸作用是镉在水体中迁移转化的主要途径。

2. 镉的化学行为

一般水体中不会出现单质 Cd,这是因为镉的标准电极电势较低。镉的硫化物、氢氧化物、碳酸盐为难溶物。在水中,镉易与配体发生配位作用。Cd^{2+} 与 OH^-、Cl^-、SO_4^{2-} 等配合生成 $CdOH^+$、$Cd(OH)_2$、$Cd(OH)_3^-$ 等,镉也能与腐殖质等有机配体配合。当 $[Cl^-] < 10^{-3}$ mol/L 时,开始形成 $CdCl^+$ 配离子;当 $[Cl^-] > 10^{-4}$ mol/L,主要以 $CdCl_2$、$CdCl_3^-$ 及 $CdCl_4^{2-}$ 等配合形态存在。在一般河水中 $[Cl^-] > 10^{-3}$ mol/L。海水中 $[Cl^-]$ 约为 0.5 mol/L,这种配合作用均不能忽视。当有 S^{2-} 存在时,Cd^{2+} 转化为难溶的 CdS 沉淀,特别是在厌氧的还原性较强的水体中即使 $[S^{2-}]$ 很低,也能在很宽的 pH 值范围内形成 CdS 沉淀。

3. 镉污染的危害

镉主要通过消化系统进入人体,在消化道中吸收率为 5‰;职业性接触镉进入人体的主要通道是呼吸道,吸收率可达 20%～40%,呼吸道可从大气中吸入 0～1.5 μg/d。吸烟者可从烟草中吸入 10 μg/d(以每天吸烟 20 支计)。消化道吸收镉分别为饮水吸入 0～20 μg/d,从食物吸收 1.5～20 μg/d。许多植物如水稻、小麦等对镉的富集能力很强,使镉及其化合物能通过食物链进入人体。另外,饮用镉含量高的水,也是导致镉中毒的一个重要途径。镉的生物半衰期长,从体内排出的速度十分缓慢,容易在肾脏、肝脏等部位蓄积,在脾、胰、甲状腺、睾丸、毛发也有一定的蓄积。新生儿体内含镉 1 μg;从事镉职业、体重 70 kg 的 50 岁男子全身蓄积的镉量约为 30 mg,即为新生儿的 3×10^4 倍。进入人体的镉,在体内形成镉硫蛋白,通过血液到达全身。镉与含羟基、氨基、疏基的蛋白质分子结合,能使许多酶系统受到控制,从而影响肝、肾器官中酶系统的正常功能。镉还会损害肾小管,使人出现糖尿、蛋白尿和氨基酸尿等症状,肾功能不全又会影响维生素 D_3 的活性,使骨骼疏松、萎缩、变形等。

镉可干扰铁代谢,使肠道对铁的吸收降低,破坏血红细胞,从而引起贫血症。镉还可使温血动物和人的染色体(尤其是 Y 染色体)发生畸变。镉对植物生长发育是有害的。植物从根部吸收镉之后,各部位的含量依根>茎>叶>荚>籽粒的次序递减,根部的镉含量一般可超过地上部分的两倍。

预防镉中毒的关键在于控制排放,消除污染源。我国规定,生活饮用水中含镉最高允许浓度为 0.005 mg/L,地表水的最高允许浓度为 0.01 mg/L,渔业用水为 0.005 mg/L;工业废水中镉的最高允许排放浓度 0.1 mg/L。

3.3.3.3 铅的环境化学行为

铅是地壳中的天然成分,未受污染的土壤含铅量为 2～450 μg/g。水体的铅污染主要来自铅的冶炼、制造和使用铅制品的工矿企业排放的废水,以及汽油防爆剂四乙基铅随着汽车尾气进入大气,被雨水冲淋进入水体。

1. 铅的化学行为

在大多数天然水体中,铅多以 +2 价的化合物形式存在,水体的氧化-还原条件一般不会影响铅的价态变化。铅的化合物在天然水体中不易水解,当水体的 pH 值在 5～8.5 之间,且溶有 CO_2 时,$PbCO_3$ 是稳定的化合物;pH>8.5 时,则 $Pb_3(OH)_2(CO_3)_2$ 是稳定的。因此,天然水体中溶解的铅很少,pH 值低于 7 时,主要以 Pb^{2+} 形态存在,淡水中含铅 0.06～120 μg/L,中值为 3 μg/L;海水含铅的中值为 0.03 μg/L。海水中同时存在大量的 Cl^-,因此铅的主要存在形态为 $PbCO_3$、$Pb(CO_3)^{2-}$、$PbCl_2$ 和 $PbCl_4^{2-}$ 等。PbS 的溶解度很小,在还原性条件下是稳定的;在氧化性条件下转变成 $PbCO_3$,$Pb(OH)_2$ 或 $PbSO_4$ 使其溶解度增大。

与其他重金属类似,铅同有机物特别是腐殖酸有很强的螯合能力,且易为水体中胶体、悬浮物特别是铁和锰的氢氧化物所吸附而沉入水底。所以铅污染物主要聚集在排放口附近的水体底泥中,在微生物的作用下,底泥中的铅可转化为四甲基铅。从以上性质可以看出铅悬浮物被水流搬运是它在水体中迁移转化的主要形式。

2. 铅污染的危害

铅是人类最早发现并应用的金属之一,在应用过程中,人们对其毒性也逐渐地有了认识,知道了铅是对人体有害的元素之一。

如果铅经消化道进入人体,有 5%～10% 会被吸收;通过呼吸道吸入肺部的铅,其吸收(沉积)率大约为 30%～50%。侵入体内的铅有 90%～95% 形成难溶性的 $Pb_3(PO_4)_2$ 沉积于骨骼,其余则通过排泄系统排出体外。沉积在骨骼中的铅,当遇上过度劳累、外伤、感染发烧、患传染病或食入酸碱性药物,使血液平衡改变时,它可再变为可溶性 $PbHPO_4$ 而进入血液,引起内源性中毒,反应如下:

$$Pb_3(PO_4)_2 + 2H^+ \longrightarrow 2PbHPO_4 + Pb^{2+}$$

铅可以干扰血红素的合成而引起贫血。铅引起贫血的另一个原因是溶血,它能抑制血红细胞膜上的三磷酸腺苷酶,使细胞内外的 K、Na 和 H_2O 脱失而溶血。铅主要损害骨骼造血系统和神经系统,对男性生殖腺亦有一定的损害。铅可引起神经末梢神经炎,出现运动和感觉障碍。人体内血铅的正常含量应低于 0.4 $\mu g/L$,当血铅达到 0.6~0.8 $\mu g/L$ 时,就会出现头痛、头晕、疲乏、记忆力减退和失眠,常伴有食欲不振、便秘、腹痛等消化系统的症状。

儿童对铅的吸收率比成人高出 4 倍以上,尤其是脑组织对铅十分敏感,长期低剂量地接触铅可引起儿童智力减退。据研究,铅还会引起男孩的攻击行为、不法行为及注意力不集中等病症。这是目前世界上无论发达国家还是发展中国家都要高度重视的问题。孕妇体内过量的铅可通过胎盘输送给胎儿,使胎儿死亡、畸形或造成流产。

为防止铅污染,我国规定饮用水中铅的最高允许浓度不超过 0.05 mg/L;工业用水中铅的最高允许排放浓度不超过 1.0 mg/L。

3.3.3.4 铬的环境化学行为

铬在天然环境中有微量分布,未受污染土壤的铬含量为 10^2 $\mu g/g$ 数量级,大气中含铬量约为 1×10^{-3} $\mu g/m^3$,地表水含铬为 10 $\mu g/L$ 数量级。铬是人体必需的微量元素之一,在自然界中主要形成铬铁矿 $FeO \cdot Cr_2O_3$ 或 $Fe(CrO_2)_2$。由于风化、地震、火山、风暴、生物转化等活动,使铬进入天然水中一般仅含微量的铬,海水中铬含量不到 1 $\mu g/L$,而在海洋生物体内铬的含量达 50~500 $\mu g/kg$,这说明水体中的生物对铬有较强的富集作用。天然水体的铬污染主要来自铬铁冶炼、耐火材料、电镀、制革、颜料等化工生产排出的废水、废气和废渣。正是因为铬及其化合物在工业生产中有如此广泛的用途,所以随着工业的发展和科技的进步,其需用量也日益增长,而进入环境中的铬及其化合物所造成的污染也日趋严重。

1. 铬的化学行为

铬在水体中最重要的价态是 +3 价和 +6 价,除此之外,还有 0 价、+2 价。Cr(Ⅲ)除能水解、配合、沉淀外,Cr(Ⅲ)与 Cr(Ⅵ)之间的相互转化是重要的反应,它影响到铬的迁移转化、归宿及毒性等。

Cr(Ⅲ)有强烈形成配合物的倾向,Cr(Ⅲ)能与氮、尿素、乙二胺、卤素、SO_4^{2-}、有机酸、腐殖酸等形成配合物,其中多数在溶液中能长时间稳定存在。但在天然水的 pH 值条件下,这些配合物大多数转化成更稳定的 $Cr(OH)_3$。铬在水体中的迁移能力与排入水体中铬的形态、水中胶体对铬的吸附能力、水中 pH 值、pE 值等条件密切相关。

Cr(Ⅲ)在天然水体的碱性介质中,可被水体中的溶解氧、Fe^{3+} 及 MnO_2 氧化成为 Cr(Ⅵ);而在酸性介质中,Cr(Ⅵ)可被水体中的 S^{2-}、Fe^{2+}、有机物等还原为 Cr(Ⅲ)。实验证明,天然水体中转化为 Cr(Ⅵ)的速率较慢,而在有机物作用下 Cr(Ⅵ)转化为 Cr(Ⅲ)是主要过程。因此,造成水体污染的主要是 Cr(Ⅲ)。在天然水体的 pH 值(6.5~8.5)和 pE 值范围内,$Cr(OH)_3(s)$ 是铬的主要存在形态,它被吸附在固体物质上而沉积于底泥中。

排入水体的铬若以 Cr(Ⅲ)为主,溶解 $Cr(OH)_3$ 较慢,而 Cr^{3+} 易被水体底泥、悬浮物吸附。当悬浮物较多时,则 Cr^{3+} 吸附后随着水流迁移到较远的下游区,最后转入固相,降低了铬的迁移能力。若排入水体的铬以 Cr(Ⅵ)为主,水体有机质较少,则能以 Cr(Ⅵ)的可溶性盐存在,具有一定的迁移能力;当水体中有机质较多时,则它能很快地将 Cr(Ⅵ)还原为 Cr(Ⅲ),而后被吸附沉降进入底泥,降低铬的迁移能力。

　　2. 铬污染的危害

　　铬是人体必需的微量元素之一,在一般情况下,人体每天从环境(主要是食物)中摄取数微克的铬。Cr(Ⅲ)在人体内与脂类代谢有密切关系,参与正常的糖代谢和胆固醇代谢过程,促进人体内胰岛素和胆固醇的分解与排泄。人体缺铬($<0.1\ \mu g/L$)会导致血糖升高,产生糖尿,还会引起动脉粥样硬化症。有人指出,近视眼的发生与缺铬有关。铬对植物生长有刺激作用,可提高产量。

　　由于环境铬污染,摄入过多的铬将对人和动植物产生危害。水体中铬的毒性与它的存在形态有关。由于胃肠对 Cr(Ⅵ)的吸收率比 Cr(Ⅲ)高,通常认为 Cr(Ⅵ)的毒性比 Cr(Ⅲ)约高100倍,但在胃的酸性条件下,Cr(Ⅵ)易被还原为 Cr(Ⅲ)。

　　Cr(Ⅵ)在体内可影响物质的氧化、还原和水解过程,能与核酸蛋白结合,还可抑制尿素酶的活性,促进维生素 C 的氧化,阻止半胱氨酸氧化。长期经消化道摄入大量的铬,可在体内蓄积,Cr(Ⅵ)的致癌作用已被确认,Cr(Ⅵ)还被怀疑有致畸、致突变作用。口服重铬酸盐的颗粒会引起恶心、呕吐、胃炎、腹泻和尿毒症等,严重时会导致休克、昏迷,甚至死亡。含 Cr(Ⅵ)化合物对皮肤和黏膜的刺激和伤害也很严重,可引起鼻炎等症状。

　　对于水生生物,Cr(Ⅲ)的毒性比 Cr(Ⅵ)高。铬对水生生物有致死作用,它能在鱼类的体内蓄积。当水中含铬 1 mg/L 时可刺激生物生长;当水中含铬 1~10 mg/L 时会使作物生长缓慢;当水中含铬 100 mg/L 时则几乎完全使生物停止生长,濒于死亡。

　　铬容易从排泄系统排出体外,因而与汞、铜、铅相比,铬污染的危害性相对小一些。但是,铬污染具有潜在的危害性,必须引起应有的重视。为此,对环境中铬的排放应严加控制。电镀业尽可能采用低毒或无毒物质代替铬。我国规定,生活饮用水中 Cr(Ⅵ)的浓度应低于 0.05 mg/L,地面水中 Cr(Ⅵ)的最高允许浓度为 0.1 mg/L,Cr(Ⅲ)的最高允许浓度为 0.5 mg/L;工业废水中 Cr(Ⅵ)及其化合物的最高允许排放标准为 0.5 mg/L。

3.4　水体中有机污染物

　　含碳有机物在自然界中大量存在,它们都是在生命活动中通过负熵过程产生的,因而也都是还原性的和热力学不稳定的,通过各种环境因素作用,可能由大分子转化为小分子或由结构复杂的分子转化为简单分子,乃至彻底地转为无机物分子,这就是所谓的降解过程。一般所说的降解可依环境因素的不同而划分为三大类:①生物降解,靠生物机体的作用;②光化学降解,需要有光能介入的非代谢性降解;③化学降解,靠化学试剂化学作用而发生降解。三类降解机理的相对重要性固然与有机物本性有关,但与其所在介质的性质也有密切关系。如光化学过程在大气中最为重要,但在土壤中发生的可能性最小;对存在于水体和土壤中的有机化合物来说,生物降解往往是决定该化合物最终归宿的最重要过程。各种有生命机体都有降解化学物质的能力,但由于微生物有着繁多的种类和很快的代谢速率,所以由这些还原者引起的生物降解作用具有特别重要的意义。

　　存在于水体中的有机物在发生生物降解过程中需要耗用水体中的溶解氧(需将氧分子作为有机物脱氢氧化过程中的受氢体),故又将这类有机物称为需氧污染物。有机污染物包括天然有机污染物(如动植物残体、腐殖质、生物排泄物等)和人工合成有机污染物。人工合成有机物种类繁多,随着工业废水来源的不同,对天然水体污染的程度也不同。

有机污染物在水体中的迁移转化主要取决于有机污染物本身的性质以及水体的环境条件。有机污染物一般通过吸附沉降、挥发等物理作用实现相互间的迁移;通过水解作用、光解作用等实现化学转化;通过生物降解和生物富集作用等途径实现生物迁移转化。

3.4.1 水体中的氧平衡模型

由于氧在生命过程中起着重要作用,因此,它是科学工作者十分关注的一种物质。需氧污染物能降低水体的自净能力,对水体中的水生生物造成危害。

1. 水体中需氧污染物及有关水质指标

在天然水体中本来就存在着相当数量的天然有机残体。水体中需氧污染物的人为来源主要有生活污水、牲畜污水及食品、造纸、制革、印染、焦化、石油化工等工业废水。从排水的量上看,生活污水是需氧污染物质的最主要来源。目前国外不少城市的生活污水人均已达600 L/d,也正是生活污水中的需氧有机物使流经世界上各大城市的河流遭受严重污染。

由于水体中有机污染物种类繁多,不可能逐一测定每一种有机物质的含量和耗氧量,又因为有机污染物的主要危害是消耗水中溶解氧的含量,所以在实际工作中一般采用下列"非专一性参数"来作为水中耗氧有机物的指标:①生化需氧量(BOD);②化学需氧量(COD);③总需氧量(TOD);④总有机碳量(TOC)。对于单一化合物,则可以通过化学反应方程进行计算,以求得其理论需氧量(ThOD)或理论有机碳量(ThOC),在这些参数中,BOD 和 COD 是天然水、饮用水、废水的经常性必测水质指标。

现考虑浓度为 1 mg/L 的邻苯二甲酸氢钾纯水溶液,从理论上计算该有机物被彻底氧化为 CO_2 和 H_2O 时需要消耗氧气量。首先写出氧化反应方程:

$$2KHC_6H_4(COO)_2 + 15O_2 \longrightarrow 16CO_2 + 5H_2O + K_2O$$

由此可以算出水中所含该有机物全部被氧化后,水中溶解氧将降低 1.175 mg/L 这样一个浓度数值,也就是该水溶液的理论耗氧量 ThOD 为 1.175 mg/L。由上列方程还可以计算出水中邻苯二甲酸氢钾内全部的含碳量,即理论有机碳 ThOC 值相当于 0.47 mg/L。我们还可以说,对浓度为 1 mg/L 的邻苯二甲酸氢钾的纯水溶液,有 ThOD/ThOC = 1.175/0.47 = 2.5 的比值。

上述计算以邻苯二甲酸氢钾为例,是因为该化合物在 COD、TOD、TOC 测定中作为标准试剂使用,具有一定代表性的缘故。

在对各种有机物作 ThOD 或 ThOC 计算时,应考虑该化合物中各变价元素都被氧化为最高氧化数,即 $C \longrightarrow CO_2$、$H \longrightarrow H_2O$、$N \longrightarrow NO_3^-$、$S \longrightarrow SO_4^{2-}$、$P \longrightarrow PO_4^{3-}$。

对于有机化合物在水中发生的氧化反应,如果是借助生物作用进行的,则经实验测定的需氧量为 BOD(经 5 天实验时间所得测定值计作 BOD_5);如果是借助强化学氧化剂通过化学反应进行的,则经实验测定的需氧量为 COD(一般以 $K_2Cr_2O_7$ 为氧化剂,也写作 COD_{Cr});如果是借助于干法燃烧而进行的,则根据燃烧过程中消耗氧气量的测定值即可计得 TOD 值,根据燃烧过程中释出 CO_2 量的测定值即可计得 TOC 值。

各种天然水和废水的各耗氧参数在数值上的关系有:

$$ThOD > TOD > COD_{Cr} > BOD_5$$

实测 COD 与 BOD₅ 的差值可以粗略表示废水、污水中不可生化降解部分有机物的需氧量,而 BOD₅/COD 的比值可大致表示水中有机物的可生化降解特性。一般认为比值大于 0.2 时,水中有机物是可生化降解的,而大于 0.5 时为易生化降解的。

2. 水体中的氧平衡模式

溶解氧(DO)是指溶解在水中的氧量,以 mg/L 表示。溶解在水中的氧是以分子形态存在的。生活污水及工业废水中的有机物在有氧条件下由微生物作用分解成 CO_2 和 H_2O,分解过程中需要消耗大量的溶解氧。因此,溶解氧是重要的水质指标之一。20℃时,天然水体中溶解氧(DO)约为 9.17 mg/L。它随温度升高和盐度增大而降低,通常秋冬季 DO 较高,春夏高温季节 DO 较低。表层水中的 DO 值还受水和大气间气体交换速率影响;深部水中的 DO 值受生物作用和水径流所带来的富氧水混合及在水中的扩散影响。由于各种环境因素的影响,水体中的 DO 值变化很大,即使在一天之中也不尽相同。水体中的 DO 值的主要影响因素包括曝气作用、光合作用、呼吸作用和有机污染物的氧化作用。

水体 DO 值由耗氧作用和复氧作用两个因素决定。复氧速度(溶解氧的补充速度)除与温度、水流运动速度及方向有关外,还受光合作用、曝气作用的影响。

水体与空气接触产生曝气复氧作用,向水体不断地补充氧。当 DO 值与水中氧的溶解度之差(水中的氧亏值)越大时,氧从空气进入水中的量也就越多。澎湃奔流的河水由于与空气交界面积较大,曝气作用的过程速率也较快。水中植物体的光合作用在白天进行,由于过程中产生氧气,不仅补偿了由于降解和呼吸作用的耗氧,而且增大水中的 DO 值,甚至使水体中的溶解氧处于过饱和状态。水中各种生物体的呼吸作用则是不分昼夜地进行,并不断从水体中耗用氧而使 DO 值降低。一天内水体中的 DO 值不断发生变化,早晨日出后,由于光合作用和曝气作用同时发生,水中 DO 值不断上升;过了午后,因 DO 值超过了氧的溶解度,可能使曝气过程发生逆转,氧从水中析出,DO 值开始下降;傍晚日落后光合作用停止,DO 值继续下降。

有机污染物的氧化作用和水体中的 DO 值的关系也十分密切。当水体污染程度较低时,好氧性细菌使有机污染物发生氧化分解,随着有机污染物的降解且逐渐减少,DO 值降低到一定程度后不再下降。如果污染比较严重,超出水体自净能力时,水中溶解氧会耗尽,发生厌氧性细菌的分解作用,同时水面会出现黏稠的絮状物使之与空气隔开,妨碍曝气过程的进行。有机物生化降解的耗氧作用是一个复杂的生物化学过程。自然界中,由于影响因素很多,因此会出现很多偏离前述理想分析的情况。许多数学模型研究工作对水体中有机物耗氧作用的描述具有实际的指导意义。

3.4.2 有机污染物在水体中的迁移转化

有机污染物在水体中的迁移和转化过程对其在水体中的形态及其毒性起着重要的作用。对于一种有机污染物,仅仅看它的毒性大小是不够的,还必须考察它进入环境分解为无害物的速度快慢如何。一个毒性大而分解快的有机污染物未必比毒性小而分解慢的危害来得大,许多有机污染物在受到控制(例如进行治理)的情况下又未必绝对不能使用。因此就要为它制定排放标准、水质标准或基准。图 3-5 显示了有机污染物在水中的迁移转化过程。

1. 吸附沉降作用

颗粒物(沉积物、土壤等)从水中吸附憎水有机物并沉积于水体底泥之中,这会使有机污染物的迁移能力大大下降。

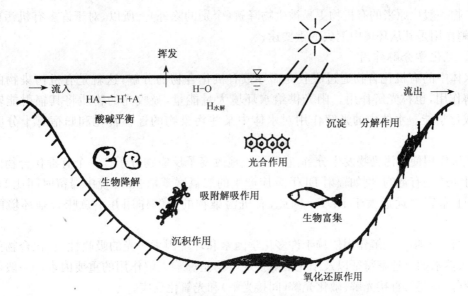

图 3-5 有机污染物在水环境中的迁移转化过程

水体中有机物被沉积物或土壤表面的吸着过程的量与颗粒物中的有机质含量密切相关。实验证明,在土壤-水体系中,分配系数 K_p 与土壤中有机质的含量成正比,在沉积物-水体系中,分配系数 K_p 也与沉积物中有机质含量成正比。由此可见,颗粒物中有机质对吸附憎水有机物起着主要作用。

实际上,有机物在土壤(沉积物)中的吸着存在两种主要机制:一种是分配作用,即在水溶液中,土壤有机质(包括水生生物、植物有机质等)对有机物的溶解作用,而且在整个溶解范围内,与表面吸附位无关,只与有机物的溶解度相关。另一种机理是吸附作用,即土壤矿物质靠范德瓦尔斯力对有机物的表面吸附,或土壤矿物质靠氢键、离子偶极键、配合键及 π 键等作用对有机物的表面吸附。

2. 挥发作用

在自然环境中,需要考虑许多有机污染物的挥发性。挥发作用是有机物从液相的溶解态转入气相的游离态的一种物理迁移过程。挥发速率取决于有机污染物的性质和水体的特征。如果有机污染物具有高挥发性,则在影响有机污染物的归趋时,挥发作用是一个重要过程。由于有机污染物的归趋是多种过程贡献的结果,所以即使有机污染物的挥发性较小,挥发作用也不能忽视。

3. 水解作用

水体中的有机物在酸或碱的作用下,与水反应生成相对分子质量较小的物质,这就是有机物的水解降解反应。水解反应是有机污染物在水中发生化学性降解的重要过程。反应中有机物的官能团—X 与水中的—H 基团发生交换。

$$RX + H_2O \rightleftharpoons ROH + HX$$

在天然水环境条件下,可能发生水解反应的有机物有卤代烷、胺、酰胺、腈、环氧化物、氨基甲酸酯、磷酸酯、磺酸酯等。

水解作用可以改变有机污染物的分子组成和结构,但并不总是生成低毒产物。水解产物可能比原来有机物更易或更难挥发,与 pH 值有关的离子化水解产物的挥发性可能为零,而且水解产物一般比原来的有机物更易被生物降解(个别的除外)。所以,对于许多有机污染物来说,水解作用是其从环境中消失的重要途径。

4. 光化学分解作用

水体中的有机化合物通过吸收光而导致有机化合物的分解,这就是有机污染物的光化学分解作用,也称光解作用。阳光供给水环境大量能量,吸收光的物质将其辐射能转换为热能或化学能。水体中的光解作用对水体中某些污染物的迁移转化和归宿有十分明显的影响。

光解作用使得污染物发生分解,它不可逆地改变了反应物分子。一个有毒化合物的光解产物可能还是有毒的,例如辐射 DDT 反应产生的二氯联苯,它在环境中滞留时间比 DDT 还长。而且危害性远远大于 DDT。因此,有机污染物的光解作用并不意味着是环境的去毒作用。

有机污染物的光解作用依赖于许多化学因素和环境因素。光的吸收性质、化合物的反应特性、天然水的光迁移特征以及阳光辐射强度等均是影响光解作用的重要因素。一般可把光解过程分为三类:直接光解、敏化光解(间接光解)和光氧化反应。

直接光解是水体中有机污染物分子吸收太阳光辐射(以光子的形式)并跃迁到某激发态后,随即发生离解或通过进一步次级反应而分解的过程。一些水中污染物直接光解实例如表 3-6 所示。

表 3-6　水中污染物直接光解实例

污染物	光解产物	可能机理
NO_3^-	$NO_2^- + NO_2 + HO\cdot$	分解
NO_2^-	$NO + HO\cdot$	分解
$Cu(II)$	$Cu(I)$	还原,离解
$Fe(CN)_6^{4-}$	$Fe(CN)_5^{3-} + CN^-$	还原,分解
有机卤化物 RX	$P\cdot$, $X\cdot$	离解
有机汞化合物	Hg, Hg 盐	分解
$Pb(CH_2CH_3)_4$	C_2H_6, Pb 盐	分解
含 Fe(III)有机物	$Fe(II)$, CO_2, 胺	电子迁移,分解

通过光敏物质吸收光量子而引发的反应叫做光敏化反应或间接光分解反应。如光敏物质能再生,那么它就起到了光催化作用。例如,叶绿素是植物光合作用的光敏剂;天然水体中普遍存在的腐殖质是水中光敏剂的主体,存在于海水或污水中的某些芳香族化合物,如核黄素虽然浓度很低,也可起光敏剂的作用。

很多环境科技工作者致力于非均相的间接光分解反应。例如悬浮在水中的固体半导体物质微粒(TiO_2、ZnO、Fe_2O_3 和 CdS 等)能在光照条件下使卤代烃得以彻底催化光分解为 CO_2 和 HX,或能使水中存在的 CN^- 发生氧化。这类发现有实用意义,有希望形成一种光催化处理水体污染物的技术。

光氧化反应是指有机污染物在天然水体中与因光解而产生的氧化剂发生的反应。在天然水体中就存在着一些浓度很低的光解强氧化剂,如 $HO\cdot$、O 等,它们本来就是直接光分解反应的产物(例如水中硝酸盐、亚硝酸盐直接光分解可产生 $HO\cdot$)通过它们与水中其他还原性物质之间发生的反应也可认为是一种间接的光解反应。

5. 生物化学作用

有机物通过各种环境因素的作用,可能由大分子转化为小分子或由结构复杂的分子转化为简单分子,乃至彻底转化为无机物分子,这就是有机物的降解过程。进入水体中有机污染物,生物化学作用往往是决定该化合物最终归宿的重要过程。生物化学作用是指污染物通过生物的生理生化作用及食物链的传递过程发生特有的生命作用过程。生化作用大致可分为生物降解作用和生物积累作用。(详见第五章)

3.4.3　难降解有机物在水体中的行为

由于人口增长和工业密集以及现代石油化工的发展,自然界产生了许多原来没有的、难分解的、有剧毒的有机化合物,主要有多氯联苯、有机农药、合成洗涤剂、增塑剂等。它们很难被微生物降解,却可通过食物链逐步浓缩造成危害。

1. 多氯联苯(PCBs, poly chlornated biphenyls)

多氯联苯是联苯环上的 H 被 Cl 取代而形成的一系列氯代物。它们在工业上的广泛使用已造成全球性的环境污染问题。据估计,全世界生产和应用的 PCB_s 已超过 1.5×10^6 t,其中已有 1/4～1/3 进入人类环境,造成危害。多氯联苯进入人体后,可引起肝损伤或白细胞增加等症状,且可以致癌,还可以通过母体转移给胎儿致畸。

2. 有机农药

有机农药主要是通过对农作物喷打农药、地表径流及农药厂的污水排入水体中。常见的有机农药主要为有机氯农药、有机磷农药和氨基甲酸酯类农药。

进入水体环境的有机农药对环境中的微生物有一定的抑制作用。有机氯农药(如 DDT等)很难被化学降解和生物降解,在环境中滞留时间很长,具有较低的水溶性和较高的辛醇-水分配系数,所以环境中大部分有机氯农药存在于沉积物有机质和生物脂肪中。在全球各地区的土壤、沉积物和水生生物中都已发现这类污染物。目前,有机氯农药由于它的持久性和通过食物链的累积性,已被许多国家禁用。

3. 合成洗涤剂

合成洗涤剂和肥皂是人们日常生活中不可缺少的洗涤用品。肥皂成分为脂肪酸钠、脂肪酸钾等,合成洗涤剂的主要成分是表面活性剂,另外还有增净剂、漂白剂、荧光增白剂、抗腐蚀剂、泡沫调节剂、酶等辅助成分。合成洗涤剂引起水体污染的化学物质主要是表面活性剂和聚磷酸盐。

合成洗涤剂中的表面活性剂的加入使其具有很强发泡和洗涤的能力。但是,废水排入水体,大量泡沫长久积蓄在下水道、河流、湖泊,阻碍氧气由大气向水体的传递,滋生有害细菌是这类合成洗涤剂引起环境水体污染的一个重要方面。合成洗涤剂对人体黏膜和皮肤有刺激作用,可引起接触性皮炎;排入水中会使鱼类中毒、致畸或死亡;可使水稻减产甚至颗粒不收。近年来的研究结果表明,表面活性剂的主要降解产物壬基苯酚及含有一到两个氧乙烯基的壬基酚醚有类雌激素的性质,它们不但干扰鱼类等水生生物的繁殖过程,而且还会引起人体乳腺肿瘤细胞增生。为了防止洗涤剂污染,我国规定生活饮用水中阳离子合成洗涤剂的最高允许浓度为 0.3 mg/L;工业废水中十二烷基磺酸钠(LAS)最高允许排放浓度为 20 mg/L;大量使用含磷合成洗涤剂是造成水体富营养的重要原因之一,为此许多国家以立法的形式限制洗涤剂中的含磷量,大力研究、开发和推广使用无磷洗涤剂。

4. 增塑剂

增塑剂指的是用来提高塑料可塑性的添加剂。目前使用的增塑剂主要是酞酸酯类化合物。据估计,这类化合物的世界年产量已超过百万吨,其中约 95% 用作增塑剂,其余 5% 用作农药、驱虫剂、燃料助剂、化妆品和香料的调配剂,以及涂料和润滑剂的成分等。它们的大量生产和使用,进入环境造成污染。

酞酸酯易溶于脂肪和有机溶剂而不易溶于水,能在生物体内富集。生物富集的结果,对生态系统造成危害。对哺乳动物有致畸和致突变作用。酞酸酯进入人体后,可引起中毒性肾炎、中枢神经麻痹,呼吸困难、肺源性休克甚至死亡。因此,有毒或难生物降解的增塑剂应禁止使用。

3.5　水体的富营养化

3.5.1　水体富营养化问题的产生及其危害

随着工农业的迅速发展和人民生活水平日益提高,生物所需的氮、磷等营养物质大量进入湖泊、水库、河口、海湾等流动缓慢的水体,引起藻类及其他浮游生物迅速、大量地繁殖,水体中溶解氧量下降,水质恶化,导致鱼及其他生物大量死亡。这种现象称作水体富营养化。

1. 水体富营养化类型

根据水体的不同,富营养化分为两种类型。发生在海洋的水体富营养化,称为"赤潮";发生在江河湖泊的水体富营养化,称为"水华"。

(1)赤潮　赤潮又称红潮,国际上通称为"有害藻华",是海洋中某一种或几种浮游生物在一定环境条件下爆发性繁殖或高度聚集,引起海水变色,影响和危害其他海洋生物正常生存的灾害性生态异常现象。由于浮游生物常具有各种颜色,大量漂浮在水中会使水面呈现红、蓝、棕、白等各种不同的颜色,因此,赤潮不一定是红色,而是各种色潮的统称。

赤潮主要发生在近海海域。赤潮由于发生的地点不同,有外海型和内湾型之分;有外来型和原发型之别。

20 世纪 80 年代以前,赤潮主要发生在一些工业发达国家的近海,日本是重灾区。到 20 世纪 80 年代以后,赤潮的发生波及世界几乎所有沿海国家海域。近几年来,我国沿海发生赤潮的频率明显增大,并且赤潮面积大,持续时间长。

(2)水华　水华又称水花、藻花,是淡水水体中某些藻类过度生长的现象。大量发生时,水面形成一层很厚的绿色藻层,能释放毒素,对鱼类有毒杀作用。

我国主要淡水湖泊,如太湖、巢湖、白洋淀、南四湖等都已呈现出富营养化污染现象,云南的滇池也是一个典型的富营养化污染的例子。水体富营养化不仅破坏水产资源,也影响水体的美学观感与游乐功能。

2. 水体富营养化程度判别标准

在湖泊水体中,若生产者、还原者、消费者达到生态平衡,该湖泊属于调和型湖泊。调和型湖泊可依据湖水营养化程度大小分为贫营养化湖泊、中营养化湖泊、富营养化湖泊和过营养化湖泊。而所谓非调和型湖泊中,不存在能生产有机物质的生产者。调和型湖泊的营养化程度可用总磷含量、总氮含量、BOD 值、细菌数及叶绿素 a 含量等指标来度量,具体的人为认定的参考数值见表 3-7。

表 3-7 湖泊水体的富营养化程度

营养化程度	贫营养	贫营养～中营养	中营养～富营养	富营养
无机氮/(mg·L^{-1})	<0.2	0.2～0.4	0.5～1.5	>1.5
总磷/(mg·L^{-1})	<0.005	0.005～0.01	0.03～0.1	>0.1
BOD/(mg·L^{-1})	<1	1～3	3～10	>10
细菌/(个·mL^{-1})	<100	100～1×10^4	1×10^4～10×10^4	>10×10^4
叶绿素 a/(μg·L^{-1})	<1	1～3	3～10	>10

水体中氮、磷等营养物质浓度升高是藻类大量繁殖的原因,其中又以磷为关键因素。目前,一般采用的富营养化判别指标是:水体中氮含量超过 0.2～0.3 mg/L,磷含量大于 0.01～0.02 mg/L,生化需氧量(BOD$_5$)大于 10 mg/L,pH 值为 7～9 的淡水中细胞总数超过 10 万个/mL,表征藻类数量的叶绿素 a 的含量大于 10 μg/L。

3. 水体富营养化过程

在适宜的光照、温度、pH 值和具备充足营养物质的条件下,天然水体中的藻类进行光合作用合成本身的原生质,其总反应式为

$$106CO_2 + 16NO_3^- + HPO_4^{2-} + 122H_2O + 18H^+ \rightleftharpoons C_{106}H_{263}O_{110}N_{16}P + 138O_2$$

(藻类原生质)

从反应式可以看出,藻类繁殖所需要的各种成分中,氮和磷是限制性因素。所以藻类繁殖程度主要取决于水体中这两种成分的含量,并且是能为藻类吸收的是无机形态的含磷、含氮的营养物。

4. 水体富营养化污染的主体

藻类是水体富营养化的污染主体,它可以分为四种类型,蓝绿藻类、绿藻类、硅藻类和有色鞭毛虫类。

蓝绿藻类呈蓝绿色,早秋季节容易萌生,并以水体中有机物富集、硅藻类繁生等现象作为其产生的先兆。蓝绿藻体内含有气体乃至油珠,所以能漂浮在水面,并在水和大气界面间形成"毯子"状隔绝体。这种藻类体上不附有鞭毛,所以游动能力较差。当水体处于富营养化状态时,水面上原先占优势的硅藻逐渐消失而转为以蓝绿藻为主体的态势。蓝绿藻类含胶质外膜,不适于作鱼类食物,甚至还可能含有一定的毒性。

绿藻类细胞中含有叶绿素,外观呈现绿色,通常在盛夏季节容易大量萌生。同蓝绿藻一样,常漂浮在水面,这种藻类体上附有鞭毛,有一定的游动能力。

硅藻类是单细胞藻类,体上不长鞭毛,一般在较冷季节容易繁生。它们一般生长在水面处,但在水体的任何深度,甚至在水底都能发现它们的存在。硅藻还能依附在水生植物的茎叶表面,使这些植物外观呈现浅棕色。在水底岩石或岩屑表面常有一层又黏又滑的附着层,也是附生在其上的硅藻。在某些条件下,硅藻类还能与其他藻类混杂在一起。

有色鞭毛虫类是因其有发达的鞭毛而得名,它除了具有通过光合作用合成原生质的藻类的固有机能外,还具有原生动物的浮游本领。这种藻类的繁生季节一般在春季(可因水域而异),可在任何深度的水体内活动,但多数生长在水面之下。

5. 水体富营养化的危害

水体富营养化促使藻类丛生,植物疯长,会造成水的透明度降低,阳光难以穿透水层,从而影响水中植物的光合作用和氧气的释放;而表层水面植物的光合作用可能使溶解氧过饱和。

表层溶解氧过饱和以及水中溶解氧少,都对水生生物有害,造成它们大量死亡。藻类本身可使水道阻塞,缩小鱼类生存空间,水体变色,其分泌物又能引起水臭、水味,在给水处理中造成各种困难。更重要的是富营养化还能破坏水体中生态系统原有的平衡。藻类繁殖将使有机物生产速率远远超过有机物消耗速率,从而使水体中有机物蓄积,其后果是促进细菌类微生物繁殖。一系列异养生物的食物链都会有所发展,使水体耗氧量大大增加;生长在光照所不及的水层深处的藻类因呼吸作用也大量耗氧;沉于水底的死亡藻类在厌氧分解过程中促进大量厌氧菌繁殖;富氨态氮的水体使硝化细菌繁殖,而在缺氧状态下又会转向反硝化过程;最后,将导致水底有机物的消耗速率超过其生长速率,使其处于腐化污染状态,逐渐向上扩展。严重时可使一部分水体区域完全变成腐化区、无氧层,造成藻类、水生植物大量死亡,鱼类及其他水生生物也趋于衰亡,水面发黑,水体发臭,形成"死湖""死河",进而变成沼泽。

富营养化和藻类大量繁殖的另一方面的危害是由于水的臭味大、水质差、细菌多,产生藻类毒素及相关的疾病。例如双鞭甲藻类的迅速生长不但会使水体变色,还会产生毒素(如石房蛤毒素)。一些软体动物食用了这种藻类后使毒素富集起来,进而导致人类中毒,严重时甚至引起"贝类中毒麻痹症"。海水中的颤藻能引起严重的皮炎症。

3.5.2　水体中氮、磷营养物的来源

水体中氮、磷营养物质的最主要来源有以下几个方面。

(1)雨水。众多统计资料表明,雨水中硝态氮含量约为 0.16～1.06 mg/L,氨态氮约为 0.04～1:7 mg/L,磷含量在 0.1 mg/L 至不可检测的范围间。由此可见,大面积湖水和水库中水从雨水接纳氮、磷营养物质的数量是相当大的。

(2)农业排水。首先是天然固氮作用和农用氮、磷肥的使用,使土壤中积累了相当数量的营养物质,可随农用排水或雨水淋洗流入邻近的水体,此外饲养家畜所产生的废物中也含有相当高浓度的营养物质。

(3)城市生活污水。城市污水中所含氮、磷的来源主要是粪便和合成洗涤剂。尤其是合成洗涤剂,在一些高度消费的城市里,污水中 50%～70% 的磷来源于此。

(4)工业废水以及城镇、乡村的径流和地下水等。

3.5.3　水体中氮、磷营养物的转化

1. 含氮化合物的转化

水体中的氮化物包括有机氮和无机氮。无机氮的转化以蛋白质溶解产物氨态氮为起点,包括亚硝化、硝化、反硝化及脱氧作用。一般好氧条件下,可刺激微生物把氨氧化成亚硝酸,它再进一步被氧化成硝酸。

$$2NH_3 + 3O_2 \longrightarrow 2HNO_2 + 2H_2O$$
$$2HNO_2 + O_2 \longrightarrow 2NO_3^- + 2H^+$$

而在厌氧条件下,少数自养菌能利用葡萄糖使硝酸盐还原成 NH_3、N_2 或 N_2O。此过程称为反硝化或脱氧作用。

水体中有机氮的转化涉及蛋白质的降解过程,包括氨化和硝化过程。氨化可在有氧或无氧条件下进行,产物为 NH_3 或 NH_4^+;硝化只有在有氧条件下才能进行,产物为 NO_3^-;它们都可重新由植物作为营养吸收。

在自然条件下,主要是微生物的生化脱氮,此外还有化学脱氮。在酸性介质中,亚硝酸盐分解生成 NO_2,被化学氧化成 N_2O_5,它溶于水生成 HNO_3,导致氮的流失。常见的化学脱氮有:

$$RNH_2 + HNO_2 \longrightarrow ROH + H_2O + N_2$$

$$NH_3 + HNO_2 \longrightarrow H_2O + N_2$$

$$NH_4^+ + OH^- \longrightarrow H_2O + NH_3$$

2. 含磷化合物的转化

在天然水体的 pH 值条件下,磷可以多种形态存在,主要为可溶性的 HPO_4^{2-}(90%)和 $H_2PO_4^-$(10%)的混合物,HPO_4^{2-} 为植物的基本营养物质。污水中排放的洗涤剂,所含三聚磷酸盐可水解形成正磷酸盐。

$$P_3O_{10}^{5-} + 2H_2O \Longrightarrow 3HPO_4^{2-} + H^+$$

此外,还有可溶性有机磷化合物存在。水中可溶性磷含量较少,主要以悬浮态存在。因其易生成难溶性的 $CaHPO_4$、$AlPO_4$、$FePO_4$ 等,多沉积于水体底泥。在微生物作用下,无机磷被转化为 ATP 和 ADP 进入生物体,是其生化反应的能源。

$$HPO_4^{2-} \longrightarrow ATP \longrightarrow 甘油磷酸酯糖(HPO_4^{2-} + 糖) + ADP$$

据研究发现,湖水中 N 与 P 比值范围为(11.8~15.5):1(均值为 12:1)时,最有利于藻类生长。但磷对水体的富营养化作用大于氮,当水体中磷供给充足时,藻类可以得到充分增殖。值得指出的是,即使有大量磷存在,当氮含量太低时,仍然不足以造成富营养化。当缺乏 CO_2 时,即使有足够量的磷和氮也仍然不能造成富营养化,这就是生物诸营养要素之间综合作用又相互制约的关系。

3.5.4 水体富营养化的防治

水体富营养化现象是一个全球性的环境问题,采取有效的预防和治理措施,解决日益严重的水体富营养化问题,是一件刻不容缓的重要任务。1990 年联合国把赤潮列为世界三大近海污染问题之一。为加强全球范围赤潮的研究和监测,联合国教科文组织的政府间海洋学委员会等组织均成立了赤潮研究专家组或工作组,制订赤潮研究和监测计划。我国于 1985 年成立了“南海赤潮研究中心”,1990 年成立了“有害赤潮专家组中国委员会”。2001 年,国家海洋局向沿海省市下发了《关于加强海洋赤潮预防控制治理工作的意见》,提出积极建设一个全国性的赤潮综合防治体系,以有效减轻赤潮灾害造成的损失。

减少营养物质向水体的输入是预防水体富营养化的主要措施。这些措施包括:推广绿色技术、实现清洁生产,尽量使用低磷、无磷洗涤剂,使用肥皂型洗涤剂来替代合成洗涤剂,利用无害的替代品取代三聚磷酸钠。增加“绿肥”的使用。通过生物固氮以消除氮的直接损失,减少对化肥的需求。妥善处理含磷矿渣。土地填埋技术必须与沥滤液的化学控制相结合。增加污水处理厂去除营养物质的工艺流程。

一般的水质净化厂主要去除污水中的有机物,一般的机械和生物处理过程可以去除 90% 的有机物,但营养物质只去除了 30%。而剩余的营养物质进入地表水后经藻类的光合作用又会产生新的有机物,其数量甚至高于原污水中所含的有机物。所以从最终结果看,若不同步去除营养物质,只对有机物的去除并没有从根本上解决问题。如果在去除有机物的同时,增加脱

N 和脱 P 的步骤,效果要好得多,而投入的费用远比造成富营养化危害再治理要小。因此研发经济、有效、投资费用低的污水除 N、除 P 技术,是实现防止富营养化进程中十分迫切的课题之一。

在污水脱氮的方法中,生物脱氮法是最为理想的一种。此方法由生物硝化和生物脱氮过程组成。生物硝化过程中,NH_4^+ 在亚硝酸菌和硝酸菌的作用下首先被氧化成 NO_2^-,然后被进一步氧化成 NO_3^-,生物脱氮过程中,脱氮菌在缺氧条件下进行反硝化作用,使 NO_3^- 形态转化为气态 NO_2 和 N_2,从水中逸散到大气中。

目前除 P 的有效方法是絮凝沉淀法,常用的絮凝剂有 Pb 盐、Fe 盐和石灰等。

当水体出现富营养化现象后,需要迅速切断污染源,依靠浮游生物的光合作用和水的漩涡运动引起的混合,可逐渐帮助水体将溶解氧水平恢复正常。但若富营养化程度已十分严重,则必须采取相应的治理措施。可以通过养殖以水草为食物的鱼种来大量消耗藻类和大型水生生物,以减轻富营养化的症状,但这些动物的排泄物中同样也含有相当量的营养物质,因此这种办法只能起到缓解作用,不能从根本上解决问题。将大型的水生植物收割、加工,用作动物饲料或能源,可在一定程度上缓解富营养化的问题。还有一条途径就是疏浚挖泥,先通过加入铝盐或 Fe(Ⅲ)等沉淀剂使磷酸盐等营养物质沉积到水底,然后将污泥挖出,这种办法较为彻底,但比较费力,投资也很大。

本 章 小 结

水是生命系统与生命支持系统中最基本、生态系统中最活跃、影响最广泛的要素。水环境是自然环境的要素之一。天然水的来源、化学组成及其特性是在地质循环、水循环和生物循环中形成的。天然水的组成即:水中的离子、微量元素、溶解的气体、水中生物的种类及数量决定了水体质量的好坏。天然水体中的化学平衡,溶解-沉淀平衡、酸-碱平衡、氧化-还原平衡、配合-离解平衡、吸附-解吸平衡等决定了水体中各物质的存在形态、环境行为、迁移转化及归趋模式。能量相对稳定的单向衰减流动、物质相对稳定的循环流动和自净作用等机能使水体具有一定的环境容量,但污染物进入水体并超过水体的自净能力时,会影响水体的使用价值和使用功能,造成水体污染。造成水体污染的物质就是水体污染物。水体污染,特别是淡水水体污染,不但影响工农业生产,危害生态平衡,而且直接危害人类健康,因此研究水体污染及污染物进入水体后的迁移、转化及其归宿,是环境化学中的重要内容。

水体污染物的种类繁多、成分复杂,一般把它们分成八大类,种类不同其危害也各不相同。重金属污染物在水体中的迁移转化过程十分复杂,它几乎涉及水体中所有物理、化学和生物过程。水体中重金属污染物的特点决定了重金属污染是水体污染中最严重的污染之一。有机污染物对于水体的污染程度与多方面因素有关,除污染物本身的毒性外,其在水体中的存在形态、迁移转化过程等对其毒性起着重要作用。难降解有机污染物在水体中的行为已成为防治水体污染的重要课题。分配作用、挥发作用、水解作用、光解作用、生物化学作用等作为有机污染物迁移转化的主要途径,强烈地影响着污染物的毒性和归趋。

水体富营养化是一个全球性的环境问题,现在已经受到环境科学家的高度重视,对它的形成及氮、磷营养物的转化等都进行了深入的研究,知道了它使水环境生态破坏,进而影响其他环境圈层,是自然界对人类造成环境污染的一个明确反映。我们人类应在自身不断发展和完善的过程中,走可持续发展的道路,实施绿色技术,预防水体富营养化的发生,重建与大自然的和谐统一。

习　题

1. 叙述天然水体的组成。

2. 水体的含义是什么？什么叫水体污染？

3. 什么是天然水的酸度和碱度？它们主要由哪些物质组成？

4. 空气中的含氧量以体积计为 20.95%，如果在 101 kPa 下空气鼓泡通过 25℃ 水(25℃ 时水的蒸气压为 3 171.47 Pa)，问该水中 O_2 的分压是多少？

5. 已知干燥空气中 CO_2 占体积的 0.031 4%，水在 25℃ 时的蒸气压为 3 171.47 Pa，而 25℃ 时亨利定律常数是 $3.336 \times 10^{-7} mol \cdot L^{-1} \cdot Pa^{-1}$。那么，水中 CO_2、HCO_3^- 和 H^+ 浓度各为多少？

6. 计算在 $c(H^+) = 4.69 \times 10^{-11} mol \cdot L^{-1}$ 情况下，总碱度(来自 HCO_3^-、CO_3^{2-} 和 OH^-)为 $1.00 \times 10^{-3} mol \cdot L^{-1}$ 的溶液中，HCO_3^- 所占的碱度百分率是多少？

7. 碱度为 $2.00 \times 10^{-7} mol \cdot L^{-1}$ 的水的 pH 值为 7.00，试计算 CO_2、HCO_3^-、CO_3^{2-} 和 OH^- 浓度各为多少？

8. 在分层湖中，pE 将怎样随深度变化而变化？

9. 计算 25℃ 时，pH = 10 与大气相平衡的水体的 pE 值(设该水体溶解氧处于饱和状态，氧的分压为 21 278.25 Pa)。

10. 在 $c(Fe^{3+}) = 7.03 \times 10^{-3} mol \cdot L^{-1}$，$c(Fe^{2+}) = 3.71 \times 10^{-4} mol \cdot L^{-1}$ 的酸性矿坑水样中的 pE 值为多少？

11. 天然水体中所含腐殖质来源有哪些？它的主要成分是什么？在化学结构上有哪些特点？

12. 简述水体污染物的类型。

13. 写出水体中主要重金属污染物。

14. 以汞为例说明重金属污染物在水中迁移转化所经历的过程。

15. 有机污染物在水环境中的迁移、转化存在哪些重要过程？

16. 什么叫水体富营养化？其成因和危害是什么？怎样预防？

17. 什么叫赤潮？发生赤潮的基本条件是什么？

18. 为什么用 COD、BOD、TOD、TOC 作为有机废水的水质指标？它们各表示什么意思？

阅读材料

中国的水污染与健康问题

中国水污染造成的健康形势十分严峻。2000 年，全国污水排放量为 $620 \times 10^8 m^3$，其中近 80% 未经处理直接排入江、河、湖库水域。受污染的河长也逐年增加，在全国水资源质量评价的约 10×10^4 km 河长中受污染的河长占 46.5%。全国 90% 以上的城市水域受到不同程度的污染。著名的京杭大运河，历经 1 000 多年，世世代代养育了无数的人。然而，自 20 世纪 50 年代始，两岸的大大小小的工厂排放的污水就已经使运河面目全非。运河的许多河段都散发着臭气，鱼虾绝迹，除了航运以外，运河的其他功能已基本丧失殆尽。云贵高原上的滇池，原来是中国著名的风景旅游区，被称为"高原明珠"，水域宽广，水中及水上生活、栖息着大量的珍稀物种,目前由于沿岸工、农业生产及生活废弃物的大量排放,滇池水体无法自净,其原有的水产养殖功能和工农业用水功能也完全消失。昆明市的饮用水水源也不得不改到滇池的上游河段。淮河是中国的七大水系之一,淮河两岸曾经是富饶的鱼米之乡。然而随着淮河两岸工业经济的发展,大量废水排入淮河,淮河干流大部分时间的水质都处于重污染的状态。淮河流域有191条支流,有1/2以上的支流都已经变黑发臭;近年来淮河流域曾发生过多次重大的污染事故。一些工厂将大量的未经任何处理的废水储存在淮河岸边的池塘里,每到洪水季节池塘漫水、决堤或开闸放水,造成下游河段水质急剧下降,大量鱼虾死亡,居民饮水无法供给。据报道,淮河沿岸居民的癌症发病率特别高,有的地区比正常值高出十几倍到上百倍。

　　长江水污染及造成的健康问题也不容忽视。长江发源于中国西部的青海,绵延上万公里,由西向东流入东海。自长江中游开始,依次分布着攀枝花、宜宾、泸州、重庆、涪陵、万县、宜昌、沙市、岳阳、武汉、鄂州、黄石、九江、安庆、铜陵、芜湖、马鞍山、南京、镇江、南通、上海等21个城市,这些城市集中了大量的人口。城市生产与生活对长江沿岸水体的污染是明显的,几乎每个城市的长江岸边都有几十到一百多公里的污染带。各种污染物包括悬浮物、有机质、石油、挥发酚、氰化物、硫化物、汞、镉、六价铬、铜、铅、锌和砷等。上海、重庆等市由于饮用水源遭到破坏,水中的病原微生物的传播使一些恶性疾病的发病率有所上升。用未经处理的工业废水进行农业灌溉,导致地表水与地下水系污染,土壤污染和农产品产量与品质下降,进而影响健康。上海、江西、湖北和湖南的一些地区都出现过"镉米"。长江中的鱼类不仅由于污染产量急剧下降,有些鱼类的形体甚至发生了变异,反映体内积累了较高含量的有毒物质,人若食用了这样的鱼类,对健康的不利影响是不言而喻的。

参考文献

[1] 汪群慧,王雨泽,姚杰,等.环境化学.哈尔滨:哈尔滨工业大学出版社,2004.
[2] 王红云,赵连俊.环境化学.北京:化学工业出版社,2004.
[3] 刘兆英,陈忠明,赵广英,等.环境化学教程.北京:化学工业出版社,2003.

4 土壤环境化学

4.1 土壤的组成和性质

　　土壤主要是指处于岩石圈最外面的一层疏松的部分,具有支持植物和微生物生长繁殖的能力,又被称为土壤圈。它具有独特的组分、结构与功能且与大气、水、生物、岩石等圈层相互作用。在土壤生态系统中通过土壤本身的迁移转化和物质能量的交换,可引起土壤成分、结构、性质和功能的转变,从而推动土壤的发展和演变。

4.1.1 土壤的形成和剖面形态

　　1. 土壤的形成

　　裸露在地球表面的岩石,在各种物理、化学和生物因素的长期作用下,逐渐被破坏成疏松且大小不等的矿物颗粒,称为岩石风化作用。岩石风化形成土壤母质,并具有某些岩石所不具备的特性,如透气性、透水性和蓄水性等,且含有少量可溶性矿物元素。但是,此时的土壤母质因为缺少植物生长最需要的氮素,肥力不足,并不能称之为土壤。随后在以生物为主的综合因素作用下,土壤母质逐渐具有肥力形成土壤的过程为成土作用。在土壤肥力和土壤成土作用的共同影响下,母质中氮素养料开始积累,绿色植物出现,生物体的生命活动经过新陈代谢作用合成各种有机物,生物死亡后,经过微生物活动,各种营养元素随生物残体留在母质中,土壤肥力组成逐渐完善,形成真正意义上的土壤。

　　2. 土壤剖面形态

　　土壤本体是由一系列不同性质和质地的层次构成的。土壤剖面(soil profile)是一个具体土壤的垂直断面,一个完整的土壤剖面应包括土壤形成过程中所产生的发生学层次,以及母质层次。土壤剖面形态是进行土壤分类的主要依据。典型的土壤随深度的不同呈现不同的层次。一个发育完全的土壤剖面,从上到下可划出三个最基本的发生层次,即 A、B、C 层,组成典型的土体构型。示意图见图 4-1。

　　由图 4-1 所示,A 层的上面为枯枝落叶层所覆盖,又称覆盖层,或有机层 O,以 A_{00} 来表示枯枝落叶层,以 A_0 来表示粗有机质层,以 A 表示腐殖质层。

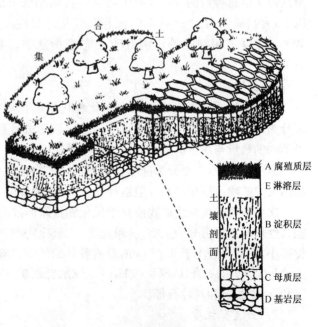

图 4-1　土壤剖面示意图

由于自然因素的原因,相邻土层间的界限可以是清晰的,也可以在层间形成逐渐过渡的亚层,层内也可以细分为各个亚层。同样土壤亦可局部缺失一个或多个土层。如图 4-2 所示。

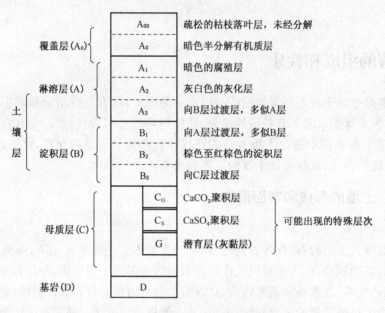

图 4-2　自然土壤的综合剖面图

4.1.2　土壤的组成

土壤是由矿物质、有机质和活的生物有机体以及水分、空气等固、液、气三相组成。其相对含量因地因时而异。按重量计,固相物质约占土壤总容量的 50%,而矿物质可占固相部分的 90%~95%以上,有机质约占 1%~10%;液相和气相之和约占土壤总质量的 50%。土壤三相物质的比例处于动态平衡状态。基本比例见图4-3。

图 4-3　土壤组分比例图

1. 土壤矿物质

土壤矿物质是岩石经过物理风化和化学风化形成的。按其成因分为原生矿物和次生矿物两大类。在土壤形成过程中,原生矿物以不同的数量与次生矿物混合成为土壤矿物质。

原生矿物中,主要分为硅酸盐类、氧化物类、硫化物类和磷酸盐类四大类矿物。原生矿物一般粒径比较大,主要提供无机营养物质,是构成土壤的骨架。

次生矿物是由原生矿物经化学风化而重新形成的新矿物,其化学组成与结构均有所改变。据其性质与结构可分为三类:简单盐类、三氧化物类、次生铝硅酸盐类。土壤中次生矿物的颗粒很小,粒径一般小于 0.25 mm,具有胶体的性质。常见的次生矿物有方解石($CaCO_3$)、白云石[$CaMg(CO_3)_2$]、石膏($CaSO_4 \cdot 2H_2O$)、芒硝、针铁矿($Fe_2O_3 \cdot H_2O$)、褐铁矿($2Fe_2O_3 \cdot 3H_2O$)、伊利石、蒙脱石和高岭石等。

2. 土壤有机质

土壤有机质是由各种有机物质组成的复杂系统,是土壤中含碳有机化合物的总称。一般分为两类:非腐殖质和土壤腐殖质。

非腐殖质是组成生物残体的各种有机化合物,包括碳水化合物、蛋白质、木质素、有机酸以及含 N、P、S 的有机物等,约占总量的 30%～40%。腐殖质是土壤中一种特殊的有机化合物,是由微生物作用下植物残体中稳定性较大的木质素等部分氧化而成,主要包括胡敏酸、富里酸和腐黑物三部分,约占有机质总量的 60%～70%。

土壤有机质一般占固相总重量的 5% 左右,含量虽然不高却是土壤的重要组成部分,对土壤理化性质和化学反应均有较大的影响,是土壤形成的主要标志。

3. 土壤生物

土壤生物是指土壤中活的生物群体,包括微生物(细菌、放线菌、真菌和藻类等)、土壤微生物(原生动物、蠕虫和节肢动物等)和土壤动物(两栖类、爬行类等)。土壤生物参与岩石的风化过程和原始土壤的生成,对土壤的生长发育、土壤肥力的形成和演变以及高等植物营养供应状况有重要作用。另外,土壤微生物群类的特性和数量与土壤肥力和植物生长有密切关系,同时在土壤和其他生态系统中的物质能量循环传递中起着关键性作用。

土壤物理性质、化学性质和农业技术措施,对土壤生物的生命活动有很大影响。

4. 土壤气体

土壤是多孔体系,土壤空气主要存在于未被水分占据的土壤孔隙中。土壤气体,主要来自大气,其次来自于土壤内部发生的生物化学过程。主要成分与大气基本相似,为 N_2、O_2、CO_2。但与大气相比还存在以下特点:

(1) 土壤空气存在于相互隔离的孔隙中,是一个不连续的体系;

(2) 与大气相比,有较高的含水量;

(3) 在 CO_2 含量上有很大差异,氧含量低于大气中含量;

另外,土壤空气中还含有少量还原性气体,如 CH_3、H_2、H_2S、NH_3 等,这些是厌氧微生物活动的产物,长期存在对植物生长有害。如果是被污染的土壤,其气体组成中还可能存在污染物,且组成和数量处于变化中。

5. 土壤水分

土壤水分也是土壤的重要组分之一,主要来自大气降水和灌溉。土壤水是植物吸收水分的主要来源(水培植物除外),另外植物也可以直接吸收少量落在叶片上的水分。水进入土壤以后,由于土壤颗粒表面的吸附力和微细孔隙的毛细管力,可保持一部分水。不同类型的土壤对水分的保持能力也不同。同时,气候条件对土壤水分含量影响也很大。

土壤所含水分并非纯净水,而是土壤中各种成分和污染物溶解于水中形成的溶液,即土壤溶液。据统计,地球表面全部土壤中含水量约为 $2.4×10^{13}$ m³。土壤水分是植物养分的主要来源,也是进入土壤的各种污染物向其他环境圈层(水圈、生物圈等)迁移的介质,这些水分对于岩石风化、土壤形成和植物生长发育有决定性意义。

4.1.3　土壤的基本性质

土壤中两个最活跃的组分是土壤微生物和土壤胶体。它们对污染物在土壤中的迁移和转化有重要影响。

1. 土壤的吸附性

土壤因含有土壤胶体,具有吸附性。土壤胶体是指土壤中具有胶体性质的微细颗粒,主要含有无机胶体(黏土矿物和各种水及氧化物)和有机胶体(主要是腐殖质,还有少量的木质素、多糖类和蛋白质)以及有机和无机复合胶体,具有较大的比表面积和表面能,能够通过物理吸附作用使一些分子态物质吸附在表面上。同时土壤胶体通过离子交换吸附的方式也使土壤具有吸附性。离子交换作用包括阳离子交换吸附作用和阴离子交换吸附作用。

(1) 土壤胶体的阳离子交换吸附。土壤胶体吸附的阳离子可与土壤溶液中的阳离子以离子价为依据进行等价交换,交换过程是可逆的,且各种阳离子交换能力与电荷数和离子半径及水化程度有关。离子电荷数越高,阳离子交换能力越强;同价离子中,离子半径越大,水化程度越小,交换能力越强。

土壤的可交换性阳离子有两类:一类是致酸离子,包括 H^+ 和 Al^{3+};另一类是盐基离子,包括 Ca^{2+}、Mg^{2+}、K^+、Na^+、NH_4^+ 等。土壤中一些常见阳离子的交换能力顺序如下:$Fe^{3+} >$ $Al^{3+} > H^+ > Ba^{2+} > Sr^{2+} > Ca^{2+} > Mg^{2+} > Cs^+ > Rb^+ > NH^{4+} > K^+ > Na^+ > Li^+$。

当土壤胶体上吸附的阳离子都是盐基离子且已达到吸附饱和时,称为盐基饱和土壤。当土壤胶体上吸附的阳离子有一部分为致酸离子如 H^+ 和 Al^{3+} 时,称为盐基不饱和土壤。在土壤交换性阳离子中盐基离子所占的百分数称为土壤盐基饱和度。盐基饱和度决定土壤的酸碱性。饱和度大,呈现碱性,饱和度小,呈现酸性。通常状况下,较高的盐基饱和度和交换量利于土壤养分的积累和储存,另外对重金属物质的轻度污染也有较好的调节作用。

(2) 土壤胶体的阴离子交换吸附。阴离子交换作用是指土壤中带正电荷的胶体所吸附的阴离子土壤中阴离子的交换。阴离子的交换吸附也是可逆过程,但相比阳离子交换吸附复杂,常伴有化学固定作用。它可与胶体微粒(如酸性条件下带正电荷的含水氧化铁、铝)或溶液中阳离子(Ca^{2+}、Al^{3+}、Fe^{3+})形成难溶性沉淀而被强烈地吸附。如 PO_4^{3-}、HPO_4^{2-} 与 Ca^{2+},Fe^{3+}、Al^{3+} 可形成 $CaHPO_4 \cdot 2H_2O$、$Ca_3(PO_4)_2$、$FePO_4$、$AlPO_4$ 难溶性沉淀。由于 Cl^-、NO_3^-、NO_2^- 等离子不能形成难溶盐,故它们不被或很少被土壤吸附。另外,由于交换性阴离子可与土壤胶体颗粒或土壤溶液中阳离子形成难溶性沉淀而被吸附,所以土壤中的阴离子交换不存在明显的量的交换关系。各种阴离子被土壤胶体吸附的顺序如下:

$$F^- > 草酸根 > 柠檬酸根 > PO_4^{3-} \geqslant AsO_4^{3-} \geqslant 硅酸根 > HCO_3^- >$$
$$CH_3COO^- > SO_4^{2-} > Cl^- > NO_3^-。$$

2. 土壤的酸碱性

土壤是一个复杂体系,土壤中存在着各种化学和生物化学反应,表现出不同的酸性或碱性。土壤酸碱性是指土壤溶液的反应,它表征土壤溶液中 H^+ 浓度和 OH^- 浓度比例,也决定于土壤胶体上致酸离子(H^+ 或 Al^{3+})或碱性离子的数量及土壤中酸性盐和碱性盐类的存在数量,同时,影响土壤微生物的活性和有机物的分级速率和强度。根据酸碱度的数值,一般分为9级,见表 4-1。

表 4-1 常见土壤的 pH 值与酸碱性

pH 值	<4.5	4.5~5.5	5.5~6.0	6.0~6.5	6.5~7.0
类别	极强酸性	强酸性	酸性	弱酸性	中性
pH 值	7.0~7.5	7.5~8.5	8.5~9.5	>9.5	
类别	弱碱性	碱性	强碱性	极强碱性	

正常土壤的 pH 值介于 5~8 之间,中性土壤的 pH 值为 6.5~7.0。土壤中酸度过大或碱度过大都会影响土壤环境中物质的存在,同时还将直接影响植物的生长发育。

3. 土壤的氧化还原性

土壤中的有机物和无机物都呈现一定的氧化还原特性。土壤中的氧化还原反应是土壤中无机物、有机物发生迁移转化并对土壤生态系统产生重要影响的化学过程。土壤中常见无机物的氧化还原价态可简单地归纳为表 4-2。

表 4-2　土壤中一些无机变价元素常见的还原态和氧化态

元素名称	还原态	氧化态	元素名称	还原态	氧化态
C	CH_4、CO	CO_2	Fe	Fe^{2+}	Fe^{3+}
N	NH_3、N_2、NO	NO_2^-、NO_3^-	Mn	Mn^{2+}	MnO_2
S	H_2S	SO_4^{2-}	Cu	Cu^+	Cu^{2+}
P	PH_3	PO_4^{3-}			

溶于土壤中的有机物主要有酸、酚、醛、糖、微生物及其代谢产物、根系分泌物等。土壤中氧化-还原作用的强度可用土壤的氧化还原电位(E_h)衡量,一般由实验测定。土壤中的游离氧、高价金属离子为氧化剂,低价金属离子、土壤有机质及其在厌氧条件下的分解产物为还原剂。通常状况下,当 $E_h > 300\ mV$ 时,氧体系占据主要优势,以氧化作用为主,处于氧化状态;当 $E_h < 300\ mV$ 时,有机质起主导作用,以还原作用为主,土壤处于还原状态,因此,根据土壤的 E_h 值,可以判断物质处于何种状态。

研究表明,影响土壤氧化还原作用的因素主要有以下几点:土壤的通气状况,土壤的含水量,土壤的 pH 值和无机质含量以及植物根系的代谢作用。

4.1.4　土壤的自净作用

当污染物进入土壤后,就能经生物和化学降解变为无毒无害物质;或通过化学沉淀、配合和螯合作用、氧化-还原作用变为不溶性化合物;或是被土壤胶体吸附较牢固、植物较难加以利用而暂时退出生物小循环,脱离食物链或被排除至土壤之外。此外,还有各种各样的微生物,它们产生的酶对各种结构的分子分别起到特有的降解作用。这些条件加在一起,使得土壤呈现一定的缓冲和净化能力。土壤的这种自身更新能力,称为土壤的自净作用。

土壤的物质组成和其他特性、污染物的种类与性质共同决定了土壤的自净能力。不同土壤的自净能力(即对污染物质的负荷量或容纳污染物质的容量)是不同的。土壤对不同污染物质的净化能力也是不同的。一般来说,土壤自净的速度是比较缓慢的,污染物进入土壤后更加难以去除。

4.2　土壤环境污染

土壤环境污染是指有毒有害物质通过一定途径(人为影响、意外事故或自然灾害)进入土壤并积累到超过一定浓度使土壤环境质量下降,土壤的结构和功能遭到破坏,直接或间接地危害人类的生存和健康的现象。

衡量土壤环境质量是否恶化的标准是土壤环境质量标准。土壤环境污染的实质是通过各种途径输入的环境污染物,其数量和速度超过了土壤自净作用的数量和速度,破坏了自然动态平衡。其后果是导致土壤自然正常功能失调,土壤质量下降,影响到作物的生长发育以及产量和质量的下降,也包括由于土壤污染物质的迁移转化引起大气或水体污染,通过食物链,最终影响人类的健康。

4.2.1 土壤环境污染

1. 土壤环境背景值

土壤环境背景值是指未受人类活动(特别是人为污染)影响的土壤环境本身的化学元素组成及其含量,它与地壳岩石圈的化学组成及岩石风化成土过程有关。当前几乎已没有不受人类活动影响的土壤,因此,土壤环境背景值只是代表土壤环境发展中阶段性的、相对意义上的数值。

2. 土壤环境容量

土壤环境容量是指土壤环境单元所容许承纳的污染物质的最大数量或负荷量。主要针对土壤中的污染物而言,即:

$$土壤环境容量 = 土壤污染起始值 - 土壤所含污染物的本底值;$$

若以土壤环境标准作为土壤污染起始值(即土壤环境的最大允许极限值),则

$$土壤的环境容量 = 土壤环境标准值 - 土壤的本底值。$$

此值为土壤环境的基本容量,又称土壤环境的静容量。不同土壤其环境容量是不同的,同一土壤对不同的污染物的容量也不同。

在污染物进入土壤后的积累过程中,其积累受到土壤的环境地球化学背景与迁移转化过程的影响和制约。考虑到土壤的自净作用和污染物的输入与输出、吸附与解吸、沉淀与溶解、累积与降解作用等过程,同时这些过程都处于动态变化中,其结果都会影响污染物在土壤中的最大容纳量。

3. 土壤环境污染的特点

土壤环境污染有以下两个特点。

(1) 隐蔽和潜伏期长,认识难度大。与大气污染和水体污染不同,土壤环境污染不易为人们所觉察,其后果往往通过长期摄食在被污染土壤上生产的植物产品的人体或动物的健康状况反映出来。土壤中的有害物质进入农作物并通过食物链摄食而损害人畜健康时,土壤本身可能还保持其继续生产的能力,充分体现了土壤污染损害的隐蔽性和潜伏性,使得认识土壤环境污染问题的难度增加,污染危害加重。

(2) 长期性和不可逆性。有害污染物进入土壤环境后,与复杂的土壤成分发生一系列氧化还原和迁移转化作用,大多数无机污染物,特别是金属和微量元素与土壤有机质或矿物质相结合,成为土壤中的永久滞留污染物。相比而言,有机污染物质在土壤中由于微生物的分解使得部分逐渐失去毒性,其中有些成分还可能转化为微生物的营养来源,但药物类的成分也会毒害有益的微生物,成为破坏土壤生态系统的祸源。因此,土壤环境一旦受到污染,就很难恢复,有些甚至成为顽固的污染源而长期存在,造成更大的危害。

4. 土壤污染物质

根据污染物性质,可把土壤污染物质大致分为无机污染物和有机污染物两大类,其主要污染物如下:

(1) 氮素和磷素化学肥料;

(2) 重金属,如砷、镉、汞、铬、铜、锌、铅等;

(3) 有机物质,难降解有机物如有机氯类农药,多氯联苯、石油等,可降解有机物,酚和洗涤剂等,其中数量较大而又比较重要的是化学农药,如有机磷和有机氮、苯氧羧酸类等;

（4）放射性元素如铯、锶等；

（5）生物类污染物，有害微生物类如肠细菌、炭疽杆菌、破伤风杆菌、肠寄生虫（蛔虫）、霍乱弧菌、结核杆菌等；

（6）此外，在某些条件下，土壤中有机物分解产生 CO_2、CH_4、H_2S、H_2、NH_3 和 N_2 等气体（其中 CO_2 和 CH_4 是主要的）也会成为土壤的污染物。

4.2.2　土壤环境污染产生的主要途径

土壤环境污染物质可以通过多种途径进入土壤，其主要发生类型可归纳为以下四种。

1. 污水灌溉

用未经处理或未达到排放标准的工业污水灌溉农田是污染物进入土壤的主要途径，污染特点是沿河流或干支渠呈枝形片状分布，其后果是在灌溉渠系两侧形成污染带，属封闭式局限性污染。污水灌溉的土壤污染物质一般集中于土壤表层，随着污灌时间的延长，污染物质也可由上部土体向下部土体扩散和迁移，以致达到地下水深度。

2. 酸雨、降尘和汽车尾气

大气中的污染物质通过沉降和降水而降落地面，主要集中在土壤表层，以大气中的二氧化硫、氮氧化物和颗粒物为主要污染物。大气中的酸性氧化物如 SO_2、NO_x 形成的酸沉降可引起土壤酸化，破坏土壤的肥力与生态系统的平衡；汽油中添加的防爆剂四乙基铅随废气排出污染土壤，行车频率高的公路两侧常形成明显的铅污染带，各种大气颗粒物，包括重金属、非金属有毒有害物质及放射性散落物等多种物质，均可造成土壤的多种污染。

3. 过量施用农药化肥

土壤中污染物主要来自施入土壤的化学农药和化肥，其污染程度与化肥、农药的数量、种类、利用方式及耕作制度等有关。有些农药如有机氯杀虫剂 DDT、六六六等在土壤中长期停留，并在生物体内富集。氮、磷等化学肥料，凡未被植物吸收利用和未被根层土壤吸收吸附固定的养分都在根层以下积累或转入地下水，成为潜在的污染物。残留在土壤中的农药和氮、磷等化合物在地面径流或土壤风蚀时，就会向其他环境转移，扩大污染范围。

4. 固体废物堆放

主要是工矿企业排出的尾矿废渣、污泥和城市垃圾在地表堆放或处置过程中通过扩散、降水淋滤等直接或间接地影响土壤，使土壤受到不同程度的污染。

4.3　重金属在土壤中的迁移转化

重金属是土壤污染中主要的污染物，土壤无机污染中比较关注的重金属很多，常常分为两类：有毒元素，如 Hg、Cd、Cr、Pb 及类金属 As；常见元素，如 Cu、Zn、Co、Mo、Ni、Sn 等。

一般来讲，进入土壤中的重金属元素不易随水淋滤，不能被土壤微生物所分解，但易被土壤胶体吸附，能在土壤中积累，被土壤微生物富集或被植物吸收，有些甚至会转化为毒性更强的物质。有些会通过食物链以有害浓度在人体内蓄积，严重危害人体健康。

4.3.1　影响重金属在土壤中迁移转化的因素

重金属在土壤中的迁移转化复杂多样，而且往往以多种形式相结合的方式存在。影响重金属迁移转化的因素很多，如土壤的 pH 值、E_h 值、土壤中有机胶体和无机胶体的种类与含量的变化,另外金属的化学特性、土壤的生物特性、物理特性和环境条件等也会导致土壤中重金属的存在形态发生改变,从而影响重金属元素在土壤中的富集和迁移转化。

4.3.2 重金属在土壤中迁移转化的一般规律

重金属在土壤环境中的迁移转化过程按其特征常分为物理迁移、物理化学迁移、化学迁移和生物迁移。

1. 物理迁移

土壤溶液中重金属离子可以通过多种方式被吸附于土壤胶体表面上或被包含于矿物颗粒内,并随土壤中水分的流动发生机械位移,特别是在多雨地区的坡地土壤,这种随水冲刷的机械迁移更加突出,在干旱地区,这些胶体物质或矿物颗粒可以随扬尘再次进入环境体系中,随风迁移。

2. 物理化学迁移和化学迁移

土壤环境中的重金属污染物能以离子交换吸附,或络合、螯合等形式和土壤胶体相结合,或发生溶解与沉淀反应。

(1) 重金属和无机胶体的结合　重金属与土壤无机胶体的结合通常分为两种类型:非专性吸附,即离子交换吸附;专性吸附,是土壤胶体表面与被吸附离子间通过共价键、配位键而产生的吸附。

(2) 重金属和有机胶体的结合　重金属可被土壤有机胶体络合或螯合,或者吸附于有机胶体的表面。尽管土壤中有机胶体的含量远小于无机胶体的含量,但是其对重金属的吸附容量远远大于无机胶体。

(3) 溶解和沉淀作用　是土壤重金属在土壤中迁移的重要形式,实际为各种重金属难溶电解质在土壤固相和液相之间的离子多相平衡。

3. 生物迁移

生物迁移主要是指植物通过根系从土壤中吸收某些化学形态的重金属,并在植物体内积累的过程。生物迁移造成了植物的污染,但如果利用某些植物对重金属的超积累,反而有利于土壤的净化。植物根系对重金属的生物迁移受多种因素影响,其中主要影响因素有:重金属的存在形态,土壤条件包括 pH、E_h、土壤矿物组成及土壤种类等,不同作物种类和伴随离子也会影响污染物在土壤中的迁移。除了植物,土壤微生物的吸收以及土壤动物的啃食也是生物迁移的一种途径。

4.3.3 主要重金属污染物在土壤中的迁移转化

1. 汞污染物在土壤中的迁移转化

汞在自然环境中的本底值不高,一般在 $0.1\sim1.5$ mg/kg。主要来自岩石风化,人为源主要来自含有农药的施用,污水灌溉,有色金属冶炼生产和使用汞的企业排放的工业"三废"。随着工业的发展,汞的用途越来越广,导致大量的汞由于应用而进入环境。

汞是一种对动植物及人体无生物学作用的有毒元素。在正常的土壤 E_h 值和 pH 值范围内,汞以零价存在于土壤中,由于汞在常温下有很高的挥发性,除部分存在于土壤中外,还以蒸气形态挥发进入大气圈,参与全球的汞蒸气循环。

在各种含汞化合物中,甲基汞和乙基汞的毒性最强。各种形态的汞在一定的土壤条件下可以相互转化。

土壤中的汞按其存在的化学形态可分为金属汞、无机化合态汞和有机化合态汞,其存在价态有三种:Hg^0、Hg^+ 和 Hg^{2+}。土壤的 E_h 和 pH 值对汞的存在形式有重要影响。汞的三种价态在一定的条件下可以相互转化,当土壤处于还原条件时,二价汞可以被还原为零价的金属汞,而有机汞在有促进还原的有机物的参与下,也能变为金属汞。

在无机化合态汞中,Hg^{2+} 在还原性条件下,会生成非常难溶的 HgS。它很难被植物吸收,但是 $HgCl_2$ 具有较高的溶解度,它在水中以 $HgCl_2$ 形式存在,是一种较易被植物吸收利用的化合物。虽然植物对于溶解度较低的无机化合态汞较难吸收,但却能吸收有机汞。其中以甲基汞形式存在的汞易被植物吸收,并通过食物链在生物体内逐级浓集,其毒性大,对生物和人体可造成危害。土壤中的腐殖质与汞结合形成的配合物不易被植物所吸收。

土壤胶体对汞的甲基化作用与对氧化汞的吸附作用大致相同,可在非生物的因素作用下进行,只要有甲基给予体,就可以被甲基化。由于土壤具有强烈的累积汞的能力,因此,汞一旦进入土壤,除了零价汞和二价汞可以挥发迁移外,其他形式的迁移和排出是非常缓慢的,汞会被长期滞留在土壤中。

2. 镉污染物在土壤中的迁移转化

地壳中镉的平均含量为 0.2 mg/kg,土壤中的含量介于 0.01~0.70 mg/kg 之间。镉通常与锌共生,并与锌一起进入环境。环境中约 70% 的镉积累在土壤中,15% 存在于枯枝落叶中,迁移到水体中的镉约占 3.4%。镉污染来源主要是铅、锌、铜的矿山和冶炼厂的废水、尘埃和废渣,电镀、电池、颜料、塑料稳定剂和涂料工业的废水等;农业上,施用的磷肥也会带来镉污染。我国某些工业区天然土壤中的镉的含量已经超过背景值 100 倍左右,最高的酸溶性镉高达 130 mg/kg,直接影响当地的农作物生长。

土壤中镉的存在形态可大致分为水溶性镉和非水溶性镉。

镉在土壤溶液中以简单离子或简单配离子的形式存在,如 Cd_2^+、$CdCl^+$、$CdSO_4$、$CdOH^+$、$CdCl_2$、$Cd(NH_3)^{2+}$、$Cd(NH_3)_2^{2+}$ 等,但是从 Cd^{2+} 到 Cd 的反应不存在,只能以 Cd^{2+} 和其他化合物之间进行迁移转化。土壤中呈吸附交换态的镉所占比例较大,这是因为土壤对镉的吸附能力很强。

由于土壤对镉的吸附速度快、吸附能力强,所以土壤中呈现吸附交换态的镉所占比例很大。但土壤胶体吸附的镉一般随 pH 值的下降其溶出率增加,当 pH=4 时,溶出率超过 50%,而当 pH=6 时,大多数土壤对镉的吸附率在 80%~95% 之间,并依下列顺序下降:

$$腐殖质土壤 > 重壤质冲积土 > 壤质土 > 砂质冲积土。$$

可见有机胶体对镉在土壤中的积累有密切关系。对累积于土壤表层的镉由于降水作用,其可溶态部分随水流动则可能发生水平迁移,因而进入界面土壤和附近的河流或湖泊,造成次生污染。

土壤中的镉对植物的生长不是必需的,但是它非常容易被植物吸收。只要土壤中镉的含量稍有增加,就会使植物体内镉的含量相应增高。与铅、铜、锌、砷及铬等相比较,土壤镉的环境容量要小得多,这是土壤镉污染的一个重要特点。

进入植物中的镉,主要累积于根部和叶部,很少进入果实和种子中。日本伊藤秀文等人做的水稻水培实验表明:水稻对镉的富集作用很强,即使在低于水环境标准含量下,其生长也会受到影响,并生产出高镉含量的污染米。污染地水稻其各器官对镉的浓缩系数按根>杆>枝>叶鞘>叶身>稻壳>糙米的顺序递减,水溶液中镉浓度为 0.008 2 mg/L 时,糙米中镉含量可达 4.2 mg/kg。镉在植物体内可取代锌,破坏参与呼吸和其他生理过程的含锌酶的功能,从而抑制植物生长并导致其死亡。

在土壤环境中,凡是能影响到镉在土壤中的形态的因素,都可以影响镉的生物迁移。例如,酸度增大,水溶态镉浓度相对增加,进入植物体内的镉也会增加。因此,土壤增施石灰、磷酸盐类化学物质可以相对减少植物对镉的吸收,降低生物体内的迁移效应。另外,土壤中的伴生离子如 Zn^{2+}、Pb^{2+}、Cu^{2+}、Mn^{2+} 等的交互作用也会影响镉的生物迁移。

土壤中镉污染对动物的影响,主要是通过食用镉污染后的食物或饮用水引起的。镉进入动物体后,一部分与血红蛋白结合,另一部分与低分子金属硫蛋白结合,然后随血液分布到各内脏器官,最终主要蓄积于肾和肝中。镉中毒症状主要表现为动脉硬化性肾萎缩或慢性球体肾炎等。此外,摄入过量的镉,可使镉进入骨质并取代骨质中的部分钙,造成骨骼软化和变形,严重者可引起自然骨折,甚至死亡。随着研究进一步深入,发现镉有“三致”作用以及引起高血压、肺气肿等病症。

3. 铬污染物在土壤中的迁移转化

土壤中铬的背景值大约在 70～200 mg/kg 之间,土壤类型不同,其含量差异很大。土壤中铬的污染主要来源于三氧化铬工业的“三废”排放,通过大气污染的铬污染源主要是铁铬工业、耐火材料及燃料燃烧等排放的铬。通过水体污染进入土壤的铬污染源来自电镀、金属酸洗、皮革鞣制、铬酸盐生产等工业排放的污水灌溉或污泥施用等。

铬是一种变价元素,在土壤中铬通常以三价铬(Cr^{3+}、CrO_2^-、$Cr(OH)_3$)和六价铬化合物(CrO_4^{2-}、$Cr_2O_7^{2-}$)存在。其中 $Cr(OH)_3$ 的溶解性较小,是铬最稳定的存在形式。土壤中铬可在三价和六价间相互转换。在土壤正常的 pH 值和 E_h 值范围内,铬能以 4 种价态 Cr^{3+}、CrO_2^-、CrO_4^{2-} 和 $Cr_2O_7^{2-}$ 存在。而水溶性六价铬的含量一般较低,但六价铬的毒性远大于三价铬的毒性。铬的迁移转化主要受土壤 pH 值、有机质及 E_h 值的制约。六价铬化合物可以存在于弱酸性和弱碱性土壤中,在强酸性土壤中很少存在。因为六价铬化合物的存在必须具有很高的氧化-还原电位(pH = 4,$E_h > 0.7$ V 时),而土壤一般不存在这样高的电位。例如,当 pH > 4 时,三价铬溶解度下降;在 pH 为 5.5 时,则全部沉淀在弱酸性和弱碱性土壤中,有六价铬化合物存在。如在 pH = 8、$E_h = 400$ mV 的荒漠土壤中,有可溶性的铬钾石(K_2CrO_4)存在。土壤中的有机质如腐殖质具有很强的还原能力,能很快地把六价铬还原为三价铬,一般当土壤有机质含量大于 2% 时,六价铬就几乎全部被还原为三价铬。

土壤中铬也可部分呈吸附交换态存在。土壤胶体对 Cr^{3+} 有较强的吸附能力,黏土矿物晶格中的 Al^{3+} 甚至可以被 Cr^{3+} 交换,可以使土壤中的迁移能力及其可溶性降低。带负电荷的胶体可以交换吸附以阳离子形式存在的三价铬离子,而带正电荷的胶体可以交换吸附以阴离子存在的铬离子,但是六价铬离子的活性很强,一般不会被土壤强烈吸附,因而在土壤中较易迁移。

受铬污染的土壤,有些会随风力和表层土壤迁移进入大气中,也可以由于植物吸收再通过食物链进入人体。铬对植物的毒性主要发生在根部,98% 的铬主要保留在根部。土壤中的 Ca^{2+} 可促进植物对六价铬的吸收,同时 SO_4^{2-} 能抑制植物对六价铬的吸收,因此降低铬在土壤中的潜在毒性。

5. 砷的迁移转化

砷为类金属元素,但从它引起的环境污染效应来看,常把它作为重金属来研究。地壳中砷的平均含量大约为 5 mg/kg。我国土壤中砷的平均含量为 9.29 mg/kg。其污染主要来自化工、冶金、炼焦、火力发电、造纸、玻璃、皮革及电子业排放等的工业"三废"。由于矿石原料中普遍含有较高量的砷,所以冶金与化学工业量最高,如硫酸厂、排砷磷肥厂等。另外,含砷农药的使用也是土壤砷污染的来源之一。在农业方面,曾经广泛使用的含砷农药作为杀虫剂和土壤处理剂也是砷污染的主要来源。在受含砷农药污染的地区,土壤中砷含量明显偏高,有些可达 $18\sim44$ mg/kg,且有逐渐增大的趋势。

在一般 pH 值及 E_h 值范围内,砷主要以 As^{3+} 和 As^{5+} 存在于土壤环境中。其存在形式可分为水溶性砷、吸附态砷和难溶性砷。水溶性砷主要有 $HAsO_4^{2-}$、$H_2AsO_4^-$、AsO_3^{3-} 和 $H_2AsO_3^-$ 等阴离子形式,一般占土壤中全部砷的 $5\%\sim10\%$。难溶性砷化物主要有黏土矿物晶格中保持的砷及与土壤中铁、铝、钙等离子结合形成的复杂的难溶性砷化物(主要是 $FeAsO_4$、$AlAsO_4$、$Ca_3(AsO_4)_2$ 及砷与铁、铝、钙等的氢氧化物所形成的共沉淀物)。另外,由于砷酸根或亚砷酸根的相对吸附交换能力较强,土壤中的多数砷与土壤胶体相结合以吸附态存在,且吸附作用相当强。又因为有机质带负电,所以土壤中的有机质对砷无明显的吸附作用。

土壤中水溶性、难溶性及吸附态砷的相对含量在特定条件下可以相互转化。随着土壤 pH 值的升高,土壤胶体所带正电荷减少,对砷(主要是带负电荷的酸根离子)的吸附量降低;随着土壤 E_h 的下降,砷酸还原为亚砷酸。另外,土壤 E_h 的降低,除可以将五价砷直接还原为三价砷外,还可以使砷铁酸及与砷酸盐相结合的 Fe^{3+} 还原为较易溶解的 Fe^{2+} 形式,导致水溶性砷的含量增加。

相关研究表明,砷对不同类型土壤的危害程度有很大差异,在吸附力较强的黏土中的砷造成的危害低于吸附力较弱的砂土中;植物对砷有极强的吸收能力。土壤含砷量与作物含砷量的关系因作物种类不同而呈现很大差异。蔬菜的地上部分砷积累量大于地下部分;土壤受砷污染后,细菌总数明显减少,这说明砷对土壤微生物也有一定的毒害,可以引起主要生物种群的变化,影响土壤生态系统的平衡。

4.4　农药在土壤中的迁移转化

农药是一种化学药剂,主要包括杀虫剂、杀菌剂、防止啮齿类动物的药物以及动、植物生长调节剂等。农药造成土壤污染主要是因为在施用农药时约有一半药剂洒在土壤中,残留在土壤中的农药可以分解为苯胺或其衍生物,有些会生成 N-亚硝基化合物,尤其是苯胺类物质本身具有致癌性,有些农药含有其他杂质,与环境因素结合,产生更大的危害。

化学农药若按其主要化学成分进行分类,可分为有机氯农药、有机磷农药、氨基甲酸酯类农药、拟除虫菊酯类农药等。

化学农药污染土壤的主要途径表现为直接对土壤消毒或以拌种、浸种等方式施入土壤,向作物喷洒农药时,农药落入土壤,附着于作物上的农药因风吹雨淋或随落叶进入土壤;大气中悬浮的农药颗粒物或吸附农药的尘粒通过干沉降或随降水进入土壤中,被农药污染的污水灌溉,或施用被农药污染的污泥,使化学农药污染物进入土壤等。

4.4.1　农药在土壤中迁移转化的一般规律

目前,世界范围年产农药约 200 万吨,种类数达 500 之多(大量生产又广泛应用的约有 50种)。自 20 世纪 40 年代广泛应用以来,累计已有数千万吨农药散入环境,农药进入土壤后,与土壤中的物质发生一系列化学、物理化学和生物化学的反应,致使其在土壤环境中发生迁移、转化、降解或残留、累积。

1. 化学农药在土壤中的吸附

吸附是农药与土壤固相环境之间相互作用的主要过程。吸附的机理在于土壤溶液中农药分子和胶体之间产生不同类型的化学键。土壤对农药的吸附作用可分为范德瓦尔斯力吸附,通过疏水型相互作用产生的吸附,借助氢键产生的吸附,通过电子从供体向受体的传递产生的吸附,离子交换型吸附和通过配位键和配位体交换产生的吸附等。

土壤的质地和土壤有机质含量和 pH 值对农药的吸附具有显著影响。不同类型的化学农药对吸附作用的影响也很大,一般来说,有机农药分子比较小,但是带有正电荷的农药,以及可以从介质中接受质子而质子化的农药,都可被强烈吸附。

另外,土壤对化学农药的吸附同时也是土壤对污染有毒物质的净化和解毒的过程。在不同农药类型中,农药的相对分子质量越大,被吸附能力越强,农药的挥发性和溶解度越小,也越容易被土壤吸附。但这类土壤净化过程是相对不稳定的,当化学农药被土壤吸附后,由于存在形态的改变,其迁移转化能力和生理毒性也随之而变化。如除草剂、百草枯和杀草快被土壤黏土矿物强烈吸附以后,它们在土壤溶液中的溶解度和生理活性就大大降低。当进入土壤环境中的农药浓度超过了土壤的吸附净化能力,不仅不能起到对农药的净化效果,反而会加重农药对土壤的污染程度。因此,土壤对化学农药的吸附作用,只是在一定条件下起到净化和解毒作用,吸附过程的主要结果是完成化学农药在土壤中的积累。

2. 化学农药在土壤中的迁移

进入土壤环境中的农药可以通过气体挥发、随水淋溶而在土壤中扩散移动,或者被生物体吸收转移出土壤之外,导致大气、水体和生物污染,再通过食物链浓缩,进而导致对动物和人体的危害。

农药在土壤环境中的迁移速度与土壤的质地、孔隙度、结构、土壤含水量等性质有关,同时还受到农药的蒸气压和环境温度的影响。农药的蒸气压和温度越大,其迁移速度越高。农药的蒸气压相差很大,如有机磷和某些氨基甲酸酯类农药蒸气压相当高,而 DDT、狄氏剂、林丹等则较低,因此它们在土壤中挥发快慢不一样。研究表明,土壤对一般农药的吸附为放热反应,降低温度,有利于吸附的进行,此外,农药的蒸气压也会随着温度的升高而增大,因此,夏季有利于农药在土壤中的迁移转化。农药在土壤环境中的迁移与农药本身的溶解度还有密切联系。一些难溶性的农药主要附着在土壤颗粒上,随雨水冲刷与河流泥沙一起进入江河湖泊。

3. 化学农药在土壤中的降解

农药作为有机化合物具有相对的稳定性,但是在物理、化学和生物的各种因素作用下会逐步分解形成为小分子或简单化合物,有些会转化为 H_2O、CO_2、N_2、Cl_2 等而被降解。农药在土壤中的降解包括光化学降解、微生物降解和化学降解。

光化学降解是指土壤表面受到紫外线和太阳辐射能引起的农药分解的过程,主要有氧化、水解、置换和异构化等反应,大多数除草剂、DDT 以及某些有机磷农药都可以发生光化学降解作用。光化学降解的程度取决于光作用的持续时间、光波长度、化学物质状态、携带物体或溶剂对光的敏感性、溶液的 pH 值和水的有无等。由于紫外线的穿透能力较弱,只有残留在土壤表面上的农药产生这种降解反应。农药中的除草剂、DDT 以及某些有机磷农药等都能发生光化学降解作用。对硫磷经光氧化反应形成对氧磷,毒性增大。农药化合物对光的敏感性表明,光化学降解作用对于去除土壤表面上的农药非常重要。

化学降解可分为催化反应和非催化反应。非催化反应中主要以水解和氧化为主,伴随一些异构化和离子化过程。如各类磷酸酯或硫代磷酸酯类的农药水解后其毒性和活性都会降低。在碱性条件下的水解过程主要是羟基离子的催化水解作用。另外,土壤中的金属离子、H^+ 和 OH^-、游离态氧等分别能对某些化学反应过程起催化作用。如土壤中的氨基酸与某些无机金属离子如 Cu、Fe、Mn 等组成螯合物,可以作为有机磷农药水解的催化剂。大多数农药的降解转化要经历若干中间过程。中间产物的组成、结构、化学活性和物理性质与母体有很大差异,土壤的组成和性质,如土壤中微生物群落的种类、分布,有机质氧化物的分布,矿物质的类型,土壤表面的电荷,金属离子的种类,都可能对降解过程产生影响。

硫磷经光催化、异构化反应,使其由硫酮式转变为硫醇式,毒性增大。

有机氯农药在紫外光作用下的降解过程,主要有两种类型,一类是脱氯过程,另一类是分子内重排,形成与原化合物相似的同分异构体。

土壤微生物对农药的降解可以最大限度地净化农药在土壤中的残留。但各种农药的性质和降解过程是很复杂的。有些剧毒农药,一经降解就失去了毒性,如农药西维因的降解。而另一些农药,虽然自身的毒性不高,但其分解产物的毒性会增大。还有些农药,其本身和代谢产物都有较大毒性。所以在评价农药对环境的污染影响时,不仅要看农药本身的毒性,还要注意代谢产物是否具有潜在危害性。

4.4.2 土壤环境中化学农药污染的防治

由于土壤污染的特性,土壤环境化学农药污染的防治,其主要是"防",即应以"预防为主"。如果土壤已经遭受某种农药的严重污染,则应首先中断污染源,停止使用该种农药。随着时间的推移,土壤中残留的农药总会逐渐降解,因此,一般可不必采取什么特别的方法进行治理。为了增强土壤环境的自净能力或加速某种农药的降解,一般可采取以下几个方法。

(1) 增加土壤中有机、无机胶体的含量,以增加土壤的环境容量;或施入吸附剂以增加土壤对农药的吸收,减轻农药对作物的污染。例如,埋入活性炭可降低磺乐灵或伏草隆在土壤中的活性。施入大量有机肥和植物残渣,可减轻残留农药的毒性。垃圾堆肥和绿肥也有明显的减轻残留农药毒性的作用。利用表面活性剂可以调节农药在土壤剖面中的渗透深度、活性和持留性。

(2) 调节土壤水分、土壤 pH 值、E_h,以增加农药的降解速率。例如 DDT 在土壤灌溉水时,分解速率较干旱时为快;又如有些农药在 pH 值较高时分解速率加快,绝大多数有机磷农药以及 DDT、六六六都是如此。

至于调节土壤 E_h 的问题,需视不同农药的特性采取不同的措施。有的农药降解反应是个氧化反应,或是在好气性微生物作用下发生的,则应当提高土壤的 E_h;若农药的降解反应主要过程或关键步骤是个还原反应,且主要是在嫌气性微生物作用下发生的,则应适当降低土壤的 E_λ。

(3) 某些金属离子或其与某些螯合剂相螯合时,具有催化作用。因此,可采取施加该类催化剂的方法,以提高土壤的催化化学降解作用。如铜与联吡啶及 L-组氨酸的螯合物在 pH = 7.6、38℃时,能使丙氟磷水解速率分别增加约 600 倍及 300 倍。

(4) 选育活性较高的能够分解某种农药的土壤微生物或土壤动物,以增加土壤的生物降解作用。例如,根固氮菌可将对硫磷迅速地还原为氨基对硫磷。又如,枯草杆菌将杀螟松转化为无毒的代谢物——氨基衍生物和去甲基衍生物,但不能转化为有毒的氧式代谢物。

4.5　其他污染物质在土壤中的迁移转化

4.5.1　有机污染物的迁移转化

土壤中的有机污染物除了有机农药外,其他类型的可归纳为两类:天然有机物和人工合成有机物。对于当前土壤污染中的有机污染物,大部分来自人工合成的有毒有机物。

1. 需氧有机污染物

需氧有机污染物主要是指天然有机化合物,这些有机物在分解时会消耗掉大量的氧气,使得土壤的 E_h 值下降,同时有机物的降解随之减弱,并产生硫化氢、甲烷、醇、有机酸等一系列还原性物质,直接危害土壤中农作物的生长发育,甚至使植物根部腐烂死亡。

2. 有毒污染物

土壤中的有毒污染物主要是指酚类化合物、稠环芳烃、多氯联苯以及有机农药等。它们共同的污染特性是生物毒性。

酚类化合物的主要来源是工业废水的排放。含酚废水是一种污染范围广、危害性大的工业废水。主要来自焦化厂、煤气厂、绝缘材料厂、石油化工工业、合成染料和制药厂等。生活污水中也含有酚,主要来自粪便和含氮有机物的分解。

用含高浓度酚的废水灌溉农田,对作物有直接的毒害作用,主要表现为抑制光合作用和酶的活性,妨碍细胞膜的功能,破坏植物生长素的形成,影响植物对水分的吸收。

3. 酚的迁移转化

天然土壤中的酚类主要存在于腐殖质中或施入的有机肥料中,外源酚主要存在于土壤溶液中以极性吸附方式被土壤胶体吸附,也有极少部分与其他化学物质相结合,形成结合酚。因此,进入土壤的酚受土壤微粒的阻滞、吸附而大量留在土层上层,其中大部分组分经挥发而逸散进入空气中,其挥发程度与气温成正比。这是土壤外源酚净化的重要途径。

土壤微生物对酚具有分解净化作用。能迅速分解酚,其净化机制为生物化学分解,分解速度取决于酚化合物的结构、起始浓度、微生物条件、温度等因素。例如,酚细菌、多酚氧化酶和一些分解酶的多种细菌。

植物对酚的吸收与同化作用,进入土壤的外源酚,可以通过植物的维管束运输到植物各器官,尤其是生长旺盛的器官。进入植物体内的酚,很少是游离状态存在。另外,大多与其他物质形成复杂的化合物。另外,植株也可以将吸收的苯酚中的一部分转化成二氧化碳放出。土壤空气中的氧对酚类化合物具有氧化作用,其氧化速率非常缓慢,其最后分解产物为二氧化碳、水和脂肪。

土壤及植物对酚具有一定的净化作用,但当外源酚含量超过其净化能力时,将造成酚在土壤中的积累,并对作物产生毒害。

4.5.2　氟在土壤中的迁移转化

1. 氟污染

氟是一种具有毒性的元素。地方性氟中毒就是由于长期摄入过量的氟化物所造成的,其主要症状表现为氟斑牙和氟骨症。氟也是重要的生命必需微量元素,适量的氟可防止血管钙化,氟不足时常出现佝偻病、骨质松脆和龋齿流行。

氟在自然界的分布主要以萤石(CaF_2)、冰晶石(Na_3AlF_6)和磷灰石[$Ca_5F(PO_4)_3$]等三种矿物形式存在。土壤环境中氟污染主要来源:一是富氟矿物的开采和扩散;二是在生产过程中使用含氟矿物或氟化物为原料的工业,如炼铝厂、炼钢厂、磷肥厂、玻璃厂、砖瓦厂、陶瓷厂和氟化物生产厂(如塑料、农药、制冷剂和灭火剂等)的"三废"排放;三是燃烧高氟原煤所排放到环境中的氟。所以,在这些矿山、工厂和发电厂附近,以及施用含氟磷肥的土壤中容易引起氟污染。此外,引用含氟超标的水源(地表水或地下水)灌溉农田,或因地下水中含氟量较高,当干旱时氟随水分的上升、蒸发而向表层土壤迁移、累积,也可导致土壤环境的氟污染。例如,在我国的西北、东北和华北存在大片干旱的富氟盐渍低洼地区,其表层土壤含氟量可达2 000 mg/kg,是一般土壤背景值的10倍。

2. 土壤中氟的迁移与累积

氟可在土壤-植物系统中迁移与累积。研究表明:F^-易与土壤中带正电荷的胶体如含水氧化铝等相结合,相对交换能力较强,有些甚至能够生成难溶性的氟铝硅酸盐、氟磷酸盐以及氟化钙、氟化镁等,从而在土壤中累积,浓度逐渐增高。

土壤中的氟以各种不同的化合物形态存在,大部分为不溶性或难溶性的化合物。同时土壤中的氟化物可随水分状况以及土壤的 pH 值等条件的改变而发生迁移转化。例如,当土壤的 pH<5 时,土壤中活性 Al^{3+} 的量增加,F^- 可与 Al^{3+} 形成可溶性配离子 AlF^{2+}、AlF_2^+,这两种配离子可随水进行迁移且易被植物吸收,并在植物体内累积。但当在酸性土壤中加入石灰时,大量的活性氟将被 Ca^{2+} 牢固地固定下来,从而可大大降低水溶性的 F^- 含量。在碱性土壤中,因为 Na^+ 含量较高,氟常以 NaF 等可溶盐的形式存在,从而增大了土壤溶液中 F^- 的含量,并可引起地下水源的氟污染。当施入石膏后,可相对降低土壤溶液中 F^- 的含量。

植物对土壤中氟的迁移与累积也有一定影响。土壤中的氟化物通过植物根部的吸收,通过茎部积累在叶组织中,最终在叶的尖端和边缘部分集积。植物的叶片也可直接吸收大气中气态的氟化物,特别是桑树、茶叶以及牧草等植物,对大气中的 HF 非常敏感,可以直接吸收且积累氟,造成氟最终以各种形态存在在土壤表层。

4.6 土壤污染的防治

土壤污染的特性决定了对土壤污染的预防和治理主要立足于防重于治,应该贯彻防治结合、综合治理的基本方针,一方面要采取有效措施,预防土壤环境的污染,另一方面则是对已经被污染的土壤进行改造、治理和消除污染。防治土壤污染,首先要控制和消除污染源,同时应充分利用土壤本身具有的自净能力,对已经污染的土壤,要采取一切措施,消除土壤中的污染物,控制土壤中污染物的迁移,减少发生次生污染的可能性,尽可能杜绝污染物进入食物链的途径,防止对人类健康产生危害。

4.6.1 控制和消除土壤污染源

控制和消除土壤污染源,就是控制进入土壤中污染物的数量和速率,使污染物在土壤中可以缓慢地自行降解。其需要对所在地区土壤的各种污染源和污染途径进行全面调查,在此基础上,采取有效措施,切断土壤污染源或尽可能避免工矿企业污染物的任意排放,避免污染物输入土壤环境。

合理安全地施用农药是控制土壤污染源的一项重要内容。主要包括对症施用农药,适时适量施用,制定施用农药的安全隔离期,提高合理施用农药的效果,使作物的农药残留不超过标准,禁止或限制施用高毒性、高残留性的农药品种等。调整化肥结构,普及平衡施用化肥,对本身含有有毒有害成分的化肥要严格控制施用。

总之,控制、切断和消除土壤污染源是土壤污染防治工作中的指导性原则。

4.6.2　提高土壤环境容量和自净能力

土壤具有一定的环境容量和自净能力,在防治土壤污染时应充分利用土壤的这一特点,采取有效措施,提高土壤的环境容量和自净能力。例如,可通过增施有机肥料,增加土壤中有机质的含量,改良砂性土壤,增加土壤胶体的数量并改善其种类、调节 pH 值和 E_h 等措施,增加土壤对有害物质的吸附能力和吸附量,降低污染物在土壤中的活性,增强土壤环境的自净能力,提高土壤环境容量。

4.6.3　实施治理土壤污染的有效措施

1. 施加化学改良剂和强吸附剂

施加化学改良剂和强吸附剂是治理土壤重金属轻度污染或农药污染的重要途径。一些化学反应物质的加入可以改变重金属在土壤中的存在形态,使其固定,降低在环境中的迁移性和生物可利用性。

2. 调节土壤的水分、pH 值和 E_h 值

调节土壤的水分、pH 值和 E_h 值可以促成污染物改变在土壤中的存在状态,是治理土壤污染的主要方法。例如,施用石灰以中和土壤的酸性,可降低作物根系对汞的吸收,当土壤 pH 值提高到 6.5 以上时,可能形成碳酸汞、氢氧化汞等难溶化合物;钙离子能与任何微量的汞离子争夺植物根系表面的交换位,从而降低汞向作物内的迁移。

同时,调节土壤水分、pH 值和 E_h 值,可以增加农药的降解速率。例如,DDT 在土壤灌溉水时,分解速率较干旱时快。至于调节土壤的 E_h 值,需要根据不同农药的特性采取不同的措施。若农药降解反应是氧化反应,或是在好气性环境微生物作用下发生,则应当提高土壤的 E_h 值;若农药降解反应主要过程或关键步骤是还原反应,且主要在嫌气性微生物作用下发生,则应当降低土壤的 E_h 值。

3. 采用土壤污染物生物修复技术

利用特定的动植物和微生物吸收或降解土壤中微生物的能力,引入土壤污染物的生物修复技术,尤以植物修复作用为主,选育活性较高、能够分解某种农药的土壤微生物或土壤动物,可以增加土壤的生物降解作用。例如,根固氮菌可以将对硫磷迅速地还原为氨基对硫磷。又如,枯草芽孢杆菌可以将杀螟松转化为无毒的代谢物——氨基衍生物和去甲基衍生物,但不会转化为有毒的氧式代谢物等。

4. 合理改良耕作制度

通过改变土壤环境条件,消除某些污染物的危害,例如实行水旱轮作式耕作,可以使土壤 pH 值增高,E_h 值下降,有利于铬的吸附固定,而降低土壤中铬的活性。同时,用客土法、换土法或翻土深作等措施,可以稀释高背景区或污染区土壤中的污染物浓度。

本 章 小 结

1. 土壤的组成与性质

土壤是裸露在地表的岩石,在各种物理、化学和生物因素的长期作用下,逐渐演变成的具有土壤肥力、人类赖以生存的最重要的自然资源之一。

土壤剖面形态常包含三个层次:A 层(淋溶层)、B 层(淀积层)和 C 层(母质层),相邻土层之间的界线可能是清晰的,也可能是模糊的。

土壤是由固体、液体和气体三相共同组成的疏松多孔体。其主要成分为土壤矿物质、土壤有机质、土壤生物、土壤水分及土壤空气。

土壤性质对污染物在土壤中的迁移转化具有十分重要的作用。其主要性质有:吸附性、酸碱性、氧化还原性及自净作用。

2. 土壤环境污染

土壤环境有其环境背景值和一定的环境容量,当通过各种途径输入的环境污染物,其数量和速度超过土壤自净作用的速度,超出土壤环境容量时,则产生土壤环境污染。土壤环境污染具有隐蔽性、潜伏性,有些污染甚至还具有不可逆性和长期性的特点。

3. 重金属在土壤中的迁移转化

影响重金属在土壤中迁移转化的因素主要有金属的化学特性、土壤的生物特性、物理特性及环境条件等。

重金属在土壤中的迁移方式主要有物理迁移、物理化学迁移、化学迁移及生物迁移等。

土壤中的汞可以金属汞、无机汞和有机汞三种形态存在,这三种形态的汞在一定条件下可以相互转化。

土壤中的无机汞化合物在嫌气细菌作用下,可以转化为甲基汞。甲基汞是汞的污染物中毒性最大的污染物。

土壤胶体对进入土壤中的镉有较强的吸附作用,因而进入土壤中的镉主要累积于土壤表层。土壤中水溶性镉与非水溶性镉间的转化与土壤的酸碱度、氧化-还原条件及碳酸盐含量有着密切的关系。水溶性镉易被植物吸收,并可通过食物链进入人体,造成对人体的危害。

进入土壤中的铅主要以难溶态化合物形式存在于土壤表层,但土壤 pH 值下降将使可溶性铅含量升高。植物可吸收土壤溶液中的可溶性铅,并主要积累于植物的根部。

土壤中的铬多为难溶性化合物,其迁移转化主要受土壤 pH 值、有机质及 E_h 的制约。

土壤中砷的迁移转化与土壤的 E_h、pH 值有着密切的关系。

4. 化学农药在土壤中的迁移转化

土壤对农药的吸附作用,可降低农药的迁移性,但农药可通过气体挥发、雨水淋溶或生物吸收等途径发生迁移,通过化学反应、光化学反应或微生物的分解作用而降解。

5. 其他污染物质在土壤中的迁移转化

土壤中酚的挥发作用是酚迁移的一个重要途径,土壤中微生物对酚的降解作用及植物对酚的吸收与同化作用对土壤中酚的净化具有十分重要的意义。

土壤中的氟多以不溶性或难溶性化合物形态存在,其迁移转化过程与土壤水分状况、pH 值等条件有关。适量的氟对人体健康是有利的。

习　　题

1. 用自己的语言简述土壤的形成,并指出土壤形成的关键步骤。

2. 土壤有哪些主要成分？其主要性质有哪些？

3. 土壤的主要成分对土壤的主要性质有哪些影响？

4. 什么是土壤环境背景值？什么是土壤环境容量？请查出 Hg、Pb、Cd 三种元素的土壤环境质量标准，并通过数据分析指出哪种元素的环境容量最小。

5. 土壤的净化作用对土壤的环境容量有什么影响？

6. 土壤环境污染有何特点？为什么？

7. 土壤环境污染的途径有哪些？

8. 影响重金属在土壤中迁移转化的因素主要有哪些？重金属的迁移转化途径有哪些？

9. 对汞污染物在土壤和水体中的迁移行为进行比较。

10. 影响镉在土壤中迁移转化的主要因素是什么？为什么？

11. 土壤中可溶性铅含量与土壤的 E_h 及 pH 值有何关系？

12. 预防土壤中重金属污染的基本原则是什么？铅污染防治的常用措施有哪些？

13. 化学农药在土壤中的迁移转化途径有哪些？

14. 试述石灰降低土壤中活性氟的原理。

阅读材料

给耕地消毒　让市民餐桌食品更绿色

好庄稼，要长在好地里，土地健康了，庄稼才更"绿色"。为了让市民吃上绿色天然的瓜果蔬菜，从源头上杜绝农药的残留，今年一入冬，大兴用高温蒸汽给土地消毒除菌。

都听说过给碗筷消毒，但给土地用蒸汽消毒，是个什么样子？昨天一大早，记者到了大兴，跟随区农科所的工作人员到地里给土地消毒。四季青农艺园里，书桌大的红色机器，停放在了一个大棚的旁边。"这是蒸汽式土壤消毒机，专门从美国进口的。"工作人员边调试安装边讲解。胳膊粗细的管子，一头连接在消毒机，其余部分盘放在地上，约一百平方米左右的面积，再用毯子盖好了。"这些地都是先翻耕了一遍，消毒效果更好。"

准备工作完毕，机器发动了。燃烧机对机器内部的铜管加热，把里面的水变成了 250 摄氏度的蒸汽，这些蒸汽通过铺设在地里的管子，用高温给土地消毒。药物？根本用不上。

"这些高温蒸汽，可以渗透到地下二三十厘米的深度。能达到大多数瓜菜的根系最深处，有效地杀死这一区域的微生物群。"大兴农科所副所长冯文清介绍，线虫等主要虫害细菌，多分布在三至九厘米处，"消毒效果很好。而且一旦除菌除虫完毕，下一茬的作物再耕种时，就不用使用农药了，确保了作物的绿色天然，市民吃菜可以更放心。"

高压密集的蒸汽，杀死了土壤中导致作物受害的真菌、细菌、昆虫、线虫以及杂草。此外，还能使重土变为团粒，增加了土壤的排水性和通透性。"而且原料是水，没有任何残留。"30 分钟，就杀灭了这片区域所有植物病菌和病虫。

四季青农艺园的这几亩地，种的西甜瓜，产量还不错，但渐渐地里病虫害多起来，"5 月份的时候，两个棚的瓜叶都蔫儿了。"往年正是要结瓜的时节，今年的瓜就像小土豆一样。连茬耕种，病虫害传播，致使产量下降。

原先需要使用农药都不一定能治好的地，现在工夫不大就变干净了。"化学熏蒸剂需要等一段时间，土地才能继续使用。化学处理法的残留物还可能导致药害，长期使用同种化学剂，有害生物会产生抗药性。"而这种高温蒸汽处理后的土地，立马可以再用，提高了土地使用率，而且安全无害。

虫子、病菌没了,农民的地"治好了病"。"有机作物不能用药,得了病干着急。"农艺园的工作人员现在舒心了,"地干净了,不用农药也不用担心虫害,明年就能丰收啦。"减少农药使用,甚至不用农药,就增产增收,而很多接近绝产的土地,现在又能焕发生机了。

从美国进口的专业设备,区里投入资金,每亩地消毒需要约3 000元费用,为了食品绿色,大兴政府和农民可是下了本儿。

"土地消毒以后,使用有机肥、微生物肥,不用担心地里的病虫害,土壤的质量也提升不少。"技术人员趁着冬季,给现在闲下来的土地消毒。"接下来的保护,也要对农民进行下一步的培训"。治好"病"的土地,要减少未消毒的土壤与之接触,避免再感染。"建议农民耕作土地后最好给农机具消毒,购买种苗时也要检查种苗所携带的土壤是否带有病菌,确定后再放到地里耕种。"

参考文献

[1] 刘兆英,陈忠明,赵广英,等. 环境化学教程. 北京:化学工业出版社,2003.
[2] 易秀,杨胜科,胡安焱. 土壤化学与环境. 北京:化学工业出版社,2008.
[3] 李学垣. 土壤化学. 北京:高等教育出版社,2007.
[4] 李海华,申灿杰. 土壤-植物系统中重金属污染及作物富集研究进展. 河南农业大学学报,2000(1).
[5] 丁中元. 重金属在土壤-作物中分布规律研究. 环境科学,1989.
[6] 罗厚枚,王宏康. 土壤重金属复合污染对作物的影响. 环境化学,1994.
[7] 王红云,赵连俊. 环境化学. 北京:化学工业出版社,2004.
[8] 贾振邦,黄润华. 环境学基础教程. 2版. 北京:高等教育出版社,2010.

5 污染物在生物体内的迁移 转化和生物效应

5.1 生物污染和物质通过生物膜机理

5.1.1 生物污染

生物污染本身具有两种含义,其一是指对环境或人体有害的各种生物,例如天然水体中的放线菌,以及饮用水中的病原菌等;其二是指以生物为污染对象的化学污染物,本章内容中所指的生物污染含义是指后一种。对于生物体来讲,有些物质是有害或有毒的,有些物质是无害甚至是有益的,但是大多数物质在其被超常量摄入时对生物体都是有害的。

5.1.2 污染物在生物体内的分布

1. 生物膜的结构

污染物质在生物体内的各个过程,大多数情况下必须首先通过生物膜,生物膜(图 5-1)是由磷脂双分子层和蛋白质镶嵌组成的流动变动复杂体。在磷脂双分子层中,亲水的极性基团排列于内外两侧,疏水的基团伸向内侧,这就使得在双分子层中央存在一个疏水区。生物膜是类脂层,在生物膜的双分子层上镶嵌着蛋白质分子,有的镶嵌在双分子层的表面,有的深埋在双分子层的内部或贯穿双分子层。这些蛋白质的生理功能各不相同,有的起催化作用,有的是物质通过生物膜的载体。在生物膜上还布满了大量的小孔,我们称之为膜孔,水分子和其他的小分子或粒子可以自由通过膜孔进入生物体内部。污染物质或者是通过扩散作用经膜孔进入生物体或者是经过生物膜上的蛋白质分子的转运进入生物体内。不同的化学物质通过生物膜的方式不同,下面就此进行详细的论述。

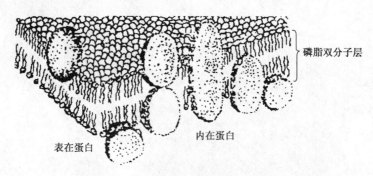

图 5-1 细胞膜脂质双层结构示意图

2. 生物膜的透过机理

生物膜的透过机理有很多种方式,概括起来讲有三种:被动输送(膜孔滤过、被动扩散、被动易化扩散)、主动输送以及胞吞和胞饮。

（1）被动输送

从热力学上讲，被动输送是指该物质沿其化学势减小的方向迁移的过程。例如膜孔滤过是直径小于膜孔直径的物质借助于渗透压透过生物膜。而被动扩散则是脂溶性物质从高浓度向低浓度方向沿浓度梯度扩散通过生物膜的方式。被动易化扩散是在高浓度侧与膜上特异性蛋白质分子相结合通过生物膜的方式。被动输送基本上不需要消耗能量。物质通过生物膜的速度取决于物质在膜层中的扩散速度。根据费克定律，单位时间内通过截面的物质的数量（扩散速度）

$$v = fDS(cme - cml)/L = fDS\left(K_1 c_W - \frac{1}{K_2} c_1\right)/L \tag{5-1}$$

式中　f——膜机理常数；

　　　D——膜内扩散系数；

　　　S——膜的面积；

　　　L——膜的厚度。

一般情况下脂/水分配系数越大，分子越小，或在体液 pH 条件下解离越少的物质，扩散系数也越大，而容易扩散通过生物膜。

（2）主动输送

主动输送是物质在膜中的逆化学势减小方向迁移的过程。一些物质可在低浓度侧与膜上高浓度特异性蛋白载体相结合，通过生物膜，至高浓度侧解离出原物质。主动输送需要消耗能量，而且这种能量通常是来自膜内的生物化学作用，即来自膜的三磷酸腺苷酶分解三磷酸腺苷（ATP）成二磷酸腺苷（ADP）和磷酸时所释放的能量。同时物质透过生物膜时的主动输送都是在膜中的载体参与下完成的。

这种转运还与膜的高度特异性载体及其数量有关，具有特异性选择，类似物质竞争性抑制和饱和现象。如钾离子在细胞内的浓度远大于细胞外。这一奇特的浓度分布是由相应的主动输送造成的，即低浓度侧钾离子易与膜上磷酸蛋白 P 结合为 KP，而后在膜中扩散并与膜的三磷酸腺苷发生磷化，将结合的钾离子释放至高浓度侧，如下面的反应所示：

$$K^+_{膜外} + P \longrightarrow KP$$

$$KP + ATP \longrightarrow PP + ADP + K^+_{膜内}$$

（3）胞吞和胞饮

有一些物质与膜上的某种蛋白质有特殊的亲和力，当其与膜接触后，可改变这部分膜的表面张力，引起膜的外包或内陷而被包围进入膜内，固体按这种方式通过生物膜的叫胞吞，液体物质按这种方式通过生物膜的称为胞饮。

总之，物质以何种方式通过生物膜，主要取决于机体各组织生物膜的特性和物质的结构、理化性质。物质理化性质包括脂溶性、水溶性、解离度、分子大小等。被动输送和主动输送是物质及其代谢产物通过生物膜的主要方式。胞吞、胞饮在一些物质通过膜的过程中发挥着重要作用。

5.2　环境污染物在生物体内的分布

5.2.1　污染物在植物体内的分布

许多污染物质都是通过植物系统进入生态系统的，由于污染物质在生物链中的积累，污染物质直接或间接地对陆生生物造成影响,因而植物对污染物质的吸收被认为是污染物在食物链中的积累并危害陆生生物的第一步。

污染物质进入到植物体至少有三种途径:①通过根系的吸收并通过蒸腾作用输送到植物体的各部分;②通过植物叶片的气孔从周围空气中吸收蒸气化的污染物质,并输送到植物体的各个部分;③植物表皮通过渗透作用吸收有机污染物的蒸气。各种途径吸收的污染物总和减去植物代谢过程中消耗或损失的就是污染物质在生物体内的积累。

污染物主要是通过根部吸收进入植物体内的,根部对污染物质的吸收有两种方式:主动吸收和被动吸收。主动吸收需要消耗一定量的能量,而被动吸收主要是通过扩散、吸收和质量流动,不需要消耗能量。

根部吸收主要是物理吸附而不是生物化学行为。而且根部的吸收过程在最初的一个小时之内最快,占 48 小时过程的 $50\% \sim 70\%$,起始 $2 \sim 5$ 分钟则占 48 小时的 25%,而这时物质还没有到达茎部和叶部。根部在吸收的过程中污染物质在根部很快达到平衡而且浓度不随时间增加而变化,随后被吸收的污染物质被可逆地释放到不含污染物的溶液中去。

植物吸收的另一个重要途径是通过茎、叶等暴露在空气中的植物地上部分吸收空气中蒸气态的污染物质或沉降在颗粒表面的污染物物质。叶子表面有很多气孔,气孔可以随环境条件的变化而有时张开有时关闭,气孔是二氧化碳、氧气和其他气体的进出口,也是蒸腾作用的出口,环境中蒸气态污染物质能直接被气孔吸收而进入植物体内,喷洒或沉降在茎叶表面的污染物质也能通过扩散作用进入气孔。此外,降落在植物表面的污染物质也可通过渗透作用进入植物体内,虽然对于植物的整个吸收过程来讲,这种吸收作用很小,但是对于某些污染物质来说,地上部分的吸收可能比根部的吸收更重要。污染物质在到达植物表皮前一般经历以下两个步骤:首先是挥发过程,污染物质从土壤表层挥发到空气中;其次是沉降过程,空气中的污染物质沉降在植物暴露于空气中茎、叶等地上部分。只有植物表面直接接触的污染物质才能通过渗透作用进入植物体内。污染物质被根部或植物表面吸收后,在蒸腾作用的带动下,随着植物体内的物质循环到达各个部分。

总之,植物对污染物的吸收是一个复杂的综合过程,根部对污染物的吸收主要是受到 pH 值、污染物质的浓度以及环境的理化性质的影响。而暴露于空气中的植物地上部分的摄取,主要取决于污染物质的蒸气压。

5.2.2　污染物在动物体内的分布

污染物质在动物体内的分布过程主要包括吸收分布和排泄。下面我们以人为例介绍物质在动物体内的分布过程。这些基本原理适用于哺乳动物以及其他一些动物(如鱼类)。

1. 吸收

污染物质进入人体的主要途径是通过饮食、呼吸和皮肤的吸收作用。

(1) 饮食

一个能活到 80 岁的人在其一生中需要 $2.5 \sim 5$ t 蛋白质,$13 \sim 17$ t 的碳水化合物和 $70 \sim 75$ t 水。这些物质都是通过饮食逐日进入体内的。"病从口入"是指在进食被农药、重金属或病菌污染的粮食、蔬菜、肉类、禽蛋、水果或饮水的过程中,人体不知不觉中摄入了大量有毒物质和病菌,引发多种疾病。食物和饮水主要是通过消化道进入人体的。从口腔摄入的食物和饮水中的污染物质,主要是被动扩散被消化管吸收,主动转运很少。消化管包括口腔、咽喉、食管、胃、小肠、大肠等部位,其中主要吸收部位是小肠,其次是胃。成人的小肠全长约 5.5 m,是消化道(全长约 9 m)的 0.6 倍左右。从几何学角度来讲,符合"黄金分割"定律。小肠的吸收总面积约 200 m²,血液流速约 1 L/s。小肠最内层是黏膜,黏膜向肠腔内形成许多突起,称为小肠绒毛,黏膜内布满毛细血管。进入小肠的污染物质大多数以被动扩散通过小肠黏膜再转入血液,因而污染物质的脂溶性越强,在小肠内浓度越高,被小肠吸收越快。此外血液流速也是影响机体对污染物质吸收的因素之一。血液流速越大,则膜两侧污染物质浓度梯度越大,机体对污染物质的吸收速率就越大。由于脂溶性污染物质经膜通透性好,因此它被小肠吸收的速率受血液流速的限制。而胃的吸收面积率约 1 m²,血液流速约为 0.15 L/s,同时小肠的 pH 约等于 6.6,大于胃的 pH(约等于 2),因此,小肠的吸收功能远远大于胃的吸收功能。

(2) 呼吸

人的饮食有时有节,但吸入氧气和呼出二氧化碳的呼吸过程却是不能中断。成年人每天吸入 10~12 m³ 的空气,而空气中正隐藏着各种各样的污染物质。呼吸道是吸收大气污染物质的主要途径。人的呼吸道主要包括鼻、咽、喉、气管、支气管及肺等部位,主要的吸收部位是肺泡。肺泡的膜很薄,数量众多,四周布满壁膜极薄、结构疏松的毛细血管。因此吸收的气态和液态气溶胶污染物质,可以被动扩散和滤过方式,分别迅速通过肺泡和毛细血管膜进入血液。固态气溶胶和粉尘污染物质吸进呼吸道后,可在气管、支气管及肺泡表面沉积。呼吸道吸收的污染物质可以直接进入血液系统或淋巴系统或其他器官,而不经过肝脏的解毒作用,从而产生的毒性更大。

(3) 皮肤

人体皮肤的表面积大约是 1.8 m²,同时还有近 10 万个毛细孔和近 10 万根头发与头皮相通,这些都是污染物质进入人体的通道。相比而言,人体皮肤对污染物质的吸收能力较弱,但是也是不少污染物质进入人体的重要途径。皮肤接触的污染物质,常以被动扩散的方式相继通过皮肤的表皮及真皮,再滤过真皮中的毛细血管壁膜进入血液中。一般相对分子质量低于300,处于液态或溶解态,呈非极性的脂溶性污染物质,最容易被皮肤吸收,如酚、醇和某些有机磷杀虫剂等容易通过皮肤吸收。

2. 分布和排泄

(1) 分布

污染物质进入人体被吸收后,一般通过血液循环输送到全身。血液循环把污染物质输送到各种靶器官(如肝、肾等),对这些器官产生毒害作用;也有些毒害作用(如砷化氢气体)引起的溶血作用,在血液中就可以发生。污染物质的分布情况取决于污染物与机体不同的部位的亲和性,以及取决于污染物质通过细胞膜的能力。脂溶性物质易于通过细胞膜,此时,经膜通透性对其分布影响不大,组织血流速度是分布的限制因素。污染物质常与血液中的血浆蛋白质结合。这种结合呈现可逆性,结合与解离处于动态平衡。只有未与蛋白结合的污染物质才能在体内组织进行分布。因此与蛋白结合率不高的污染物,在低浓度下几乎全部与蛋白结合,存留于血浆中。但当其浓度达到一定水平,未被结合的污染物质剧增,快速向机体组织转运,组织中该污染物质明显增加。而与蛋白结合率低的污染物质随浓度增加,血液中未被结合的污染物质也逐渐增加。故对污染物质在体内分布的影响不大。由于亲和力不同,污染物质与血浆蛋白的结合受到其他污染物质及机体内源性代谢物质置换竞争的影响,该影响显著时,会使污染物质在机体内的分布有较大的改变。

在这里血-脑屏障特别值得一提,因为它是阻止已进入人体的有毒的污染物质深入到中枢神经系统的屏障。与一般的器官组织不同,中枢神经系统的毛细血管管壁内皮细胞互相紧密相连,几乎没有空隙。当污染物质由血液进入脑部时,必须穿过这一血-脑屏障。此时污染物质的经膜通透性成为其转运的限速因素。高脂溶性、低解离度的污染物质经膜通透性好,容易通过血-脑屏障,由血液进入脑部,而非脂溶性污染物质很难入脑。因此,对于一些损害人体其他部位的有毒害物质,中枢神经系统能够局部地得到特殊的保护。

(2) 排泄

排泄的器官有肾、肝胆、肠、肺、外分泌腺等,对有毒污染物质的排泄的主要途径是肾脏泌尿系统和肝胆系统。肺系统也能排泄气态和挥发性有毒害的污染物质。

肾排泄使污染物质通过肾随尿而排出的过程。肾小球毛细血管壁有许多较大的膜孔,大部分污染物质都能从肾小球滤过;但是,相对分子质量过大的或与血浆蛋白结合的污染物质,不能滤过,仍留在血液中。一般来说,肾排泄是污染物质的一个主要的排泄途径。

污染物质的另一个重要排泄途径,是肝胆系统的胆汁排泄。胆汁排泄是指主要由消化管及其他途径吸收的污染物质,经血液到达肝脏后,以原物或其代谢产物并胆汁一起分泌至十二指肠,经小肠至大肠内,再排出体外的过程。一般,相对分子质量在 300 以上、分子中具有强极性基团的化合物,即水溶性、脂溶性小的化合物,胆汁排泄良好。

总之,污染物质在动物体内的分布是一个复杂的过程,具体的污染物在进入体内的途径以及在体内的分布、代谢、储存和排泄过程见

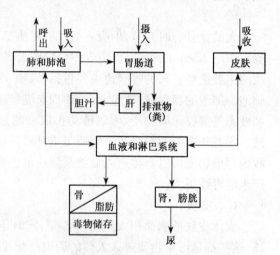

图 5-2　污染物质进入人体的途径以及在体内的分布、代谢、储存和排泄过程

图 5-2。污染物质在动物体内的分布直接影响着污染物质对动物的毒害作用。

3. 生物蓄积

人体的某些部位对有毒害的污染物质具有富集和储存作用。肝和肾能富集某些有毒害的污染物质,因为它们参与从体内清除有毒代谢物的代谢过程。脂肪组织能富集许多难溶于水的具有亲脂性的有毒物质。如 DDT(双对氯苯基三氯乙烷、农药)、氯丹(农药)以及多氯联苯等。骨骼能够储存几种无机物,因为它含有无机羟基磷灰石。如离子大小和性质类似的铅和锶等金属元素可以代替其中的钙离子,而且 F^- 可以取代 OH^-。放射性的锶在骨骼中积累能引起骨癌,过多的氟积累在骨骼中会引起氟骨症。机体长期接触某污染物质,若吸收超过排泄及其代谢转化,则会出现该污染物质在体内逐渐增加的现象,称为生物蓄积。人体的主要蓄积部位是血浆蛋白、脂肪组织和骨骼。

有些污染物质的蓄积部位与毒性作用部位相同。如百草枯在肺及一氧化碳在红细胞中血红蛋白的集中就属于这一类型。但是有些污染物质的蓄积部位与毒性作用部位不相一致。如DDT 在脂肪组织中蓄积,而毒性作用部位是神经系统及其他脏器;铅集中于骨骼,而毒性作用部位在造血系统、神经系统及胃肠道等。

5.3 环境污染物质的生物富集、放大和积累

各种物质进入生物体内,即参加生物的代谢过程,其中生命必需的物质,部分参与了生物体的构成,多余的必需物质和非生命所需的物质中,易分解的经代谢的作用很快排出体外,不易分解、脂溶性高、与蛋白质或酶有较高亲和力的,就会长期残留在生物体内。随着摄入量的增大,它在生物体内的浓度也会逐渐增大。污染物质被生物体吸收后,它在生物体内的浓度超过环境中该物质的浓度时,就会发生生物富集、生物放大和生物积累现象,这三个概念既有联系又有区别,下面就逐一介绍这三个概念。

5.3.1 生物富集

生物富集是指生物机体或处于同一营养级上的许多生物种群,从周围环境中蓄积某种元素或难降解的物质,是生物体内该物质的浓度超过环境中的浓度现象,又称为生物学富集或生物浓缩。生物富集用生物浓缩系数表示,即生物机体内某种物质的浓度和环境中该物质的比值。

$$BCF = c_b/c_e \qquad\qquad (5-2)$$

式中　　BCF——生物浓缩系数;
　　　　c_b——某种元素或难降解物质在机体中的浓度;
　　　　c_e——某种元素或难降解物质在环境中的浓度。

生物浓缩系数可以是个位到万位,甚至更高。影响生物浓缩系数的因素主要是物质本身的性质以及生物和环境等因素。物质性质方面的主要影响因素是降解性、脂溶性和水溶性。一般降解性小、脂溶性高、水溶性低的物质,生物浓缩系数高;反之,则低。如虹鳟对 $2,2',4,4'-$ 四氯联苯的浓缩系数为 12 400,而对四氯化碳的浓缩系数是 17.7。在生物特征方面的影响因素有生物种类、大小、性别、器官、生物发育阶段等。如金枪鱼和海绵对铜的浓缩系数,分别是 100 和 1 400。在环境条件方面的影响因素包括温度、盐度、水硬度、pH 值、氧含量和光照状况等。如翻车鱼对多氯联苯浓缩系数在水温 5℃ 时为 6.0×10^3,而在 15℃ 时为 5.0×10^4,水温升高,相差显著。一般,重金属元素和许多多氯化碳氢化物、稠环、杂环等有机化合物具有很高的生物浓缩系数。

生物富集对于阐明物质或元素在生态系统中的迁移转化规律、评价和预测污染物进入环境后可能造成的危害,以及利用生物对环境进行监测和净化等均有重要的意义。

5.3.2 生物放大

生物放大是指在同一食物链上的高营养级生物,通过吞食低营养级生物蓄积某种元素或难降解物质,使其在机体内的浓度随营养级提高而增大的现象。生物放大的程度也用生物浓缩系数表示,生物放大的结果是食物链上高营养级生物体体内这种物质的浓度显著地超过环境中的浓度,因此生物放大是针对食物链的关系而言的,如果不存在食物链的关系就不能称为生物放大,而只能称为生物富集或生物积累。如有人报道,美国图尔湖和克拉斯南部自然保护区受到 DDT 对生物群落的污染。DDT 是一种有机氯杀虫剂,易溶解于脂肪而积累于动物脂肪内。在位于食物链顶级、以鱼类为食的水鸟体中的 DDT 的浓度竟然比湖水高出近 76 万多

倍(图5-3)。北极的陆地生态系统中,在地衣
—北美驯鹿—狼的食物链中,也存在着对^{137}Cs
生物放大现象。不同生物对物质的生物放大作
用也有明显的差别。例如,海洋模式生态系统
中研究藤壶、蛤、牡蛎、蓝蟹和沙蚕等五种生物
对于铁、钡、锌、锰、镉、铜、硒、砷、铬、汞等10种
元素的生物放大作用,发现藤壶和沙蚕的生物
放大能力较大,牡蛎和蛤次之,蓝蟹最小。

　　生物放大并不是在所有的条件下都能发
生,据文献报道,有些物质只能沿着生物链传
递,不能沿食物链放大;有些物质既不能沿食物
链传递,也不能沿食物链放大。这是因为影响
生物放大的因素是多方面的。如食物链往往都
十分复杂,相互交织成网状,同一种生物在发育
的不同阶段或相同阶段,又可能隶属于不同营
养级,具有多种食物来源,这就扰乱了生物放

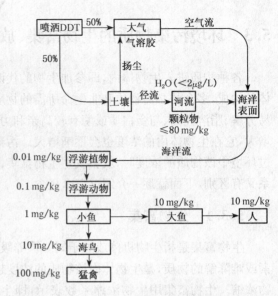

图5-3　DDT农药在环境中的迁移和生物放大作用

大。不同生物或同一生物在不同的条件下,对物质的吸收和消除等均有可能不同,也会影响生
物放大的情况。例如 Hame-Link 等人通过实验发现,疏水性化合物被鱼体组织的吸收,主要
是通过水和血液中脂肪层两相之间的平衡交换进行的。后来,许多学者的研究也证实了这一
结论的正确性,他们明确指出,有机化合物的生物积累主要是通过分配作用进入水生有机体的
脂肪中,随后的许多实验结果也都支持了这一点,即有机化合物在生物体的积累不是通过食物
链迁移产生的生物放大,而是生物脂肪对有机化合物的溶解作用。

5.3.3　生物积累

　　生物积累是生物从周围环境(水、土壤、大气)中和食物链蓄积某种元素或难降解物质,使
其在机体中的浓度超过周围环境中浓度现象。生物放大和生物富集都是生物积累的一种方
式。生物积累也用生物浓缩系数来表示。例如有人研究牡蛎在 50 μg/L 氯化汞溶液中对汞的
积累。观察7天、14天、19天和42天时牡蛎体内汞含量的变化,结果发现其浓度系数分别是
500、700、800 和 1 200,表明在代谢活跃期内的生物积累过程中,浓缩系数是不断增加的。因
此,任何机体在任何时刻,机体内某种元素或难降解物质的浓度水平取决于摄取和消除这两个
相反过程的速率,当摄取量大于消除量时,就发生生物积累。下面我们对此以水生生物为例进
行研究。

　　水生生物对某物质的积累微分方程可以表示为:

$$\frac{\mathrm{d}c_i}{\mathrm{d}t} = k_{ai}c_w + a_{i,\,i-1} \cdot W_{i,\,i-1}c_{i-1} - (k_{ei} + k_{gi})c_i \tag{5-3}$$

式中　c_w——生物生存水中某物质浓度;

　　　c_i——食物链 i 级生物中该物质浓度;

　　　c_{i-1}——食物链 $i-1$ 级生物中该物质浓度;

　　　$W_{i,\,i-1}$——i 级生物对 $i-1$ 级生物的摄取率;

$a_{i,i-1}$——i 级生物对 $i-1$ 级生物中该物质的同化率；

k_{ai}——i 级生物对该物质的吸收速率常数；

k_{ei}——i 级生物中该物质消除速率常数；

k_{gi}——i 级生物的生长速率常数。

式(5-3)表明，水生生物对某种物质的积累速率等于从水中的吸收速率、从食物链上的吸收速率减去其本身消除和稀释速率。

生物积累达到平衡时，即 $dc_i/dt = 0$，式(5-3)成为

$$c_i = \left(\frac{k_{ai}}{k_{ei} + k_{gi}}\right)c_w + \left(\frac{a_{i,i-1} \cdot W_{i,i-1}}{k_{ei} + k_{gi}}\right)c_{i-1} \tag{5-4}$$

从式(5-4)可以看出，生物积累的物质浓度中，一项是从水中摄取获得的，一项是从食物链的传递中获得的。两相进行比较，可以看出生物富集和生物放大对生物积累的贡献。

科学研究还发现环境中物质的浓度对生物积累的影响不大，但在生物积累过程中，不同种生物，同一种生物不同器官和组织，对同一种元素或物质的平衡浓缩系数的数值，以及达到平衡时的时间可以有很大区别。

综上所述，生物积累、生物放大和生物富集可在不同侧面为探讨环境中污染物质的迁移、排放标准和可能造成的危害，以及利用生物对环境进行监测和净化，提供重要的科学依据。

5.4　环境污染物的生物转化

5.4.1　微生物的生理特征

微生物在环境中普遍存在，它可以通过酶活性催化反应提供能量的能力，使一些原先反应过程中很慢的，在有生物酶存在时，迅速上升多个数量级。微生物可以催化氧化或降解有机污染物质或转化重金属元素，这是环境中有机污染物转化的重要过程，同时微生物在重金属的迁移转化过程中也具有很重要的作用。如果没有微生物降解死亡的生物体和排出的废物，那么人们就会淹没在废弃物之中。因此，人们称微生物是生物催化剂，能使许多化学反应过程在环境中发生，同时生物有机体的降解又为其他生物生长提供必要的营养，以补偿和维持生物活性的营养库。下面就简单介绍一下微生物的基本特征。

1. 微生物的种类

环境中微生物可以分为三类：细菌、真菌和藻类。细菌和真菌可以认为是还原剂类，能使化合物分解为更简单的形式，从而维持它们自身的生长和代谢过程所需要的能量。相对于高等生物来讲，细菌和真菌对能量的利用率是很高的。

细菌可以分为自养细菌和异养细菌两大类。细菌的基本形态有杆状、球状和螺旋状三种，属原核微生物。单个细菌的细胞很小，只能在显微镜下看到，大多数细菌的大小在 $0.5 \sim 3.0$ μm 范围。细菌的代谢活动，常受体积大小的影响。它们的表面积与体积的比值很大，以至细菌细胞的内部可以储存大量周围环境中的化学物质。

真菌是非光合生物，通常是丝状结构。它对高浓度的金属离子的耐受能力很强，真菌对环境最终的作用是分解植物的纤维素。

藻类被划分为生产者，因为藻类能利用光能，把光能转化为化学能储存起来，在有光照时，藻类可以利用光合作用从二氧化碳合成有机物满足自身生长和代谢的需要。在无光照时，藻

类按非光合生物的方式进行有机物质的代谢。利用降解储备的淀粉、脂肪或消耗藻类自身的原生质以满足自身代谢的需要。

2. 微生物的生长规律

微生物的生长规律可以用生长曲线表现出来。细菌的繁殖一般以裂殖法进行。在增殖培养中,细菌和单细胞藻类个体数的多少,是时间的函数。图 5-4 给出了细菌的生长曲线。它反映了细菌在一个新的环境中生长繁殖直至衰老死亡的过程。

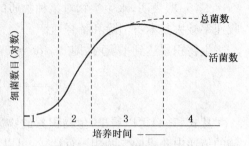

图 5-4 微生物的生长曲线

1—停滞期;2—对数增长期;
3—静止期;4—内源呼吸期

从微生物生长曲线可以看出,随着时间的不同,微生物的繁殖速度也不同。微生物的生长曲线大致可以分为四个阶段,即停滞区、对数增长期、静止期和内源呼吸期。

(1)停滞期 停滞期几乎没有微生物的繁殖迹象,是因为微生物必须适应新的环境。在此期间,菌体逐渐增大,不分裂或很少分裂,也有的不适应新的环境而死亡,故微生物的总数没有大的增加或略有减少。

(2)对数增长期 随着微生物对新的环境的适应,所需的营养非常丰富,因此微生物的活力很强,新陈代谢十分旺盛,分裂繁殖速度很快,总菌数以几何级数增加。

(3)静止期 当微生物的生长遇到限制因素时,对数期终止,静止期开始。在静止期,微生物的总数达到最大值,微生物的增殖速率和死亡率达到一个动态平衡。静止期可以持续很长时间,也可以时间很短。

(4)内源呼吸期 这个时期,环境中的食料已经耗尽,代谢产物大量积累,对微生物生长的毒害作用也越来越强,使得微生物的死亡率逐渐大于繁殖率。同时微生物的食料只能依靠菌体内原生质的氧化来获得生命活动所需的能量,最终导致环境中的微生物总量逐渐减少。

根据微生物的生长繁殖规律可以通过不断补充食料,人为地控制微生物的生长周期。例如,控制微生物在对数增长期,微生物就对环境中的污染物降解速度快,降解能力强。若控制在静止期,则微生物的生长繁殖对营养及氧的需求量低,微生物对环境中污染物降解彻底,去除效率高。

5.4.2 生物酶的基础知识

绝大多数的生物转化是在机体的酶参与和控制下完成的,酶是生物催化剂,能使化学反应在生物体温度下迅速进行。因此我们可以把酶定义为:由细胞制造和分泌的、以蛋白质为主要成分的、具有催化活性的生物催化剂。依靠酶催化反应的物质叫底物。底物发生的转化反应我们称之为酶促反应。各种酶都有一个活性部位,活性部位的结构决定了该种酶可以和什么样的底物相结合,即对底物具有高度的选择性或专一性。形成酶-底物的复合物,复合物能分解生成一个或多个与起始底物不同的产物,而酶不断地被再生出来,继续参加催化反应。酶催化反应的基本过程如下:

$$酶 + 底物 \Longleftrightarrow 酶\text{-}底物复合物 \Longleftrightarrow 酶 + 产物$$

注意上述反应是可逆的。

酶的催化作用的特点有四个。①专一性。也就是一种酶只能对一种底物或一类底物起催化作用。而促进一定的反应,生成一定的代谢产物。如脲酶仅能催化尿素水解,但对包括结构与尿素非常相似的甲基尿素在内的其他底物均无催化作用。又如蛋白酶只能催化蛋白质水解,但不能催化淀粉水解。②高效性。例如蔗糖酶催化蔗糖水解的速率较强酸催化速率高2×10^{12}倍。③多样性。酶的多样性是由酶的专一性决定的,因为在生物体内有多种多样的化学反应,而每一种酶只能催化一种或一类化学反应,这就决定了酶的多样性。④需要温和的外界条件。我们知道,酶是蛋白质,因此环境条件(诸如强酸、强碱、高温等激烈条件)可以改变蛋白质的结构或化学性质,从而影响酶的活性。酶催化作用一般要求温和的外界条件,如常温、常压、接近中性酸碱度。

有的酶需要辅酶(助催化剂),不同的辅酶由不同的成分构成,包括维生素和金属离子。辅酶起着传递电子、原子或某些化学基团的功能。辅酶与蛋白质成分构成酶的整体。蛋白质成分起着专一性和催化高效率的功能。只有蛋白质成分有机地结合在一起,才会具有酶的催化作用。因此,如果环境因素损坏了辅酶,也会影响酶的正常功能。

酶的种类很多,根据酶的催化反应的类型,我们把酶分成:氧化还原酶、转移酶、水解酶、裂解酶、异构酶和合成酶。

5.4.3　微生物对有机污染物的降解作用

1. 耗氧污染物的微生物降解

耗氧污染物包括:糖类、蛋白质、脂肪及其他有机物质(或其降解产物)。在细菌的作用下,耗氧有机物可以在细胞外分解成较简单的化合物。耗氧有机物质通过生物氧化以及其他的生物转化,可以变成更小更简单的分子的过程称为耗氧有机物质的生物降解,如果有机物质最终被降解成为二氧化碳、水等无机物质,我们说有机物质被完全降解,否则我们称之为不彻底降解。

（1）糖类的微生物降解

糖类包括单糖(如己糖($C_6H_{12}O_6$)—葡萄糖、果糖等和戊糖($C_5H_{15}O_5$)—木糖及阿拉伯糖等)、二糖($C_{12}H_{22}O_{11}$)(如蔗糖、乳糖和麦芽糖)和多糖($(C_6H_{10}O_5)_n$)(如淀粉、纤维素等)。糖类是由 C、H、O 等三种元素构成。糖是生物活动的能量供应物质。细菌可以利用它作为能量的来源。糖类降解过程如下。

① 多糖水解成单糖。多糖在生物酶的催化下,水解成二糖或单糖,而后才能被微生物摄取进入细胞内。其中的二糖在细胞内继续在生物酶的作用下降解成为单糖。降解产物最重要的单糖是葡萄糖。

$$(C_6H_{10}O_5)_n + \frac{n}{2}H_2O \longrightarrow \frac{n}{2}C_{12}H_{22}O_{11}$$

$$淀粉 \xrightarrow[\text{水解}]{\text{淀粉糖化酶}} 乳糖$$

$$纤维素 \xrightarrow[\text{水解}]{\text{纤维素水解酶}} 纤维二糖$$

$$C_{12}H_{22}O_{11} + H_2O \longrightarrow 2C_6H_{12}O_6$$

$$乳糖 \xrightarrow{\text{水解酶}} 葡萄糖$$

$$纤维素 \xrightarrow{\text{水解酶}} 葡萄糖$$

② 单糖酵解生成丙酮酸。细胞内的单糖无论是有氧氧化还是无氧氧化,都可经过一系列酶促反应生成丙酮酸。其反应如下:

$$C_6H_{12}O_6 \xrightarrow{乳酸菌} 2CH_3—CHOH—COOH$$

$$CH_3—CHOH—COOH \xrightarrow[\text{[O]}]{酶和辅酶} CH_3COCOOH + H_2O$$

③ 丙酮酸的转化。在有氧氧化的条件下,丙酮酸能被乙酰辅酶 A 作用,经三羧酸循环(图 5-5),最终氧化成二氧化碳和水。在无氧氧化条件下丙酮酸往往不能氧化到底,只氧化成各种酸、醇、酮等。这一过程称为发酵。糖类发酵生成大量有机酸,使 pH 值下降,从而抑制细菌的生命活动,属于酸性发酵,发酵具体产物决定于产酸菌种类和外界条件。化学反应式如下:

$$CH_3COCOOH + 2[H] \xrightarrow[\text{乳酸菌}]{厌氧} CH_3CH(OH)COOH$$

$$CH_3COCOOH \longrightarrow CO_2 + CH_3CHO$$

$$CH_3CHO + 2[H] \longrightarrow CH_3CH_2OH$$

总反应式:　　　$$CH_3COCOOH + 2[H] \xrightarrow[\text{酵母菌}]{兼性厌氧} CO_2 + CH_3CH_2OH$$

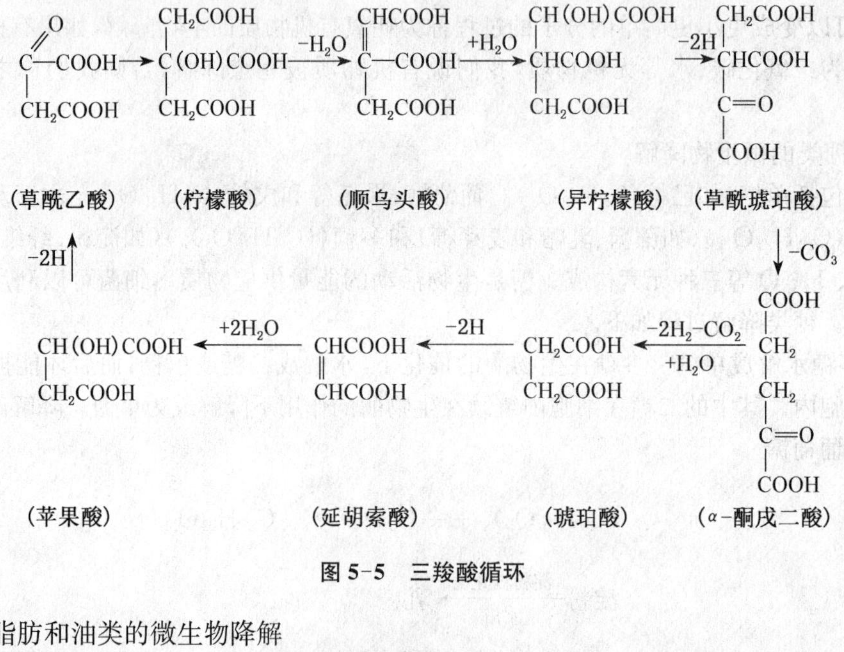

图 5-5　三羧酸循环

(2) 脂肪和油类的微生物降解

脂肪和油类是由脂肪酸和甘油合成的酯,由 C、H、O 三种元素组成。常温下呈固态,我们称为脂肪,多来自动物;而呈液态我们称之为油,多来自植物。脂肪和油类比糖类难降解。其降解途径如下。

① 脂肪和油类水解成脂肪酸和甘油

脂肪和油类首先在细胞外经水解酶催化水解成脂肪酸和甘油。

② 甘油和脂肪酸转化

甘油在有氧或无氧氧化条件下,均能被一系列的酶促反应转变成丙酮酸。丙酮酸则可经三羧酸循环,在有氧的条件下最终生成二氧化碳和水,而在无氧的条件下通常转变为简单的有机酸、醇和二氧化碳等。

脂肪酸在有氧氧化条件下,β-氧化途径进入三羧酸循环,最后完全氧化成二氧化碳和水。在无氧的条件下,脂肪酸通过酶促反应,其中间产物不被完全氧化,形成低级的有机酸、醇和二氧化碳。

(3) 蛋白质的微生物降解

蛋白质的主要组成元素是 C、H、O 和 N,有些还含有 S、P 等元素。微生物降解蛋白质的途径是:

① 蛋白质水解成氨基酸

蛋白质由胞外水解酶催化水解成氨基酸。随后进入细胞内部。

② 氨基酸转化成脂肪酸

氨基酸在细胞内经不同酶的作用经不同的途径转化成脂肪酸。随后脂肪酸经前面所讲述的过程进行转化。

总而言之,蛋白质通过微生物的作用,在有氧的条件下可彻底降解成为二氧化碳、水和氨。而在无氧氧化下通常是酸性发酵,生成简单有机酸、醇和二氧化碳等,降解不彻底。

在无氧氧化条件下糖类、脂肪和蛋白质都可借助产酸菌的作用降解成简单的有机酸、醇等化合物。如果条件允许,这些有机化合物在产氢菌和产乙酸菌的作用下,可被转化成乙酸、甲酸、氢气和二氧化碳,进而经产甲烷菌的作用产生甲烷。复杂的有机物质这一降解过程,称为甲烷发酵或沼气发酵。

2. 有毒有机物的生物转化和微生物降解

(1) 烃类的微生物降解

在解除碳氢化合物环境污染方面尤其是从水体和土壤中消除石油污染物具有重要的作用。

碳原子大于1的正烷烃,其最常见降解途径是:通过烷烃的末端氧化,或次末段氧化,或双端氧化,逐步生成醇、醛及脂肪酸。而后经 β-氧化进入三羧酸循环,最终降解成二氧化碳和水。末端氧化的降解过程如图 5-6 所示。

烯烃的微生物降解途径主要是烯的饱和末端氧化,再经与正烷烃相同的途径成为不饱和脂肪酸。或者是不饱和末端双键氧化成为环氧化合物,然后形成饱和脂肪酸,β-氧化进入三羧酸循环,最终降解成二氧化碳和水。以上过程见图 5-7。

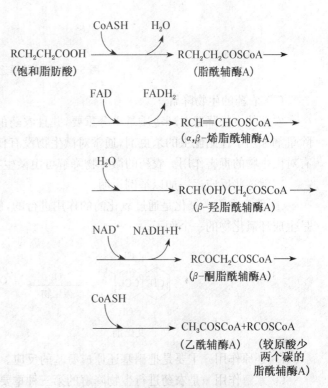

图 5-6 饱和脂肪酸 β-氧化途径

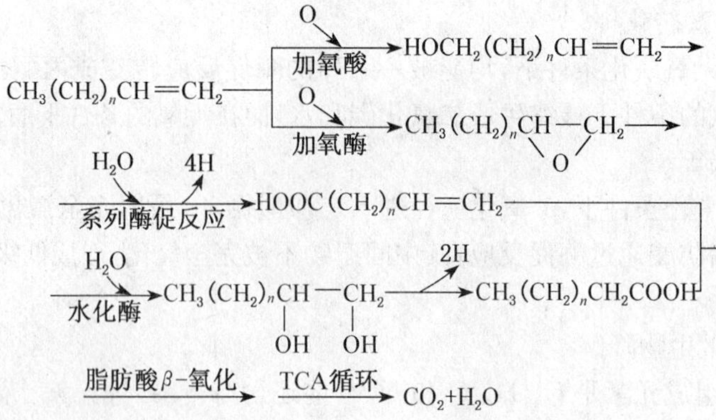

图 5-7　烯烃微生物降解途径

苯的降解途径见图 5-8。

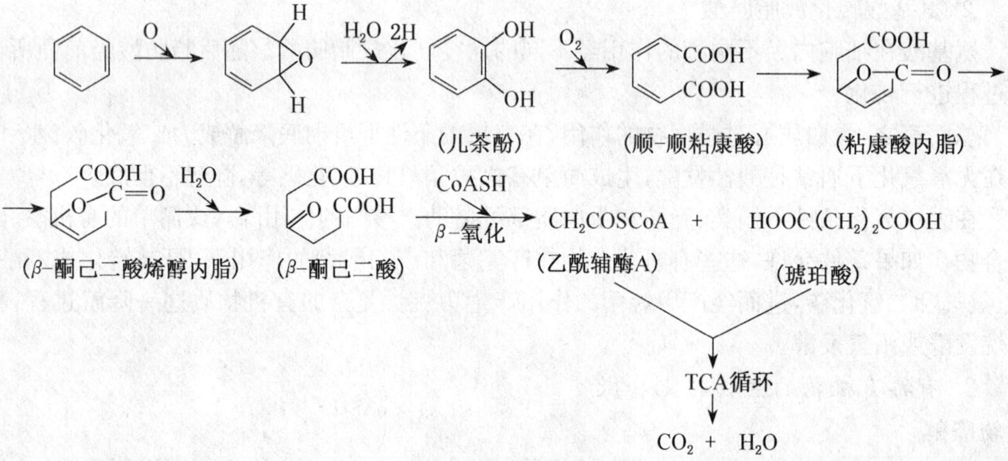

图 5-8　苯的降解途径

（2）农药的生物降解

农药的生物降解对环境质量十分重要,并且农药的生物降解变化很大。用于控制植物的除草剂和用于控制昆虫的杀虫剂,通常对微生物没有任何有害影响。有效的杀菌剂则必然具有对微生物的毒害作用。农药的微生物降解可由微生物以各种途径的催化反应进行。

现就这些反应逐一加以举例说明。

① 氧化作用　氧化是通过氧化酶的作用进行的,例如微生物催化转化艾氏剂为狄氏剂就是生成环氧化物的一个例子。

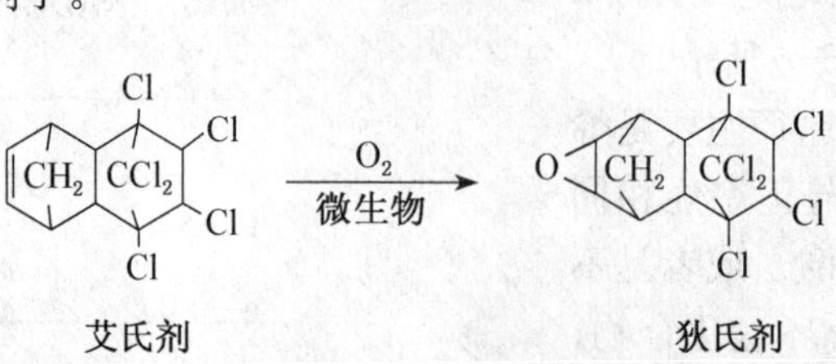

艾氏剂　　　　　　　　　　　　狄氏剂

② 还原作用　主要是把硝基还原成氨基的反应。

③ 水解作用　是农药进行生物降解的第三种重要的步骤,酯和酰胺常发生水解反应。

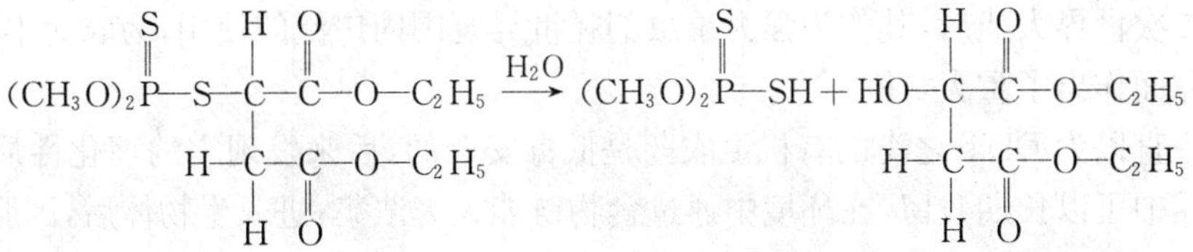

$$(CH_3O)_2P \underset{\parallel}{\overset{S}{-}} S-C \underset{\parallel}{\overset{H}{-}} \overset{O}{\underset{\parallel}{C}}-O-C_2H_5 \xrightarrow{\ H_2O\ } (CH_3O)_2P \overset{S}{\underset{\parallel}{-}} SH + HO-C \underset{\parallel}{\overset{H}{-}} \overset{O}{\underset{\parallel}{C}}-O-C_2H_5$$

④ 脱卤作用　主要是一些细菌参与的—OH置换卤素原子的反应。

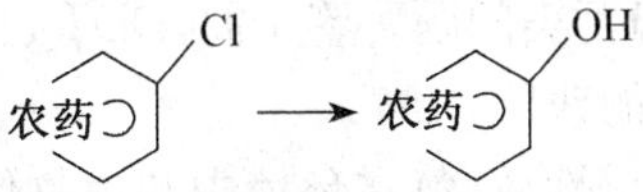

农药 ⬡—Cl ⟶ 农药 ⬡—OH

⑤ 脱烃作用　脱烃反应可以去除与氧、硫或氮原子连着的烷基。

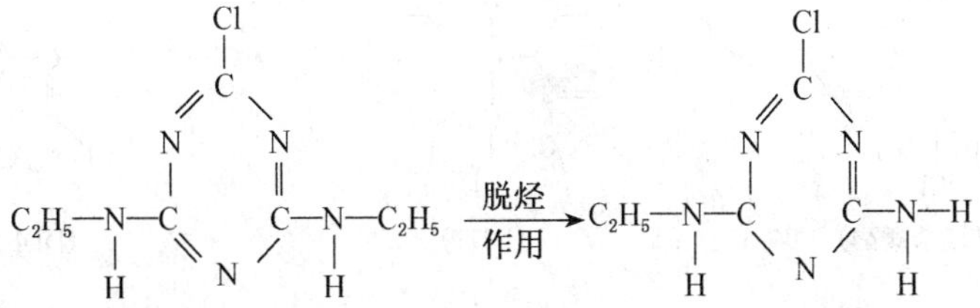

（三嗪类结构式）经脱烃作用生成相应产物的反应式

⑥ 环的断裂　首先是单加氧酶催化作用加上一个—OH基，再由二加氧酶的催化作用使环打开，它是芳香烃农药最后降解的决定性步骤。

⑦ 缩合作用　这是农药分子与其他分子结合反应，可以使农药失去活性。

环境中的农药的降解是由以上的各种途径的一种或多种完成的。现就一些典型的农药降解途径作一具体说明。

① 苯氧乙酸的生物降解

苯氧乙酸是一大类除草剂，其中的2,4-D乙酯的生物降解途径如图5-9所示。其他此类农药的降解途径与其类同。

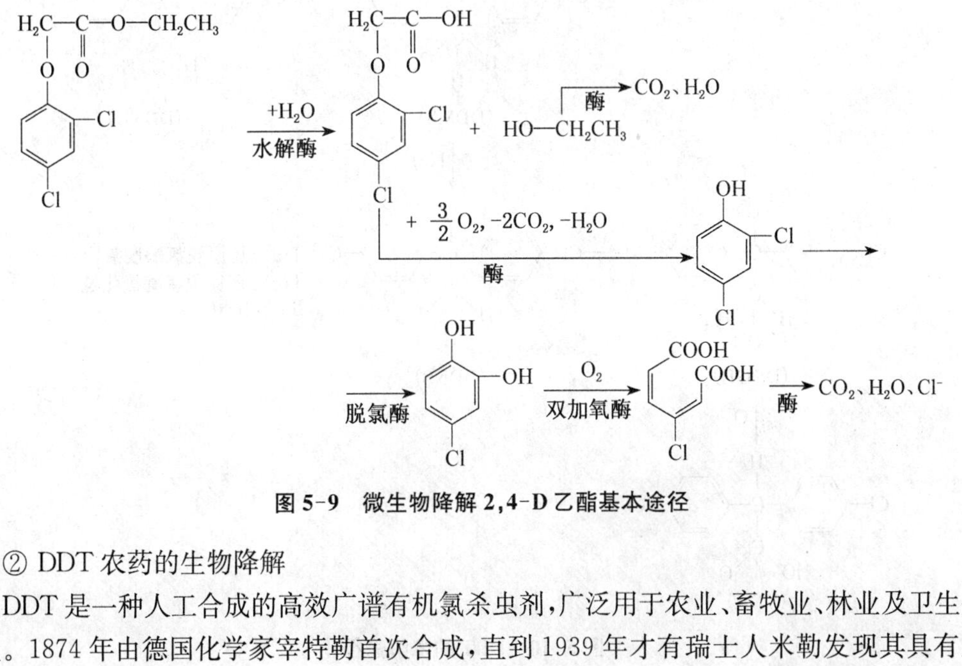

图 5-9　微生物降解 2,4-D 乙酯基本途径

② DDT 农药的生物降解

DDT 是一种人工合成的高效广谱有机氯杀虫剂，广泛用于农业、畜牧业、林业及卫生保健事业。1874 年由德国化学家宰特勒首次合成，直到 1939 年才有瑞士人米勒发现其具有杀虫性能。第二次世界大战后,其作为强力杀虫剂在世界范围内广泛的使用,为农业丰产和预防传染疾病等方面作出了重大贡献。

人们一直以为 DDT 之类的有机氯农药是低毒安全的,后来发现它的理化性质稳定,在食品和自然界中可以长期残留,在环境中通过食物链能大大浓集;进入生物体后,因脂溶性强,可长期在脂肪组织中蓄积。因此,对使用有机氯农药所造成的环境污染和对人体健康的潜在危险才日益引起人们的重视。此外,由于长期使用,一些虫类对其产生了抗药性,导致使用剂量越来越大。造成了全球性的环境污染问题。鉴于此,DDT 已经被包括我国在内的许多国家禁止使用,但在环境中仍然有大量的残留。

DDT 虽然有较为稳定的理化性质,氮在环境中和生物体内仍然可以进行生物降解,其降解途径如图 5-10 所示。

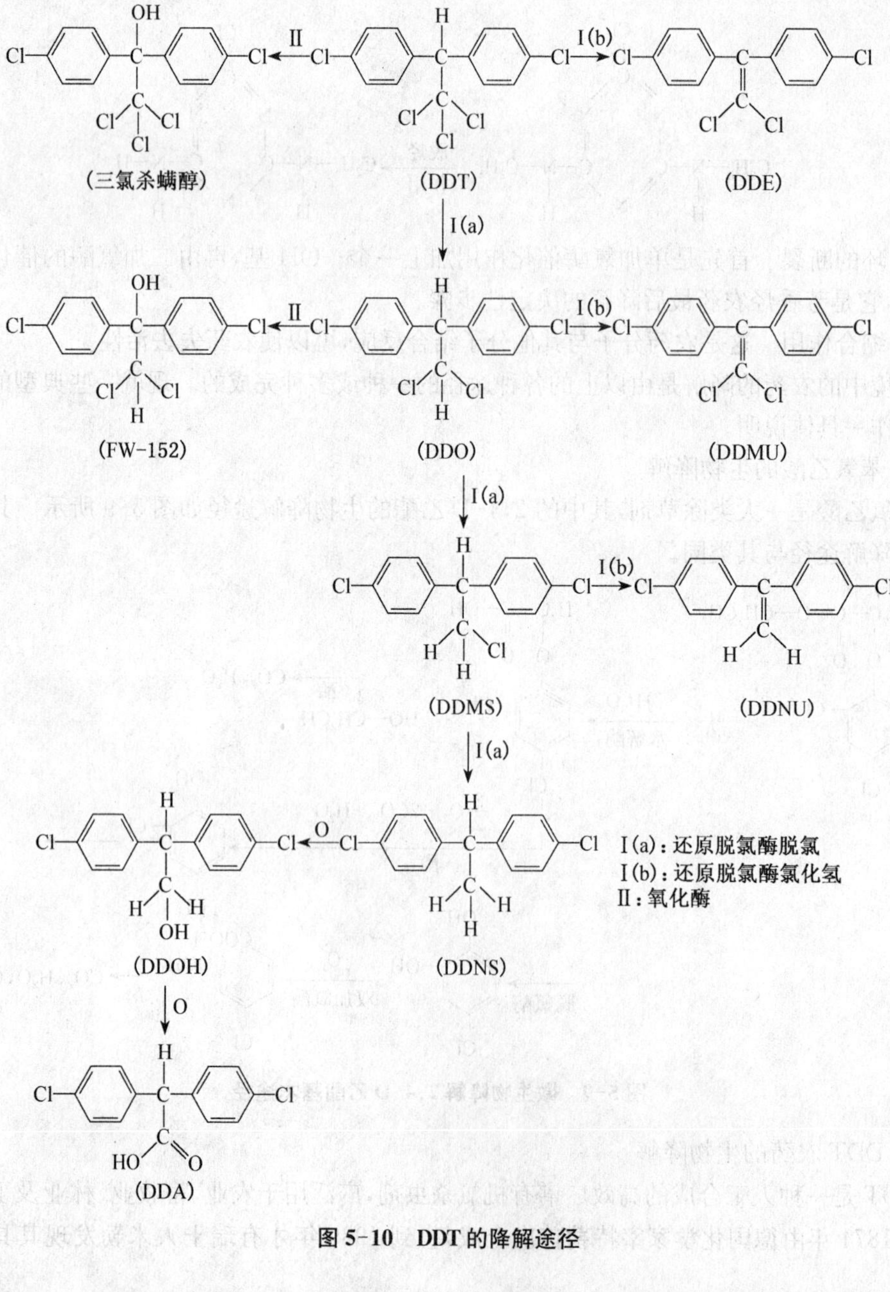

图 5-10　DDT 的降解途径

5.4.4　微生物对重金属元素的转化作用

1. Hg 的微生物降解

汞在环境中的存在形态有金属汞、无机汞和有机汞化合物三种,各形态的汞一般具有毒性。但毒性大小不同,其毒性大小的顺序可以按无机汞、金属汞和有机汞的顺序递增。烷基汞是已知的毒性最大的汞化合物,其中甲基汞的毒性最大,甲基汞脂溶性大,化学性质稳定,容易被生物吸收,难以代谢消除,能在食物链中逐级传递放大,最后由鱼类进入人体。

汞的微生物转化主要方式是生物甲基化和还原作用。

（1）汞的甲基化

排入水体中的毒性较小的无机汞,在微生物作用下可转化成毒性较大的甲基汞。甲基汞的形成是由于环境中厌氧细菌作用而使无机汞甲基化:

$$Hg^{2+} + 2R—CH_3 \longrightarrow CH_3Hg^+$$
$$\underset{R—CH_3}{\big\downarrow} (CH_3)_2Hg$$

甲基汞是在甲基钴氨素的参与下形成,甲基钴氨素结构式及简式见图 5-11、图 5-12。甲基钴氨素在辅酶作用下反应生成甲基汞。

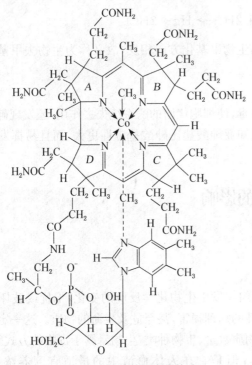

图 5-11　甲基钴氨素结构式

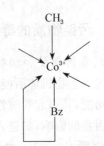

图 5-12　甲基钴氨素简式

汞的完整甲基化途径见图 5-13。

汞不仅可以在微生物的作用下进行甲基化,而且也能在乙醛、乙醇和甲醇的作用下进行甲基化。

（2）还原作用

在水体的底质中还可能存在一类抗汞微生物,能使甲基汞或无机汞变成金属汞。这是微

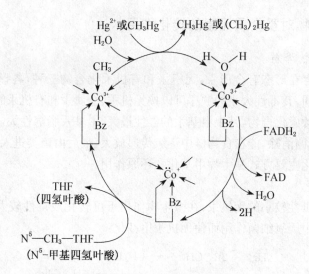

图 5-13　汞的甲基化途径

生物以还原作用转化汞的途径,如:

$$CH_3Hg^+ + 2H \longrightarrow Hg + CH_4 + H^+$$

$$HgCl_2 + 2H \longrightarrow Hg + 2HCl$$

　　汞的还原作用反应方向恰好与汞的生物甲基化方向相反,故又称为生物去甲基化。常见的抗汞微生物是假单胞菌属。

　　2. As 的微生物降解

　　砷能使人与动物的中枢神经系统中毒,使细胞代谢的酶系统失去作用,还发现砷具有致癌作用,因而它是一种毒性很强的元素,已知亚砷酸盐比砷酸盐毒性更大,而且易挥发的甲基胂也对人类有毒害作用。

5.5　环境污染物对人体健康的影响

5.5.1　污染物质的毒性

　　1. 毒物、毒物剂量和相对毒性

　　毒物是进入生物机体后能使体液和组织发生生物化学反应的变化,干扰或破坏生物机体的正常生理功能,并引起暂时性或持久性的病理损害,甚至危及生命的物质。这一定义受到很多的限制性因素的影响,如进入机体的物质数量、生物种类、生物暴露于毒物的方式等。例如,钙是人及生物所必需的一种营养元素,但是它在人体血清中的最适宜营养浓度范围是$90\sim95$ mg/L。如果高于这一范围,便会引起生理病理的反应。血清中的钙的含量过高时,会发生钙过多症,主要症状是肾功能失常;而钙在血清中的含量过低时,又会发生钙缺乏症,引起肌肉痉挛、局部麻痹等。其他一些物质或元素也存在同钙一样的情况。不同的毒物或同一种毒物在不同条件下的毒性不同,影响毒物毒性的因素主要有毒物的化学结构及理化性质、毒物所处的基体因素、机体暴露于毒物的状况、生物因素、生物所处的环境等。其中最重要的是毒物的剂量。

毒物对生物的毒性效应差异很大,定量地来说,这些差异包括能观察到的毒性发作的最低水平,生物体内的一些重要物质,如营养性的矿物质过高或过低都可能有害。以上提到的因素可以用剂量-效应关系来描述,该关系是毒物学最重要的概念之一。图 5-14 给出了一般化的剂量-效应曲线图。

用相同的方式把某一毒物给同一群实验动物投入不同剂量,用累计死亡的百分数对剂量的常用对数作图,就能得到剂量-效应曲线。剂量是一种数量,通常是一种生物体单位体重暴露的毒物的量。效应是暴露某种毒物对有机体反应。为了定义剂量-效应关系式,需要指定一种特别的效应,如生物体的死亡,还要指定效应

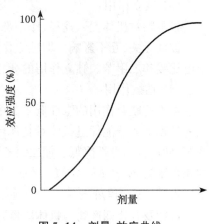

图 5-14　剂量-效应曲线

被观察的条件,如承受剂量的时间长度。图中的 S 形曲线的中间点对应的剂量是杀死 50％目标生物体的统计估计剂量。定义为 LD_{50}。试验生物体死亡 5％和 95％的估计剂量通过在曲线上分别读 5％(LD_5)和 95％(LD_{95})死亡的剂量水平得到。S 形曲线较陡说明 LD_5 和 LD_{95} 的差别不大。

根据一个平均大小的人致命剂量,尝试剧毒物质是致命的。而对于毒性很大的物质,一点毒物的量也许有相同的作用。然而,毒性小的物质也许需要很多才能达到相同的效果。当两种物质存在实质性的 LD_{50} 差异,就说具有较低 LD_{50} 的物质毒性更大。这样的比较必须假定进行比较的两种物质的剂量-效应曲线具有相似的斜率。到现在为止,毒性被描述为极端作用,即有机体的死亡。但是,大多数情况下,较低的毒害作用表现得更为明显。一种毒物的剂量-效应能被建立,通过逐渐加大剂量,从无作用到有作用、有害,甚至致死量的水平。该曲线的斜率小表明该毒物具有较宽的有效剂量范围。

2. 毒物的联合作用

在实际环境中往往同时存在着多种污染物质,这些污染物对有机体同时产生的毒性,不同于其中任何一种毒物单独对生物体的毒害作用。两种或两种以上的毒物同时作用于机体所产生的综合毒性称为毒物的联合作用。毒物的联合作用主要包括协同作用、相加作用、独立作用和拮抗作用。下面以死亡率作为毒性指标分别进行讨论,假设两种毒物单独作用的死亡率分别为 M_1 和 M_2,联合作用的死亡率为 M。

(1) 协同作用

毒物联合作用的毒性,大于其中各个毒物成分单独作用毒性的总和。在协同作用中,其中某一种毒物成分能促进机体对其他毒物成分的吸收、降解受阻、排泄的延迟、蓄积增加或产生高毒代谢物等,使混合物的毒性增加。如四氯化碳和乙醇、臭氧与硫酸气溶胶等。协同作用的死亡率为 $M_1 + M_2 < M$。

(2) 相加作用

毒物的联合作用的毒性,等于其中各毒物成分单独作用毒性的总和。在相加作用中各毒物成分均可以按比例取代另一种毒物成分,而混合物毒性均无改变。当各毒物的化学结构相近、性质相似、对机体作用的部位及机理相同时,它们的联合作用结果往往呈现毒性相加作用。如丙烯腈和乙腈、稻瘟净和乐果等。相加作用的死亡率为 $M_1 + M_2 = M$。

（3）独立作用

各毒物对机体侵入途径、作用部位、作用机理等均不相同,因而联合作用中各毒物生物学效应彼此无关、互不影响。即独立作用的毒性低于相加作用,但高于其中单项毒物毒性。例如苯巴比妥和二甲苯。独立作用的死亡率为 $M = M_1 + M_2(1 - M_1)$。

（4）拮抗作用

毒物的联合作用的毒性低于其中各毒物成分单独作用毒性的总和。在拮抗作用中,其中某一种毒物成分能促进机体对其他毒物成分的降解加速、排泄加速、吸收减少或产生低毒代谢物等,使混合物毒性降低。如二氯乙烷和乙醇,亚硝酸和氰化物,硒和汞,硒和镉等。拮抗作用的死亡率为 $M_1 + M_2 > M$。

3. "三致"作用

毒物及其代谢产物与机体靶器官的受体之间的生物化学反应及其机制,是毒作用的启动过程,在毒理学和毒理化学中占重要的地位。毒作用的生化反应及机制内容很多,下面我们就"三致"作用作一简单介绍。

"三致"作用即是指因环境因素引起的致癌作用、致畸作用和致突变作用。下面分别加以讲述。

（1）致突变作用

致突变就是使父本或母本配子细胞中的脱氧核糖核酸(DNA)结构发生根本变化,这种突变可遗传给后代。具有致突变作用的污染物质称为致突变物。致突变作用分为基因突变和染色体突变两种。突变的结果不是产生了与意图不符的酶,就是导致酶的基本功能完全丧失。突变可以使个体生物之间产生差异,有利于自然选择和最终形成最适宜生存的新物种。然而大多数的突变是有害的,因此可以引起突变的致突变物受到了特殊的关注。

为了了解突变,我们先来了解一些关于脱氧核糖核酸(DNA)的知识。DNA 是存在于细胞核中的基本遗传物质,DNA 分子是由单糖、胺类和磷酸组成的。单糖即脱氧核糖,其结构是:

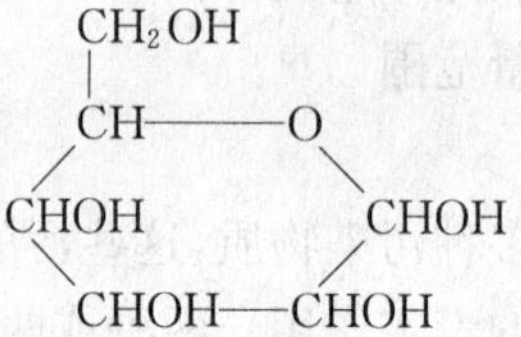

$$
\begin{array}{c}
CH_2OH \\
| \\
CH\!-\!\!-\!\!O \\
| \qquad\qquad \\
CHOH \qquad CHOH \\
| \qquad\qquad | \\
CHOH\!-\!\!-\!\!CHOH
\end{array}
$$

DNA 包含的四种胺均呈环状,叫做腺嘌呤(A)、鸟嘌呤(G)、胞嘧啶(C)和胸腺嘧啶(T)。如图 5-15 所示。

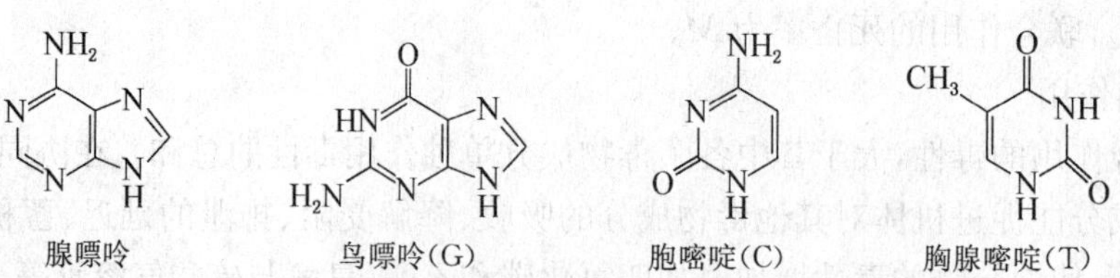

腺嘌呤 　　鸟嘌呤(G) 　　胞嘧啶(C) 　　胸腺嘧啶(T)

图 5-15　DNA

如果 DNA 中脱氧核糖被核糖所代替,胸腺嘧啶被尿嘧啶所代替(图 5-16),可得到一种与 DNA 密切相关的物质即核糖核酸(RNA),其功能是协同 DNA 合成蛋白质。

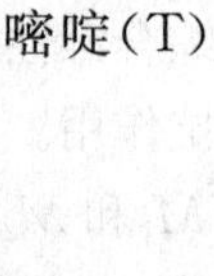

图 5-16　尿嘧啶

基因突变是 DNA 碱基对的排列顺序发生改变。包括碱基对的转换、颠倒、插入和缺失四种类型。如图 5-17 所示。

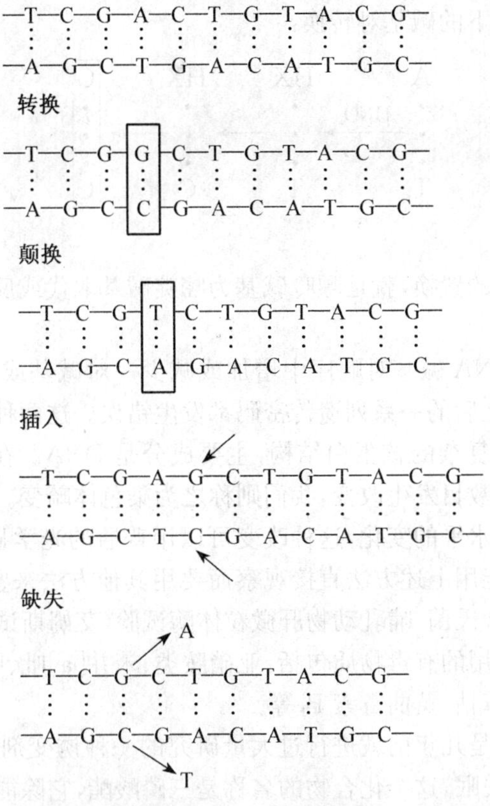

—T—C—G—A—C—T—G—T—A—C—G—
　⋮　⋮　⋮　⋮　⋮　⋮　⋮　⋮　⋮　⋮　⋮
—A—G—C—T—G—A—C—A—T—G—C—

转换

—T—C—G—[G]—C—T—G—T—A—C—G—
　⋮　⋮　⋮　　　⋮　⋮　⋮　⋮　⋮　⋮
—A—G—C—[C]—G—A—C—A—T—G—C—

颠换

—T—C—G—[T]—C—T—G—T—A—C—G—
　⋮　⋮　⋮　　　⋮　⋮　⋮　⋮　⋮　⋮
—A—G—C—[A]—G—A—C—A—T—G—C—

插入

—T—C—G—A—G—C—T—G—T—A—C—G—
　⋮　⋮　⋮　⋮　⋮　⋮　⋮　⋮　⋮　⋮
—A—G—C—T—C—G—A—C—A—T—G—C—

缺失

　　　　　　　　A
—T—C—G—C—T—G—T—A—C—G—
　⋮　⋮　⋮　⋮　⋮　⋮　⋮　⋮
—A—G—C—G—A—C—A—T—G—C—
　　　　　　T

A：腺嘌呤　　G：鸟嘌呤　　T：胸腺嘧啶　　C：胞嘧啶

图 5-17　基因突变的类型

转换是同种类型的碱基对之间的置换，即嘌呤碱被另一种嘌呤碱取代，嘧啶碱被另一种嘧啶碱取代。如亚硝酸可以使带氨基的碱基 A、G 和 C，脱氨而变成带酮基的碱基，如图 5-18 所示。

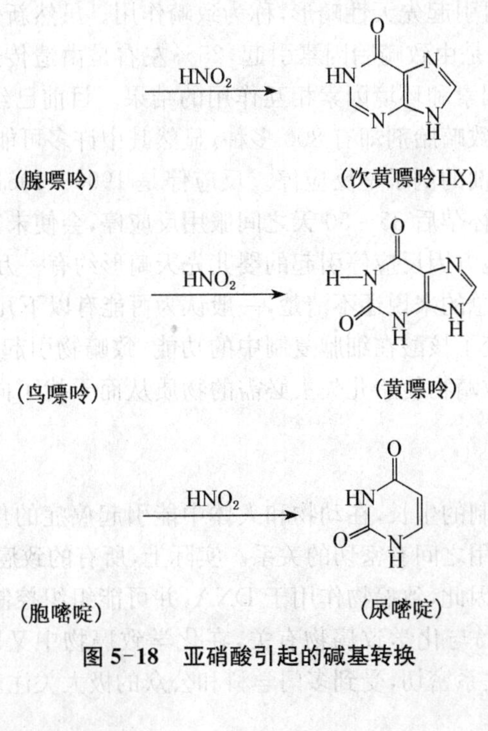

（腺嘌呤）　　$\xrightarrow{HNO_2}$　　（次黄嘌呤HX）

（鸟嘌呤）　　$\xrightarrow{HNO_2}$　　（黄嘌呤）

（胞嘧啶）　　$\xrightarrow{HNO_2}$　　（尿嘧啶）

图 5-18　亚硝酸引起的碱基转换

于是可以引起一种如下的碱基对转换：

$$A \xrightarrow{HNO_2} HX \rightarrow HX \rightarrow \boxed{G}$$
$$\vdots \qquad\qquad \vdots \qquad\quad \vdots \qquad\quad \vdots$$
$$T \qquad\qquad T \qquad\quad C \qquad\quad \boxed{C}$$

其中，HX 为次黄嘌呤。

颠倒是异型碱基之间的置换，就是嘌呤碱基为嘧啶碱基取代或反之，颠倒和转换统称为碱基置换。

插入和缺少分别是 DNA 碱基对顺序中增加或减少一对碱基或几对碱基，是遗传代码格式发生改变，自该突变点之后的一系列遗传密码都发生错误。这两种突变统称为移码突变。

细胞内染色体是一种复杂的核蛋白结构，主要成分是 DNA。在染色体上排列着很多基因。如果染色体的结构和数目发生改变，我们则称之为染色体畸变。

染色体畸变属于细胞水平的变化，这种改变可以用普通的光学显微镜直接观察。基因突变属分子水平的变化，不能用上述方法直接观察而要用其他方法来鉴定。一个常用的鉴定基因突变的实验，是鼠伤寒沙氏菌-哺乳动物肝微粒体酶试验（艾姆斯试验）。

常见的具有致突变作用的有毒物质包括：亚硝胺类、苯并[a]芘、甲醛、苯、砷、铅、烷基汞化物、甲基硫磷、敌敌畏、百草枯、黄曲霉素 B_1 等。

最典型的致突变物质是几年前就进行过大量研究的一种诱变剂"三联体"，是一种阻燃化学品，过去用于治疗小儿失眠，这个化合物的名称是三磷酸酯，它除能致突变外，还能引起癌变和实验动物不育症。

（2）致畸作用

具有致畸作用的有毒物质称为致畸物，人或动物胚胎发育过程中由于各种原因所形成的形态结构异常，称为先天性畸形或畸胎。遗传因素、物理因素、化学因素、生物因素、母体营养缺乏、营养分泌障碍等都可引起先天性畸形，称为致畸作用。虽然新生儿中有些具有先天性缺陷，但其中只有 5%～10% 是由致畸胎因素引起，25%左右是由遗传造成的，其他 60%～65% 原因不明，可能是由遗传因素和环境因素相互作用的结果。目前已经确认，有 25 种化学物质是人类致畸胎剂。但动物致畸胎剂却有 800 多种，显然其中许多可能是人类的致畸胎剂。

最有名的人类致畸胎剂的例子是反应停。反应停是 1960—1961 年在欧洲和日本广泛使用过的镇静安眠药。若在怀孕后 35～50 天之间服用反应停，会使未完全发育的胎儿长出枝状物。在日本、欧洲和其他地方因反应停引起的婴儿先天畸形约有一万例。

致畸作用的生化机制总的来说还不清楚，一般认为可能有以下几种：致畸物干扰生殖细胞遗传物质的合成，从而改变了核酸在细胞复制中的功能；致畸物引起染色体数量缺少或增多；致畸物抑制了酶的活性；致畸物使胎儿失去必需的物质从而干扰了向胎儿的能量供给或改变了胎盘细胞壁的通透性。

（3）致癌作用

癌就是体细胞失去控制的生长，在动物和人体中能引起癌症的化学物质叫致癌物。通常认为致癌作用与致突变作用之间有密切的关系。实际上，所有的致癌物都是致突变剂，但尚未证实它们之间能够互变。因此，致癌物作用于 DNA，并可能组织控制细胞生长物的合成。据估计，人类癌症 80%～90% 与化学致癌物有关，在化学致癌物中又以合成化学物质为主，因此，化学品与人类癌症的关系密切，受到多门学科和公众的极大关注。

化学致癌物的分类方法很多,根据性质划分可以分为化学性致癌物、物理性致癌物(如 X 射线、放射性核素氡)和生物性致癌物(如某些致癌病毒)。按照对人和动物致癌作用的不同,可以分为确证致癌物、可疑致癌物和潜在致癌物。确证致癌物是经人群流行病调查和动物试验均已证实确有致癌作用的化学物质;可疑致癌物是已确定对实验动物致癌作用,而对人致癌性证据尚不充分的化学物质;潜在致癌物是对实验动物致癌,但无任何资料表明对人有致癌作用的化学物质。目前确定为动物致癌的化学物达到 3 000 多种,认为对人类有致癌作用的化学物有 20 多种,如苯并[a]芘、二甲基亚硝胺等。根据化学致癌物的作用机理可以分为遗传性致癌物和非遗传性致癌物。遗传性致癌物细分为:直接致癌物,即能直接与 DNA 反应引起 DNA 基因突变的致癌物,如双氯甲醚;间接致癌物,它们不能与 DNA 反应,而需要机体代谢活化转变,经过近致癌物至终致癌物,才能与 DNA 反应导致遗传密码的修改,如苯并[a]芘、二甲基亚硝胺、砷及其化合物等。

非遗传致癌物不与 DNA 反应,而是通过其他机制,影响或呈现致癌作用的物质。包括促癌物,可以使已经癌变的细胞不断增殖而形成瘤块,如巴豆油中的巴豆醇二酯、雌性激素己烯雌酚等。助致癌物可以加速细胞癌变和已癌变细胞增殖成瘤块,如二氧化硫、乙醇、十二烷、石棉、塑料、玻璃等。此外还有其他种类的化合物,如铬、镍、砷等若干种单质及其无机化合物对动物是致癌的,有的对人也是致癌的。

化学致癌物的致癌机制非常复杂,仍在研讨之中。关于遗传性致癌物的致癌机制,一般认为有两个阶段:第一是引发阶段,即致癌物与 DNA 反应,引起基因突变,导致遗传密码改变。第二是促长阶段,主要是突变细胞改变了遗传信息的表达,增殖成为肿瘤,其中恶性肿瘤还会向机体其他部位扩展。

5.5.2 有毒重金属对人体健康的影响

有毒重金属对人体健康的影响可以通过两种形态——化合态和元素态实现。下面我们主要介绍一些毒性最大的重金属。

(1) 镉(Cd) 镉对几种重要的酶有负面影响;也能导致骨骼软化和肾损害。吸入镉氧化物尘埃或烟雾将导致镉肺炎,特征是水肿和肺上皮组织坏死。

(2) 铅(Pb) 铅分布广泛,形态有金属铅、无机化合物和金属有机化合物,有多种毒性效应,包括抑制血红素的合成,对中央和外围神经系统以及肾有负面效应。其有毒效应已被广泛研究。

(3) 铍(Be) 铍是一种毒性很强的元素,它最严重的毒性是铍中毒,即肺纤维化和肺炎。这种疾病能潜伏 5~20 年。铍是一种感光乳剂增感剂,暴露其中将导致皮肤肉芽肿病和皮肤溃烂。

(4) 汞(Hg) 汞能通过呼吸进入体内,通过血液循环进入脑组织。汞破坏脑代谢过程导致颤动和精神病理特征,如胆怯、失眠、消沉和易怒等。Hg^{2+} 损害肾脏,有机金属汞化合物如二甲基汞,毒性也很大。

5.5.3 有毒有机物对人体健康的影响

(1) 烷烃

气态的甲烷、乙烷、丙烷、正丁烷和异丁烷被看成是简单的窒息剂,同空气混合减少了吸入空气中的氧气。与烷烃有关的最常见职业病是皮炎。由皮肤脂肪部分分解引起,表现为发炎、干燥和鳞状皮肤。吸入 5~8 个碳的直链或直链烷烃蒸气会导致中枢神经系统消沉,表现为头昏眼花和失去协调性。暴露在正己烷和环己烷将引起髓磷脂的丧失以及神经细胞轴突的衰退。这导致了神经系统多种失调,包括肌肉虚弱以及手脚感觉功能的削弱。在体内正己烷代谢为2,5-己二酮。这种第一类反应的氧化产物能在暴露个体的尿液中观察到,被用作暴露正己烷的生物指示。

（2）烯烃和炔烃

乙烯(C_2H_4)是一种广泛使用的气体,无色、略有芳香味,表现为简单窒息剂以及对动物有麻醉和对植物有毒害作用。丙烯(C_3H_6)的毒理性质与乙烯相似。无色无味的1,3-丁二烯对眼睛和呼吸道黏膜有刺激性;在高浓度烯情况下,能导致失去知觉甚至死亡。乙炔(C_2H_2)是无色有大蒜味的气体,它表现为窒息作用和致幻作用,导致头疼、头昏眼花以及胃部干扰。这些效应中的某些可能是因为在商用产品中含有杂质。

（3）苯

吸入体内的苯很容易被血液吸收,脂肪组织从血液中很强地吸收苯。苯具有独特的毒性,可能主要是由反应中生成的活泼短寿期的环氧化物引起的。苯能刺激皮肤,逐渐的较高浓度局地暴露能导致皮肤红斑、水肿和水泡等疾病。在1小时内吸入含7 g/m³苯的空气将导致严重中毒,对中枢神经系统有致幻作用,逐渐表现为激动、消沉、呼吸停止以及死亡。吸入含60 g/m³苯空气,几分钟就能致死。长期暴露在低浓度苯环境中导致不规则的症状,包括疲劳、头疼和食欲不振。慢性苯中毒导致血液反常,包括白细胞降低、血液中淋巴细胞反常增加、贫血等,以及损害骨髓。苯还可以导致白血病和癌症的发生。

（4）甲苯

甲苯是无色液体,毒性中等,通过吸入或摄取进入体内;皮肤暴露的毒性低。低剂量的甲苯可引起头疼、恶心、疲乏以及协调性降低。大剂量的暴露能引起致幻效应,从而导致昏迷。

（5）萘

萘与苯的情况类似,萘的暴露能导致贫血,红细胞数、血色素和血细胞显著减少,尤其对于那些有先天遗传的易感人群。萘对皮肤有刺激性,对易感人群会引起严重的皮炎。吸入或摄取萘会引起头疼、混淆和呕吐。在严重中毒的情况下,会因肾衰竭而死亡。

（6）多环芳烃

多环芳烃大部分被认为是致癌物质,最典型的多环芳烃是苯并[a]吡,如图5-19所示。

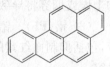

图 5-19　苯并[a]吡

（7）醇类

由于工业品和日常消费品广泛使用,人们暴露于甲醇、乙醇和乙二醇很普遍。甲醇能导致多种中毒效应,发生事故或作为饮料乙醇代用品摄入,在代谢过程中氧化成甲醛和甲酸。除导致酸毒症外,这些产物还影响中枢神经系统和视觉神经。急性暴露致命剂量起始表现为轻微醉意,然后是昏迷、心跳减缓、死亡;亚致命暴露能使视觉神经系统和视网膜中心细胞退化从而导致失明。

乙醇通常通过胃和肠摄取,但也易以蒸气形式被肺泡吸收。乙醇在代谢中氧化比甲醇快,先氧化成乙醛,然后是二氧化碳。乙醇有多种急性效应,源于中枢神经系统消沉。乙醇达到一定浓度时会出现昏睡和陶醉,超过一定浓度时将会导致死亡。乙醇也有很多慢性效应,最突出的是酒精上瘾和肝硬化。

乙二醇可以刺激中枢神经系统,使之消沉。还能导致酸血症。

（8）苯酚

苯酚被广泛用作伤口和外科手术的消毒剂,是一种原形质的毒物,能杀死所有种类的细胞。自从被广泛使用以来已经导致了惊人的中毒事件。苯酚的急性中毒主要是对中枢神经系统的作用,暴露一个半小时就会致死。苯酚急性中毒能导致严重的肠胃干扰、肾功能障碍、循环系统失调、肺水肿以及痉挛。苯酚的致命剂量可以通过皮肤吸收达到。慢性苯酚暴露损害关键器官包括脾脏、胰腺和肾脏。其他酚类的毒理效应与苯酚类似。

（9）醛和酮

醛和酮是含有羰基的化合物。醛类最重要的是甲醛。甲醛是一种辛辣令人窒息气味的无色气体;常见的是被称为福尔马林的商品,含少量的甲醇。吸入暴露是因为由呼吸道吸入甲醛蒸气,其他暴露通常是因为福尔马林。连续长时间的甲醛暴露能引起过敏。对呼吸道和消化道黏膜有严重的刺激。动物实验发现甲醛可导致肺癌。甲醛的毒性主要是因为其代谢产物甲酸。

酮类比醛类的毒性小。丙酮是一种致幻剂,可以通过溶解于皮肤的脂肪导致皮炎;甲基乙基酮的毒性效应了解不多,被怀疑是导致鞋厂工人神经失调的原因。

（10）羧酸

甲酸是一种相当强的酸,对组织有腐蚀性;尽管含有 $4\%\sim6\%$ 的乙酸的醋是许多食物的调味品,接触乙酸(冰醋酸)对组织腐蚀性极强;摄入或皮肤接触丙烯酸能使组织严重受损。

（11）醚

一般醚类化合物毒性相对较低,因为含有活性较低的醚键(C—O—C),其中 C—O 键不易断裂。挥发性的乙醚暴露通常是吸入的,进入体内的乙醚约 80% 不能代谢而通过非代谢排出体外。乙醚能使中枢神经消沉,是一种镇静剂,被广泛用作外科手术的麻醉剂,低剂量的乙醚能催眠、发醉和昏迷,高剂量将会导致失去意识和死亡。

（12）硝基化合物

最简单的硝基化合物是硝基甲烷,为油状液体,能导致厌食、腹泻、恶心和呕吐,损害肾脏和肝脏。硝基苯为浅黄色油状液体,能通过各种途径进入体内。其中毒作用与苯胺类似,把血红细胞转换成高血蛋白,使之失去载氧能力。

其他的有机有毒物质例如卤代烷烃、卤代烯烃、有机硫化合物、有机磷化合物等,我们就不在此一一论述。

本 章 小 结

本章主要讲述了污染物质在生物体内的迁移转化过程,包括有关生物学的基础知识,有机污染物质、重金属的生物迁移和转化过程以及有毒物质的作用机理及其危害。

习　题

1. 剂量-效应曲线中 LD_{50} 的含义是什么?

2. 什么是毒物的联合作用? 包括哪些?

3. 重金属元素中毒有什么特点?

4. 酶的哪两个特征既决定酶的功能又易为有毒物质改变?

5. DNA 是什么物质? 有毒物质作用于 DNA 会产生什么严重后果?

6. 简要说明下列名词或概念:生物浓缩倍数;生物积累;生物放大;生物蓄积;生物富

集；酶、辅酶、底物；致突变作用。

阅读材料

毒物对人体健康的影响

1. 有毒重金属对人体健康的影响

有毒重金属对人体健康的影响可以通过化合态和元素态实现。下面我们主要讲述一些毒性较大的重金属。

(1) 镉(Cd)

镉对几种重要的酶有负面影响；也能导致骨骼软化和肾损害。吸入镉氧化物尘埃或烟雾将导致镉肺炎，特征是水肿和肺上皮组织坏死。

(2) 铅(Pb)

铅分布广泛，形态有金属铅、无机化合物和金属有机化合物，有多种毒性效应。包括抑制血红素的合成；对中央和外围神经系统以及肾有负面效应。其有效毒效应已被广泛研究。

(3) 铍(Be)

铍是一种毒性很强的元素，它最严重的毒性是铍中毒，即肺纤维化和肺炎。这种疾病能潜伏 5～20 年。铍是一种感光乳剂增感剂，暴露其中将导致皮肤肉芽肿病和皮肤溃烂。

(4) 汞(Hg)

汞能通过呼吸进入体内，通过血液循环进入脑组织渗透血-脑屏障。汞破坏脑代谢过程导致颤动和精神病理特征。如胆怯、失眠、消沉和易怒等。二价汞离子 Hg^{2+} 损害肾脏。有机金属汞化合物如二甲基汞，毒性也很大。

2. 有毒有机物对人体健康的影响

(1) 烷烃

气态的甲烷、乙烷、丙烷、正丁烷和异丁烷被看成是简单的窒息剂，同空气混合减少了吸入空气中的氧气。与烷烃有关的最常见职业病是皮炎。由皮肤脂肪部分分解引起，表现为发炎、干燥和鳞状皮肤。吸入 5～8 个碳的直链或直链烷烃蒸气会导致中枢神经系统消沉，表现为头昏眼花和失去协调性。暴露在正己烷和环己烷将引起髓磷脂的丧失以及神经细胞轴突的衰退。这导致了神经系统多种失调，包括肌肉虚弱以及手脚感觉功能的消弱。在体内正己烷代谢为 2,5-己二酮。这种第一类反应的氧化产物能在暴露个体的尿液中观察到，被用作暴露正己烷的生物指示。

(2) 烯烃和炔烃

乙烯(C_2H_4)是一种广泛使用的气体，无色、略有芳香味，表现为简单窒息作用以及对动物有麻醉和对植物有毒害作用。丙烯(C_3H_6)的毒理性质与乙烯相似。无色无味的 1,3-丁二烯对眼睛和呼吸道黏膜有刺激性，在高浓度情况下，能导致失去知觉甚至死亡。乙炔(C_2H_2)是无色有大蒜味的气体，它表现为窒息作用和致幻作用，导致头疼、头昏眼花以及胃部干扰。这些效应中的某些可能是因为在商用产品中含有杂质。

(3) 苯

吸入体内的苯很容易被血液吸收，脂肪组织从血液中很强地吸收苯。苯具有独特的毒性，可能主要是由反应中生成的活泼短寿期的环氧化物引起的。苯的毒性包括对骨髓的损害。苯能刺激皮肤，逐渐的较高浓度局地暴露能导致皮肤红斑、水肿和水泡等疾病。在 1 小时内吸入

含 $7 g/m^3$ 苯的空气将导致严重中毒,对中枢神经系统有致幻作用,逐渐表现为激动、消沉、呼吸停止以及死亡。吸入含 $60 g/m^3$ 苯空气,几分钟就能致死。长期暴露在低浓度苯环境中导致不规则的症状,包括疲劳、头疼和食欲不振。慢性苯中毒导致血液反常,包括白细胞降低、血液中淋巴细胞反常增加、贫血等,以及损害骨髓。苯还可以导致白血病和癌症的发生。

(4) 甲苯

甲苯是无色液体,毒性中等,通过吸入或摄取进入体内;皮肤暴露的毒性低。低剂量的甲苯可引起头疼、恶心、疲乏以及协调性降低。大剂量的暴露能引起致幻效应,从而导致昏迷。

(5) 萘

萘与苯的情况类似,萘的暴露能导致贫血、红细胞数、血色素和血细胞显著减少,尤其对于那些有先天遗传的易感人群。萘对皮肤有刺激性,对易感人群会引起严重的皮炎。吸入或摄取萘会引起头疼、混淆和呕吐。在严重中毒的情况下,会因肾衰竭而死亡。

(6) 多环芳烃

多环芳烃大部分被认为是致癌物质,最典型的多环芳烃是苯并(a)芘。

(7) 醇类

由于工业品和日常消费品广泛使用,人们暴露在甲醇、乙醇和乙二醇的情况很普遍。甲醇能导致多种中毒效应,发生事故或作为饮料乙醇代用品摄入,在代谢过程中氧化成甲醛和甲酸。除导致酸毒症外,这些产物影响中枢神经系统和视觉神经。急性暴露致命剂量起始表现为轻微醉意,然后是昏迷、心跳减缓、死亡。亚致命暴露能使视觉神经系统和视网膜中心细胞退化从而导致失明。

乙醇通常通过胃和肠摄取,但也易以蒸气形式被肺泡吸收。乙醇在代谢中氧化比甲醇快,先氧化成乙醛,然后是二氧化碳。乙醇有多种急性效应,源于中枢神经系统消沉。乙醇达到一定浓度时会出现昏睡和陶醉,超过一定浓度时将会导致死亡。乙醇也有很多慢性效应,最突出的是酒精上瘾和肝硬化。

乙二醇可以刺激中枢神经系统,使之消沉,还能导致酸血症。

(8) 苯酚

苯酚广泛地被用作伤口和外科手术的消毒剂,是一种原形质的毒物,能杀死所有种类的细胞。自从被广泛使用以来已经导致了许多中毒事件。苯酚的急性中毒主要是对中枢神经系统的作用,暴露一个半小时就会致死。苯酚急性中毒能导致严重的肠胃干扰、肾功能障碍、循环系统失调、肺水肿以及痉挛。苯酚的致命剂量可以通过皮肤吸收达到。慢性苯酚暴露损害关键器官主要是脾脏、胰腺和肾脏。其他酚类的毒理效应与苯酚类似。

(9) 醛和酮

醛和酮是含有羰基(C=O)的化合物。醛类最重要的是甲醛。甲醛是一种有辛辣令人窒息气味的无色气体;常见的是被称为福尔马林的商品,含少量的甲醇。吸入暴露是因为由呼吸道吸入甲醛蒸气。连续长时间的甲醛暴露能引起过敏。对呼吸道和消化道黏膜有严重的刺激。动物实验发现甲醛可导致肺癌。甲醛的毒性主要是因为其代谢产物甲酸。

酮类比醛类的毒性小。愉快气味的丙酮是一种致幻剂,可以通过溶解于皮肤的脂肪导致皮炎。甲基乙基酮的毒性效应了解不多,被怀疑是导致鞋厂工人神经失调的原因。

(10) 羧酸

甲酸是一种相当强的酸,对组织有腐蚀性。尽管含有 $4\%\sim6\%$ 的乙酸的醋是许多食物的调味品,接触乙酸(冰醋酸)对组织腐蚀性极强。摄入或皮肤接触丙烯酸能使组织严重受损。

（11）醚

一般醚类化合物毒性相对较低，因为含有活性较低的醚键（C—O—C），其中 C—O 键不易断裂。挥发性的乙醚暴露通常是吸入的，进入体内的乙醚约 80% 不能代谢而通过呼吸道排出体外。乙醚能使中枢神经消沉，是一种镇静剂，被广泛用作外科手术的麻醉剂，低剂量的乙醚能催眠、发醉和昏迷，然而高剂量将会导致失去意识和死亡。

（12）硝基化合物

最简单的硝基化合物是硝基甲烷，为油状液体，能导致厌食、腹泻、恶心和呕吐，损害肾脏和肝脏。硝基苯为浅黄色油状液体，能通过各种途径进入体内。其中毒作用与苯胺类似，把血红细胞转换成高血蛋白，使之失去载氧能力。

参考文献

［1］陶秀成，宫世国，邵明望，等. 环境化学. 合肥：安徽大学出版社，1999.

［2］何遂源，金云云，何方，等. 环境化学. 3 版. 上海：华东理工大学出版社，2000.

［3］王晓蓉. 环境化学. 南京：南京大学出版社，1993.

［4］戴树桂. 环境化学. 北京：高等教育出版社，1997.

［5］马沛勤，丁秀娟. 环境对基因的作用. 生物学通报：2003(4).

［6］王红云，赵连俊. 环境化学. 北京：化学工业出版社，2004.

6 典型污染物的特性及其在环境 各圈层中的迁移转化

6.1 重金属类污染物

重金属是指对生物有显著毒性和潜在危害的重要污染物,如汞、镉、铅、铬和砷等。它们具有一定毒性且在环境中分布较广,但是重金属元素在环境污染领域中的范围并不太严格。

重金属污染的显著特点是不能或难以被微生物分解,同时生物体可以富集重金属,并且某些重金属和有机物结合,转化为毒性更强的金属有机化合物。目前,最引人们注意和关注的是汞、铅、砷、镉和铬等。

6.1.1 汞

1. 环境中汞的来源及分布

汞在自然界中浓度不大,本底值不高,但分布很广。地球岩石圈内汞的丰度(浓度)为 $0.03\ \mu g/g$。据统计,在耕作土中汞含量约为 $0.03\sim 0.07\ \mu g/g$,在森林土中约为 $0.02\sim 0.10\ \mu g/g$,水体中汞的浓度更低。自 19 世纪随着工业的发展,使得汞的用途越来越广,对汞生产量需求急剧增加,从而使大量汞最终以"三废"的形式进入自然环境。

含汞物质主要来自汞矿物的开采、冶炼及各种汞化合物的生产和应用领域,如冶金、化工、化学制药、仪表制造、电气、造纸、油漆、颜料、纺织、鞣革和炸药等,工业含汞废水及废物都可能成为环境中汞污染的来源。空气中汞主要吸附于颗粒物表面,气相汞最终进入土壤和海底沉积物,形成污染。在天然水体中,汞可以与水中存在的悬浮微粒相结合后通过沉降进入水底,最终形成污染沉积物。

2. 汞及其化合物的性质

与其他重金属相比,汞的主要特点体现在能以零价形态存在于大气、土壤和天然水中。由于汞的电离势很高以及汞及其化合物非常容易挥发,所以汞转化为其他离子的趋势低于其他离子。汞有 0、+1、+2 三种价态,其化合物主要有一价和二价无机汞化合物(如 $HgCl_2$、HgS)以及二价有机汞化合物(如 CH_3Hg^+、$C_6H_5Hg^+$ 等)。与同族元素相比,汞具有以下的特殊性质。

汞及其化合物非常容易挥发。汞的挥发程度与其化合物形态及其在水中的溶解度、表面吸附和大气的相对湿度(RH)等因素密切相关(表 6-1)。

表 6-1 汞化合物的挥发性

化合物	条 件	大气中汞浓度/$(\mu g/m^3)$
硫化物	干空气中,RH≤1%	0.1
	湿空气中,RH≤接近饱和	5.0
氯化物	干空气中,RH≤1%	2.0

续　表

化合物	条件	大气中汞浓度/(μg/m³)
碘化物	干空气中,RH≤1%	150
氟化物	干空气中,RH≤1%	8
	RH＝70%的空气中	200
氯化甲基汞(液)	0.06%的0.1 mol/L的磷酸盐缓冲液中,pH＝5	900
双氰胺甲基汞(液)	0.04%的0.1 mol/L的磷酸盐缓冲液中,pH＝5	140
醋酸苯基汞(固体)	干空气中,RH＜10% RH＝30%的空气中	22 140
硝基苯基汞(固体)	干空气中,RH≤1% 湿空气中,RH饱和	4 27

单质汞是金属元素中唯一在常温下呈液态的金属。由表 6-1 可以看出,无论汞以何种形态存在,都非常容易挥发。一般来讲,有机汞的挥发性大于无机汞,而有机汞中又以甲基汞(CH_3Hg^+)和苯基汞($C_6H_5Hg^+$)的挥发性最大,无机汞中以碘化汞(HgI_2)挥发性最大,硫化汞(HgS)挥发性最小。另外,挥发性随湿度增大而增大。

汞化合物的溶解度差别较大。在 25℃汞元素在纯水中的溶解度为 60 μg/L,在缺氧水体中约为 25 μg/L。汞易与配位体形成配合物。Hg^{2+} 在水体中易形成配位数为 2 或 4 的配合物,同时,Hg_2^{2+} 形成配合物的倾向小于 Hg^{2+}。在天然水中,Hg^{2+} 可与 Cl^- 形成相当稳定的配合物(图 6-1)。

汞能与各种有机配位体形成稳定的配合物。例如,与含硫配位体的半胱氨酸形成稳定性极强的有机汞配合物,与其他氨基酸及含—OH 或—COOH基的配位体形成相当稳定的配合物。此外,汞还能与微生物的生长介质强烈结合,这表明 Hg^{2+} 能进入细菌细胞并生成各种有机配合物。

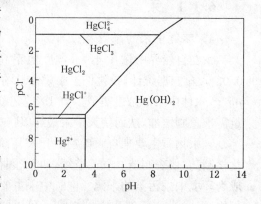

图 6-1　pH 值和 Cl^- 浓度对水体中
Hg 存在形态的影响

如果环境中存在着亲和力更强或者浓度更大的配位体,汞的重金属难溶盐就会发生转化。相关研究数据表明,在 $Hg(OH)_2$ 与 HgS 溶液中,若水体中 Hg 的总浓度为 0.039 mg/L,则当环境中 $[Cl^-]$ ＝ 0.001 mol/L 时,$Hg(OH)_2$ 和 HgS 的溶解度分别增加 44 倍和 408 倍;当 $[Cl^-]$ ＝ 1 mol/L 时,由于高浓度的 Cl^- 与 Hg^{2+} 发生了较强的配合作用,其溶解度分别增加 10^5 倍和 10^7 倍。所以,河流中的汞进入海洋后浓度会发生变化,使得河口沉积物中汞含量明显降低。

另外,汞在环境中的存在和转化与环境(特别是水环境)中的氧化-还原电位 E_h 值和 pH 值有关。从图 6-2 中可以看出,液态汞和某些无机汞化合物如(Hg^{2+}、$Hg(OH)_2$ 等),在较宽的 pH 值和氧化-还原电位条件下是稳定的。

3. 汞的迁移转化与循环

汞的迁移和转化作用主要有以下几点。

(1) 汞的吸附作用

进入生态系统的汞处于吸附和解吸的动态平衡中,这种平衡控制着其在环境中的浓度、活性、生物有效性或毒性在生态系统中的迁移和在食物链中的传递。同时环境因子的类型、组分和性质以及汞本身的化学特性与环境中汞的吸附解吸动态有密切的关系，并直接影响到汞的环境风险。如汞可以和水中的各种胶体进行强烈的吸附反应；汞在土壤中的积累、迁移和转化受制于其在土壤体系中的生物、物理过程和氧化还原、沉淀溶解、吸附解吸、络合螯合和酸碱反应等化学过程。

（2）汞的配合反应

有机汞离子和 Hg^{2+} 可与多种配位体发生配合反应：

$$Hg^{2+} + nX^- \longrightarrow HgX_n^{2-n}$$

$$RHg^+ + X^- \longrightarrow RHgX$$

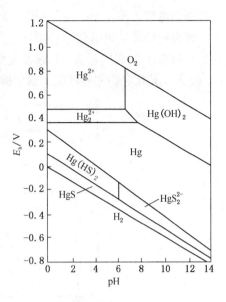

图 6-2　各种形态的汞在水中的稳定范围

（25℃，1.013×10^5 Pa，水中含 36 $\mu g/L$ Cl^- 和 96 $\mu g/L$ 呈 SO_4^{2-} 的硫）

式中，X^- 为任意可提供电子对的配位基，如 Cl^-、Br^-、OH^-、NH_3、CN^- 或 S^{2-} 等；R 为有机基团，如 $-CH_3$、苯基等。另外，S^{2-}、HS^-、CN^- 及含有 $-HS$ 的有机化合物对汞离子的亲和力也很强，形成的化合物很稳定。

（3）汞的甲基化

1953 年日本熊本县水俣湾发现中枢神经性疾病，经过十多年分析研究，确认为由乙醛生产过程中排放的含汞废水造成的，即被称为世界八大环境公害事件之一的水俣病，这是世界上首次出现的重金属污染事件。

汞在特定的条件下（水体、沉积物、土壤及生物体中），可发生汞的甲基化。汞的甲基化产物有一甲基汞和二甲基汞。通过甲基钴氨素进行非生物模拟试验表明，一甲基汞形成速率是二甲基汞形成速率的 6 000 倍。但是在硫化氢存在条件下，可以提高汞的完全甲基化。汞的甲基化反应使汞在环境中的迁移转化变得复杂。

（4）甲基汞脱甲基化与脱汞反应

对有机汞化合物中脱除汞的反应称脱汞反应。汞的甲基化既可以在厌氧条件下发生，也可在好氧条件下发生。试验证明，在某些细菌（如假单胞菌属等）降解作用下，湖底沉积物中的甲基汞可被转化为汞和甲烷，也可将 Hg^{2+} 还原为金属汞：

$$CH_3Hg^+ + 2H \longrightarrow Hg + CH_4 + H^+$$

$$HgCl_2 + 2H \longrightarrow Hg + 2HCl$$

甲基汞脱甲基化反应就是脱汞的途径之一。此外，通过酸解、微生物分解等反应也可脱除有机汞中的汞元素。例如，有机汞和有机汞盐中碳汞键被一元酸解离的反应如下：

$$R_2Hg + 2HX \longrightarrow 2RH + HgX_2$$

式中，X 为 Cl^-、Br^-、I^-、ClO_4^- 或 NO_3^-；R 为有机基团，如甲基、苯基等。

（5）汞的生物效应

由于烷基汞具有高脂溶性，同时其在水生生物体内分解速度很慢，因此，烷基汞比可溶性无机汞的毒性大 10~100 倍。水生生物富集烷基汞能力远大于富集非烷基汞的能力。甲基汞能与许多配位体基团结合,如鱼类对氯化甲基汞的浓缩系数是 3 000,甲壳类可达 100 000 倍。根据对日本水俣病的研究,中毒者发病时头发中汞含量为 200~1 000 μg/g,最低值为 50 μg/g。汞及其化合物在各环境要素中的迁移、转化和循环见图 6-3 和图 6-4。

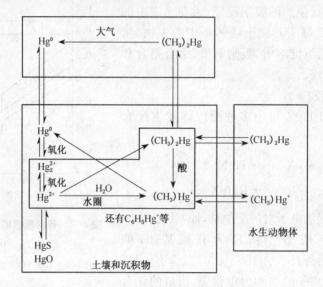

图 6-3　各种化学形态的汞在环境中的存在和迁移

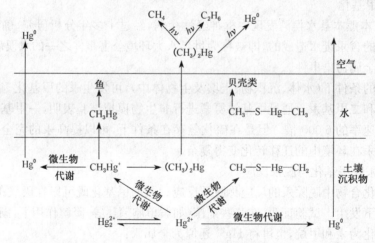

图 6-4　汞循环的可能途径

6.1.2　铅

1. 环境中铅的主要来源及分布

金属铅和铅的化合物很早就被人类广泛应用于社会生活的许多方面。铅的污染来自采矿、冶炼、铅的加工和应用过程。由于石油工业的发展,作为汽油防爆剂使用的四乙基铅所耗用的铅已占铅生产总量的 1/10 以上。汽车排放废气中的铅含量高达 20~50 μg/L,其污染已造成严重公害。空气中的铅浓度较之 300 年前已上升了 100~200 倍。根据对大西洋中海水的分析,其表层含量达 0.2~0.4 μg/L,在 300~800 m 深水处,铅的浓度急剧降低,至 3 000 m

深处,含铅量仅为 0.002 $\mu g/L$。这说明海水表层的铅主要来自空气污染。

2. 铅及其化合物的性质

铅在地球上属分散元素,在地壳中的元素丰度为 13 mg/kg,占第 35 位。铅在岩石、土壤、空气、水体和各环境要素中均有微量分布。

(1) 铅的溶解度很小。在大部分天然水中铅的含量在 0.01～0.1 $\mu g/L$ 之间,水中含铅 0.03 $\mu g/L$。

铅在活泼性顺序中位于氢之上,能缓慢溶解于非氧化性稀酸中;也易溶于稀 HNO_3 中;加热时可溶于 HCl 和 H_2SO_4;有氧存在的条件下,还能溶于乙酸,所以常用乙酸浸取处理含铅矿石。

易溶于水的铅盐有硝酸铅、醋酸铅等。但大多数铅化合物难溶于水、磷酸盐,如硫化物、氢氧化物及硫酸盐等皆为难溶铅盐,它们的溶解度数据如表 6-2 所示。

表 6-2　难溶铅化合物的溶解度

化合物	溶解度/(g/100 g H_2O)	温度/℃	溶度积/Ksp	温度/℃
$PbCO_3$	4.8×10^{-6}	18	3.3×10^{-14}	18
$PbCrO_4$	4.3×10^{-6}	18	1.8×10^{-14}	18
$Pb(OH)_2$	—	—	2.8×10^{-16}	25
$Pb(PO_4)_2$	1.3×10^{-5}	20	1.5×10^{-22}	18
PbS	4.9×10^{-12}	18	3.4×10^{-26}	18
$PbSO_4$	4.5×10^{-3}	18	1.1×10^{-8}	18

(2) 铅有多种价态。在天然水和天然环境中,Pb 常以 +2 价的化合物出现。在简单化合物中,只有少数几种 +4 价铅化合物(如 PbO_2)是稳定的。水环境的氧化-还原条件一般不影响 Pb 的价态发生改变。

(3) 金属性强,共价性低。在许多碳、硅化合物中,相同原子能联结成键,铅则不能,所以含铅有机化合物的数量不多,且有机铅化合物的稳定性也较差,如烷基铅加热时就能分解,这就证明了 C—Pb 间的键力很弱。各种铅有机化合物的稳定程度由分子中有机基团性质和数目决定,一般芳基铅化合物比烷基铅化合物稳定,且随有机基团数增多,稳定性提高。

(4) 含铅的盐类多能水解。铅的氢氧化物有两性,既能形成含有 PbO_3^{2-} 和 PbO_2^{2-} 的盐,又能形成含有 Pb^{4+} 和 Pb^{5+} 的盐。这两种形式的盐都能水解。由于 H_2PbO_3 和 H_2PbO_2 都是弱酸,所以碱金属铅酸盐在水溶液中呈强碱性,而亚铅酸盐在水溶液中更能发生强烈水解作用。$PbCl_4$ 之类的四价铅盐在水溶液中也可强烈水解而产生 PbO_2。

(5) Pb 能与 OH^-、Cl^- 等配位体配合生成配合物,还能与含硫氢基、氧原子的有机配位体生成中等强度的螯合物。

3. 铅的迁移与转化

大气降尘或降水(含铅量可达 40 $\mu g/L$)通常是海洋和淡水水系中最重要的铅污染途径。据统计,全世界每年由空气转入海洋的铅量为 40×10^6 kg。20 世纪以来,各生产部门向大气中排放的含铅污染物的量急剧增多。在大气中铅的各类人为污染源中,油和汽油燃烧释放出的铅占半数以上。我国已推行无铅汽油,含铅汽油的使用将逐步废止。大气中所含微粒铅的平均滞留时间为 7～30 天。较大颗粒的铅可降落于距污染源不远的地面或水体,但细粒的或水合离子态的铅则可能在大气中飘浮相当长的时间。降落在公路路基近旁的铅污染物很容易流散,它们会经阴沟而流到淡水源中去。这种污染在经过一段干旱期后特别严重,该情况下,铅积累在路基及其近旁,当干旱季节过后,就被降水带到河里。

　　河水中约有 15%～83% 的铅呈与悬浮粒相结合的形态,而其中又有相当数量呈与大分子有机物相结合或被无机水合氧化物(氧化铁等)所吸附的形态。当 pH>6.0,且水体中不存在相当数量的能与 Pb^{2+} 形成可溶性配合物的配位体时,水体中可溶性的铅可能就所存无几了。

　　当 pH<7 时,铅主要以 +2 价的铅离子形态存在。在中性和弱碱性水中,当水体中溶解有 CO_2 时,可以出现 Pb^{2+}、$PbCO_3^0$、$Pb(CO_3)_2^{2-}$、$PbOH^-$ 和 $Pb(OH)_2^0$ 等。海水中同时存在有大量氯离子,因此海水中铅的主要存在形态为: $PbCO_3^0$、$Pb(CO_3)_2^{2-}$、$PbCl^+$、$PbCl_2^0$ 和 $PbCl_6^{4-}$。

　　国外学者曾对溶解有总无机硫和总无机碳均为 1×10^{-3} mol/L 的体系进行计算,结果指出体系中可能出现 $PbSO_4$、$PbCO_3$、$Pb(OH)_2$、PbS 和 $Pb_3(OH)_2(CO_3)_2$。硫化铅溶解度极小,仅在还原条件下是稳定的,其在氧化条件下将转化为其他四种物质。硫酸铅的溶解度较大,其他三种物质的溶解度均较小。

　　铅在天然水中的含量和形态明显地受 CO_3^{2-}、SO_4^{2-} 和 OH^- 等的含量的影响。在天然水中,铅化合物和上述离子间存在着沉淀-溶解平衡和配合平衡。

　　在多数环境中,铅均以稳定的固相氧化态存在。氧化-还原条件和 pH 值条件的变化,只会影响到与其结合的配位基,而不影响铅本身。

　　Pb^{2+} 与 OH^- 配位体生成 $Pb(OH)^+$ 的能力比其与 Cl^- 配位体配合的能力大得多,甚至在 pH 值 8.1～8.2,$[Cl^-]=20\,000$ mg/L 的海水中 $Pb(OH)^+$ 的形态还能占据优势;在 pH>6 时,$Pb_3(PO_4)_2$ 和难溶盐也会发生水解生成可溶性 $Pb(OH)^+$;在 pH<10.0 的条件下,不会形成 $Pb(OH)_2$ 沉淀。

　　某些 Pb^{2+} 化合物(如乙酸铅)在厌氧条件下能生物甲基化而生成 $(CH_3)_4Pb$。

　　有机铅化合物在水体介质中的溶解度小、稳定性差,尤其在光照下容易分解。但在鱼体中已发现含有占总铅量 10% 左右的有机铅化合物,包括烷基铅和芳基铅。

　　铅与有机物,尤其是有机腐殖质有很强的配合能力。天然水体中 Pb^{2+} 浓度很低,除因铅的化合物溶解度很低外,主要因为水中悬浮物对铅的强烈吸附作用,特别是铁和锰的氢氧化物,与铅的吸附存在着显著的相关性。

　　铅在环境中的循环见图 6-5。

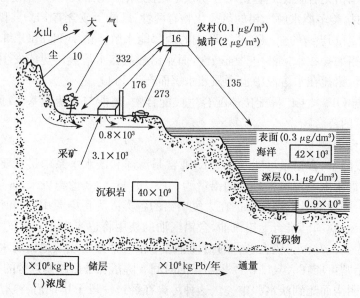

图 6-5　铅在环境中的循环

6.1.3　砷

1. 砷在环境中的来源与分布

有毒重金属元素在环境中的污染效应很少有人怀疑,然而对于类金属和过渡金属如锰、镍、砷和铜等物质在人们的视野中似乎不是太受重视。但是,从环境污染效应和环境毒理学观点来看,这类物质在环境化学中的作用得到进一步研究。

砷是一种广泛存在并具有准金属特性的元素。元素砷多以无机物状态存在于环境中。在自然界中,天然水中的砷主要以+3价和+5价的形态存在,其还原态以$AsH_3(g)$为代表,氧化态以砷酸盐为代表。地壳中砷的丰度为$1.5 \sim 2$ mg/kg,比其他元素高20倍。土壤中砷的本底介于$0.2 \sim 40$ mg/kg之间,但砷污染土壤中砷含量可达550 mg/kg。

在某些矿物中也含有较高浓度的砷。主要含砷矿物有砷黄铁矿($FeAsS$)、雄黄矿(As_4S_4)和雌黄矿(AS_2S_3)。空气中砷的自然本底值为$3 \sim 9$ ng/m³;地面水中砷的含量较低,As^{3+}与As^{5+}的含量比范围为$0.06 \sim 6.7$;海水中砷浓度范围为$1 \sim 8$ μg/L,其中主要为砷酸根离子。

环境中砷污染主要来自人类的工农业生产活动。工业上排放砷的部门以冶金、化工及半导体工业的排砷量较高(如砷化镓、砷化铜)。农业生产中主要来自以砷化物为主要成分的农药,用量较多的有砷酸铅、亚砷酸钙、亚砷酸钠及乙酰亚砷酸铜和有机砷酸盐等。另外,大量甲胂酸和二甲亚胂酸被用作除莠剂或在林业上用作杀虫剂,有些还作为木材防腐剂,由此带来对环境的污染也日益加重。此外,矿物燃料燃烧也是造成砷污染的重要来源。

2. 砷在环境中的迁移与转化

(1) 砷在环境中的迁移

砷在天然水体中的存在形态为$H_2AsO_4^-$、H_2AsO^{4-}、$HAsO_4^{2-}$、H_3AsO_3和H_2AsO^{3-}。由于砷有多种价态,因此水体的氧化-还原条件(E_h)将影响砷在水中的存在形态。环境中多以氧化物及其含氧酸形式存在,如As_2O_3、As_2O_5、H_3AsO_3、$HAsO_2$及H_3AsO_4等。As_2O_3在水中溶解可形成亚砷酸。

水体的pH值决定砷的存在形态和价态。对大部分天然水来说,砷最重要的存在形式是亚砷酸(H_3AsO_3)。当pH$<$4时,主要以三价的H_3AsO_3占优势;当pH值为$4 \sim 9$时,以H_2AsO^{4-}占优势;当pH$=7.26 \sim 12.47$时,以$HAsO_4^{2-}$占优势;当pH$>$12.5时,主要以AsO_4^{2-}形式存在。

由图6-6可以看出,因为砷是多价态元素,因此水体的氧化-还原条件(E_h)对砷在水体中的存在形态有影响。H_3AsO_4在氧化性水体中是优势形态;在中等还原条件或低E_h的条件下,亚砷酸是稳定态。当E_h逐渐降低,元素砷将占据稳定形态,但在极低的E_h时,可以形成溶解度极低AsH_3,当AsH_3的分压为101.3 kPa时,其溶解度只有5.01×10^{-6} mol/L左右。

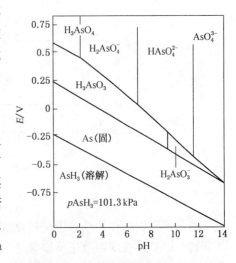

图6-6　砷-水体系的E_h-pH图

在土壤中,砷主要与金属(铁、铝等)水合氧化物形成胶体态存在。土壤的氧化-还原电位(E_h)和pH值对土壤中砷的溶解度有很大影响。土壤的E_h降低和pH值升高,砷的溶解度增大。同时,由于pH值升高,土壤胶体所带正电荷减少,

对砷的吸附能力降低,所以旱地土壤中可溶态砷含量比浸水土壤中低。另外,植物较易吸收 AsO_3^{3-} ,在浸水土壤中生长的农作物其砷含量也较高。

(2) 砷的生物甲基化反应

与汞的性质相似,砷的生物甲基化反应和生物还原反应是它在环境中转化的一个重要过程。砷的化合物可通过微生物的作用被还原,然后与甲基(—CH₃)反应生成有机砷化合物。但生物甲基化所产生的砷化合物易被氧化和细菌脱甲基化,结果又使它们回到无机砷化合物的形式。在甲基化过程中,甲基钴胺素 CH_3CoB_{12} 起甲基供应体的作用。砷在环境中的转化模式如下:

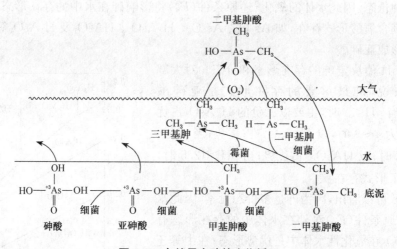

环境中砷的生物循环见图 6-7。

图 6-7　自然界中砷的生物循环

砷与产甲烷菌作用或者甲基钴氨素及 L-甲硫氨酸-甲基-d₃反应均能将砷甲基化。二甲基胂和三甲基胂在水溶液中可以氧化为相应的甲基胂酸。这些化合物与其他较大分子的有机砷化合物,如含砷甜菜碱和含砷胆碱等,都极不容易化学降解。

(3) 砷的毒性与生物效应

无机砷化合物中,三价砷毒性要大于五价砷。同时,溶解性砷毒性要大于不溶性砷。无机砷可抑制酶的活性,三价无机砷可以与蛋白质中的巯基反应。长期接触无机砷会对人和动物的许多器官产生不利影响,如肝功能异常等。据研究,摄入 As_2O_3 的剂量超过 70 mg 时,可使人致死,近期研究表明,体内体外接触砷会影响人的染色体,导致体内染色体畸变,同时会影响 DNA 的修复机制。

6.2　有机污染物

自 20 世纪 70 年代以来,世界上发生了一系列环境公害事件。20 世纪 80 年代发生的三大公害事件中有两起属于有毒有机物质进入环境造成的严重污染问题。随着现代化学的不断发展,各类有机物进入环境的概率逐渐增多,而有机污染物则达到数万种。据统计,当前化工生产中的有机化学品的生产量平均 7~8 年翻一番,其中有毒有机物和持久性有机物对生态环境和人类健康影响最大,它们以各种形式进入环境中产生多种多样的环境效应,另外由于具有难降解,在环境中残留时间长,有蓄积性,能促进慢性中毒,有致癌、致畸和致突变作用的特点,有毒有机物类在环境中的效应成为人们关注的热点。

6.2.1　有机卤代物

有机卤代物是在有机化合物中的一个官能团被卤族元素所取代形成新化合物。主要包括包括卤代烃、多氯联苯、多氯代二苯并二噁英等。这里主要介绍卤代烃和多氯联苯。

1. 卤代烃

烃分子中的氢原子被卤素原子取代后的化合物称为卤代烃(halohyrocarbon),简称卤烃。在卤代烃中,按照卤素的不同,可分为氟代烃、氯代烃、溴代烃和碘代烃。又可根据分子中卤原子的数目不同分为一卤代烃和多卤代烃。

卤代烃主要通过天然或人为途径进入大气中,天然卤代烃的年释放量基本固定不变,人为排放是当今大气中卤代烃含量不断增加的原因。

(1) 卤代烃的种类及分布

大气圈对流层中存在的卤代烃种类繁多,主要有 CH_3Cl、Cl_2F_2、CCl_3F、CCl_4、CH_3CCl_3、$CHClF_2$,此六种化合物占大气中卤代烃总量的 88% 以上,其余如 CF_4、CH_2Cl_2、$CHCl_3$、$Cl_2C=CCl_2$、CCl_3CF_3、CH_3Br、$CClF_2CClF_2$、$CHCl=CCl_2$、$CClF_2CF_3$、CF_3CF_3、$CClF_3$、CH_3I、$CHCl_2F$ 和 CF_3Br 等卤代烃约占 12%。而被卤素完全取代的卤代烃,如 CFC-113(即 $Cl_2FC-CClF_2$)、CFC-114(即 $ClF_2C-CClF_2$)、CFC-115(即 ClF_2C-CF_3)和 CFG-13(即 $CClF_3$)在对流层中虽然只占卤代烃总量的 3%,但是由于它们具有相当长的停留时间,所以它们对平流层卤代烃的积累作用更明显。

(2) 卤代烃的主要来源

除火山爆发、海洋蒸发等天然因素外,大气中卤代烃主要来源于工业制品的合成过程。卤代烃主要来自汽车排放的废气、塑料制品的燃烧、制冷剂、塑料发泡剂、工业溶剂的使用等。而且随着现代化学的向前发展,年排放量呈现逐步增加趋势。

(3) 卤代烃在大气中的转化

① 对流层中的转化

卤代烃进入大气后,主要停滞于大气层中对流层。含氢卤代烃与 HO^- 自由基反应,是它们在对流层中被消除的主要途径。脱氢卤代烃消除途径的第一步。如三氯化碳与 HO^- 的反应:

$$CHCl_3 + HO^- \longrightarrow H_2O + CCl_3^-$$

CCl_3^- 自由基再与氧气反应生成碳酰氯(光气)和 ClO^-：

$$CCl_3^- + O_2 \longrightarrow COCl_2 + ClO^-$$

光气在大气中的浓度随条件变化而不同。光气在晴朗高温的条件下,将一直完整地保留在空气中,光气可以随着雨水冲刷而清除,但随着降水量或光照强度而变化。如果清除速度很慢,大部分的光气将向上扩散,在平流层下部发生光解形成污染;如果冲刷清除速度很快,则光气对平流层的影响就小。

ClO^- 可氧化其他分子并产生氯原子。在对流层中,NO 和 H_2O 是参与反应最多的物质,反应机理如下：

$$ClO^- + NO \longrightarrow Cl^- + NO_2$$

$$3ClO^- + H_2O \longrightarrow Cl^- + 2HO^- + O_2$$

多数氯原子能和甲烷发生作用

$$Cl^- + CH_4 \longrightarrow HCl + CH_3^-$$

氯代乙烯与 HO^- 反应将打开双键后可加成活性氧原子。如四氯乙烯可转化成三氯乙酰氯：

$$C_2Cl_4^{2+} + O^{2-} \longrightarrow CCl_3COCl$$

② 平流层中的转化

进入平流层的卤代烃污染物会受到高能光子的攻击而被破坏。例如,四氯化碳分子吸收光子后脱去一个氯原子。

$$CCl_4^{2-} + h\nu \longrightarrow CCl_3^- + Cl^-$$

CCl_3^- 基团与对流层中氯仿反应机理相似,被氧化成光气。但随后产生的 Cl 不是生成 HCl,而是参与到破坏臭氧的链式反应中：

$$Cl + O_3 \longrightarrow ClO + O_2$$

O_3 吸收高能光子发生光分解反应,生成 O_2 和活性氧原子 O,O 再与 ClO 反应,将其又转化为 Cl。

$$O_3 + h\nu \longrightarrow O_2 + O$$

$$O + ClO \longrightarrow Cl + O_2$$

在上述反应中,形成两个氯原子和两个臭氧分子的链式循环。这种循环将继续下去,直到氯原子与甲烷或某些其他的含氢类化合物反应,全部变成氯化氢为止,HCl 可与 HO 自由基反应重新生成 Cl：

$$Cl + CH_4 \longrightarrow HCl + CH_3$$

$$HO + HCl \longrightarrow H_2O + Cl$$

游离态氯原子可以再次参与破坏臭氧层的链式反应。一个氯原子进入链式反应的活动可达 10 次以上,直至氯化氢到达对流层,并在降雨时被清除。其迁移转化过程能破坏数以千计的臭氧分子。

2. 多氯联苯(PCBs)

多氯联苯是一类结构相似的化合物的总称。多氯联苯(简称 PCBs)是联苯分子中的氢原子被氯原子取代后形成的氯代苯烃类化合物(或异构体混合物)。按联苯环上取代的氯原子数目和位置的不同,可生成许多异构物。PCBs 的理化性质非常稳定,具有高度耐酸、碱和抗氧化等特点,对金属无腐蚀性,具有良好的电绝缘性和很高的耐热性,所以得到广泛的应用。

(1) 多氯联苯及其结构与性质

联苯和多氯联苯的结构式如下:

联苯　　　　　　　　多氯联苯

$(1 \leqslant m+n \leqslant 10)$

PCBs 的纯化合物为晶体,混合物则为油状液体,一般工业产品均为混合物。低氯代物呈液态,流动性好,随着氯原子数的增加其黏稠度也相应增大,呈糖浆或树脂状。PCBs 的物理化学性质十分稳定,耐酸、耐碱、耐热、耐腐蚀和抗氧化,对金属无腐蚀,绝缘性能好,加热到 $1\,000 \sim 11\,400\,℃$ 才完全分解,除一氯、二氯代物外,均为不可燃物质。PCBs 难溶于水,纯多氯联苯的溶解度,主要取决于分子中取代的氯原子数,随着氯原子数的增加,其溶解度降低。

常温下 PCBs 属难挥发物质,但温度和时间对 PCBs 的蒸气压有很大影响。另外 PCBs 的蒸气压还与其分子中氯的含量有关,一般蒸气压随含氯量增加而减小。

(2) 多氯联苯的来源与分布

自 20 世纪 80 年代以来,多氯联苯被广泛用于工业和商业生产中,如变压器和电容器内的绝缘流体和润滑油,在配制润滑油、切削油、农药、油漆、油墨、复写纸、胶黏剂、封闭剂等中作添加剂、塑料中作增塑剂等。由于 PCBs 在水中的溶解度和挥发性均较小,故其在大气和水中的含量较少。但是 PCBs 容易吸附于颗粒物上,故在废水流入河口附近的沉积物中 PCBs 含量可高达 $2 \sim 5$ mg/kg。水生植物通常可从水中快速吸收 PCBs,其富集系数为 $1 \times 10^4 \sim 1 \times 10^5$。PCBs 在生物体内很难溶,是一种很稳定的环境污染物。通过食物链的传递,鱼体中 PCBs 的含量可达 $1 \sim 7$ mg/kg 湿重。尽管近年来 PCBs 的使用量逐渐减少,但以往排放的 PCBs 仍将在环境中残留相当长的时间,成为持久性污染物。

(3) 多氯联苯在环境中的迁移与转化

PCBs 主要通过挥发进入大气,然后经干、湿沉降转入河流、湖泊和海洋。转入水体的PCBs 极易被颗粒物所吸附,沉入沉积物,它在环境中的主要转化途径是光化学分解和生物转化。

① 光化学分解

Safe 等人研究了 PCBs 在 $280 \sim 320$ nm 波长紫外光的光化学分解及其机理,得出结论认为紫外光可以导致 PCBs 中的碳氯链断裂,从而产生芳基自由基和氯自由基,它们从介质中取得质子或者发生二聚反应。

另外,PCBs 的光解反应与所用溶剂有关。研究表明当选用甲醇作溶剂进行光解时,除生成脱氯产物外,氯原子也会被甲氧基取代生成新的产物。当选择环己烷作溶剂时,只有脱氯的产物。此外,PCBs 光降解时,还发现有氯化氧芴和脱氯偶联产物生成。

② 生物转化

经研究表明,PCBs 的细菌降解顺序为:联苯>PCBs1221>PCBs1016>PCBs1254。因此,从单氯到四氯代联苯均可被微生物降解,而高取代的多氯联苯不易被生物降解。进一步研究发现,化合物中的碳氢键数量是影响多氯联苯的生物降解性能的主要原因,即含氯原子的数量越少,越容易被生物降解。

PCBs 除了可在生物体内积累外,还可通过代谢作用发生转化。其转化速率随分子中氯原子的增多而降低。含 4 个氯以下的低氯代 PCBs 几乎都可被代谢为相应的单酚,有些还可进一步反应形成二酚。如:

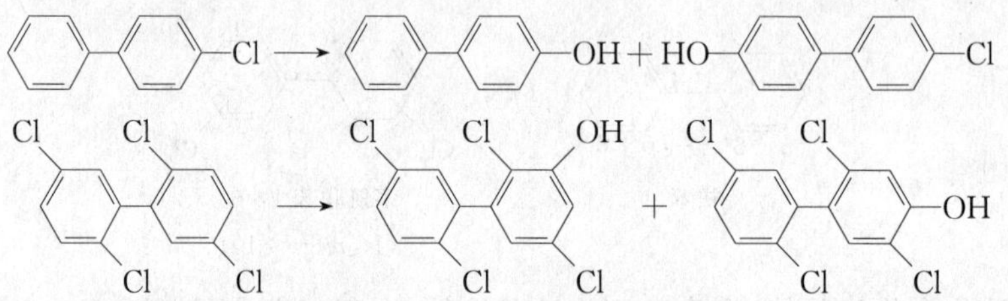

（主）   （次）

含 5 个氯或 6 个氯的 PCBs 同样可被氧化为单酚,但速度比含 4 个氯的 PCBs 要慢,含 7 个氯以上的高氯代联苯则几乎不被代谢转化。

6.2.2 多环芳烃

1. 多环芳烃及其来源分布

多环芳烃(简写为 PAH)是指两个及以上苯环连在一起的碳氢化合物。它们是一类在环境中广泛存在的污染物。它们主要有两种组合方式:一种是非稠环型,即苯环与苯环之间各由一个碳原子相连,如联苯、联三苯等;另一种是稠环型,即两个碳原子为两个苯环所共有,如萘、蒽等。其结构式如下:

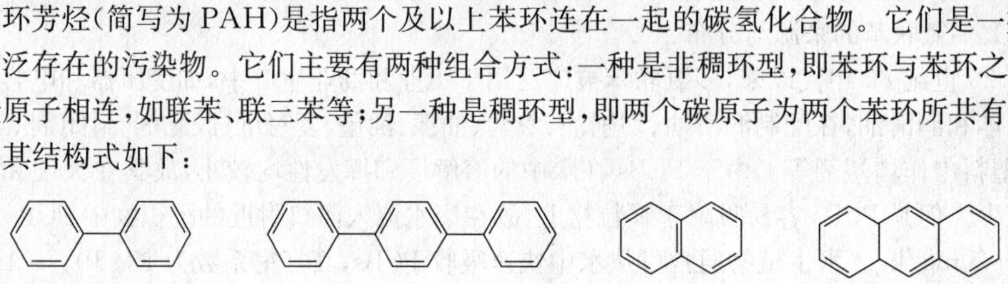

联苯   联三苯   萘   蒽

这类化合物种类很多,其中有几十种有致癌作用,主要是角状多环芳烃,最典型的是苯并[a]芘(以 B[a]P 表示)、苯并[a]蒽(以 B[a]A 表示)和菲等(图 6-8)。

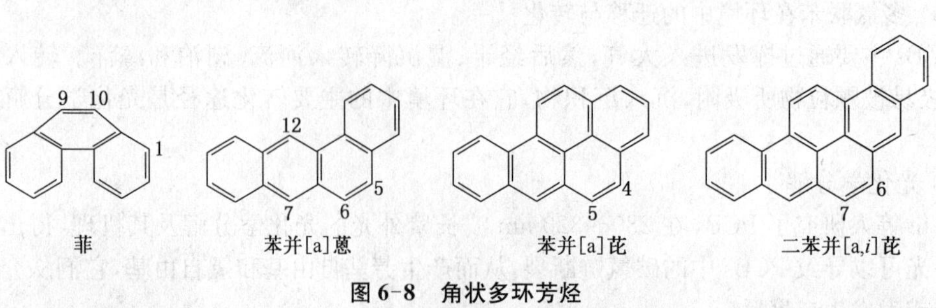

菲   苯并[a]蒽   苯并[a]芘   二苯并[a,i]芘

图 6-8 角状多环芳烃

多环芳烃来源亦分为天然源和人为源两种。在人类出现之前,自然界也存在天然源,主要来自陆地、水生植物和微生物的生物合成过程,另外森林、草原的天然火灾及火山的喷发物和从化石燃料、木质素和底泥中也存在多环芳烃,这些构成了 PAH 的天然本底值。通常土壤的

PAH 本底值为 $100\sim1\,000\ \mu g/kg$。淡水湖泊中 PAH 的本底值为 $0.01\sim0.025\ \mu g/L$，地下水中 PAH 的本底值为 $0.001\sim0.01\ \mu g/L$，大气中 B[a]P 的本底值为 $0.1\sim0.5\ ng/m^3$。

人为原因造成的多环芳烃的污染源很多，主要是由各种矿物燃料（如煤、石油和天然气等）、木材、纸以及其他含碳氢化合物的不完全燃烧或在还原条件下热解形成的，简单烃类和芳香烃在高温热解过程中可以形成大量 PAH，特别值得提醒的是从吸烟者喷出的烟气中迄今已检测到 150 种以上的多环芳烃。

2. 多环芳烃在环境中的迁移与转化

由于燃料不完全燃烧而释放到大气中的 PAH，通常和各种类型的固体颗粒物及气溶胶结合在一起。因此，大气中 PAH 的分布、滞留时间、迁移、转化和沉降等受多方条件的制约（如粒径大小、大气物理和气象条件等）。在较低层的大气中直径小于 $1\ \mu m$ 的粒子可以滞留几天到几周，而直径为 $1\sim10\ \mu m$ 的粒子则最多只能滞留几天，大气中的 PAH 通过干、湿沉降进入土壤和水体以及沉积物中，并进入生物圈，如图 6-9 所示。

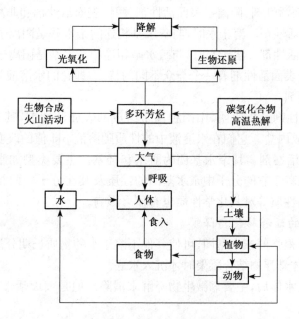

图 6-9 多环芳烃在环境中的迁移及转化

多环芳烃在紫外光（300 nm）照射下很易光解和氧化，如苯并[a]芘在光和氧的作用下，可在大气中形成 1,6-醌苯并芘、3,6-醌苯并芘和 6,12-醌苯并芘：

苯并[a]芘 $\xrightarrow[[O]]{h\nu}$ 1,6-醌苯并芘 + 3,6-醌苯并芘 + 6,12-醌苯并芘

微生物也可降解多环芳烃。例如，苯并[a]芘被微生物氧化可以生成 7,8 二羟基-7,8 二氢-苯并[a]芘及 9,10-二羟基 9,10-二氢-苯并[a]芘。多环芳烃在沉积物中的消除途径主要靠微生物降解。微生物的生长速度与多环芳烃的溶解度密切相关。

6.3 表面活性剂

表面活性剂是指具有固定的亲水亲油基团,在溶液的表面能定向排列,并能使表面张力显著下降的物质。表面活性剂的分子结构具有两亲性:一端为亲水基团,另一端为疏水基团;亲水基团常为极性的基团,如羧酸、磺酸、硫酸、氨基或胺基及其盐,也可是羟基、酰胺基、醚键等;而疏水基团常为非极性烃链,如 8 个碳原子以上烃链。它能显著改变液体的表面张力或两相间界面的张力,具有良好的润湿和渗透性质、乳化性质、分散性质、发泡性质和增加溶解力的性质等。表面活性剂分为离子型表面活性剂和非离子型表面活性剂等。

1. 表面活性剂的分类、性质及其来源

表面活性剂的疏水基团主要是含碳氢键的直链烷基、支链烷基、烷基苯基以及烷基萘基等,其性能差别较小,但其亲水基团部分差别较大。表面活性剂按其亲水基团结构和类型可分为四种:即阴离子表面活性剂、阳离子表面活性剂、两性表面活性剂和非离子表面活性剂。

(1) 阴离子表面活性剂 溶于水时,与疏水基相连的亲水基是阴离子。

(2) 阳离子表面活性剂 溶于水时,与疏水基相连的亲水基是阳离子,其主要类型是有机胺的衍生物。阳离子表面活性剂有一个与众不同的特点,即它的水溶液具有很强的杀菌能力,因此常用做消毒灭菌剂。

(3) 两性表面活性剂 指由阴、阳两种离子组成的表面活性剂,其分子结构和氨基酸相似,在分子内部易形成内盐。它们在水溶液中的性质随溶液 pH 值的改变而改变。

(4) 非离子表面活性剂 其亲水基团为醚基和羟基。主要类型如脂肪醇聚氧乙烯醚等。表面活性剂的性质依赖于它的分子中亲水基团的性质及其在分子中的相对位置,分子中亲油基团(即疏水基团)的性质等对其化学性质也有显著影响。

2. 表面活性剂的迁移转化与降解

表面活性剂含有很强的亲水基团,可使其他不溶于水的物质长期分散于水体中,且随水流迁移,只有当它与水体悬浮物结合凝聚时才沉入水底。

表面活性剂进入水体后,主要靠微生物降解来消除。但是表面活性剂的结构对生物降解有很大影响。

表面活性剂的生物降解机理主要是烷基链上的甲基氧化、β 氧化、芳香环的氧化降解及脱磺化。

3. 表面活性剂对环境的污染与效应

表面活性剂在工业、农业、医药、日用化工等众多领域的应用越来越广,全球的年使用量已超过千万吨。表面活性剂的大量使用同时也造成了土壤、水质的严重污染,甚至对人体带来危害。如皮肤过敏、癌症、生物雌性化等。表面活性剂具有一定的毒性,会对皮肤产生明显的刺激作用,在洗涤剂中大量使用,所产生的大量泡沫造成了城市下水道及河流泡沫泛滥;使用含有磷酸盐的表面活性剂使河流湖泊水质产生"富营养化"。

表面活性剂作为"环境激素"已经对环境人类本身造成危害。据研究,烷基苯酚类表面活性剂主要用于塑料黏合剂,烷基酚聚氧乙烯醚是全球商用的重要非离子表面活性剂,主要用于生产洗涤剂。它们在环境中降解的主要中间产物为烷基酚,某些烷基酚的激素活性要显著高于其前体物。此类被称作"环境激素"的物质并不直接作为有毒物质给生物体带来异常影响,而是以激素的面貌对生物体起作用,即使数量极少,也能使生物体内分泌失衡,出现种种异常现象。近年来,有许多有关环境激素对野生生物造成危害的报道,以水生生物居多,主要表现为生殖器官、生殖机能和生殖行为异常,如动物雌性化现象和性别比例畸化现象等。

本 章 小 结

本章主要讲述了典型重金属类污染物和有机污染物的特性及其在环境各圈层中的迁移转化和循环。本章的重要内容及要求掌握的内容概括为如下两方面:

(1) 重金属类污染物

主要是汞(Hg)、铅(Pb)、砷(As)等重金属类污染物的基本性质及来源与分布、迁移与转化等。

(2) 有机污染物

主要是有机卤代物(卤代烃、多氯联苯 PCBs 等)、多环芳烃(PAH)和表面活性剂等的性质、种类、来源和其在环境中的迁移转化、生物降解、毒性与生物效应等。

本章内容理论性和综合性均较强,通过本章知识的学习要注意灵活应用,同时拓展视野和新技术新方法配合学习。

习 题

1. 为什么汞在环境中常以零价形态(HgO)存在?
2. 有机汞和无机汞的毒性哪个大一些? 为什么?
3. 金属的甲基化作用指什么? 它有什么意义?
4. 氧化-还原条件(E_h)和酸碱条件(pH 值)对汞的迁移转化有什么影响?
5. 铅有几种价态? 常以什么价态存在?
6. 铅及其化合物的迁移转化与环境条件有什么关系?
7. 砷在环境中存在的主要化学形态有哪些? 其主要转化途径有哪些? 试述砷的甲基化反应。
8. 环境条件(E_h、pH 值)对砷的迁移转化有何影响?
9. 有机卤代物是一类什么样的有机物? 其主要特点有哪些?
10. 试总结卤代烃的来源及其在大气中的转化。
11. 简述多氯联苯 PCBs 在环境中的主要分布、迁移与转化规律。
12. 试述 PAH 的特点及其来源。多环芳烃 PAH 在环境中是如何迁移转化的?
13. 表面活性剂有哪些种类? 它们对环境和人体健康的危害有哪些?

阅读材料

化学品用太多科学家敲警钟

迈克尔·德普莱奇曾是英国环境署首席科学家和英国皇家环境污染委员会成员,眼下住在海边一个清静村庄。他崇尚健康生活,尽量减少摄入油、盐和糖。除此之外,他尽量避免吃喝塑料包装的食品饮料,不吃不粘锅烹饪的食物,担心塑料包装和不粘锅含危害健康的化学物质。在外人看来,德普莱奇活得太在意。但他认为,一些看似能提升生活品质的产品暗含健康风险,必须防范。

污染无处不在

双酚A广泛存在于塑料制品,包括饮料瓶、食品包装内壁的防腐树脂涂料、牙医补牙用的密封填充物等。研究显示,双酚A有模仿雌激素效果,可能干扰内分泌,诱发儿童性早熟或致癌。

欧洲环境和人体健康中心2008年发布研究结果:体内双酚A含量居前四分之一的人群比居后四分之一的人群患心脏病或糖尿病风险高一倍多。其他研究发现,双酚A与肝功能异常、自闭症、肥胖、乳腺癌等多种障碍或疾病相关。

欧洲联盟2011年6月1日起全面禁止生产销售含双酚A的婴儿奶瓶。加拿大、中国等国家、美国一些州也颁布了类似禁令。

德普莱奇和家人都避免吃喝塑料包装的食品和饮料。他说,只有一部分饮料生产商不再使用含双酚A的饮料瓶,而从食品和饮料包装上看不出包装中是否含双酚A。

毒素代代相传

全氟化合物因为具有排热、防污、防油和防水特性而用于制造快餐容器、防油包装、防水纺织物、耐火装饰材料和不粘锅。英国埃克塞特和普利茅斯大学下属半岛医科和牙科学院一支研究团队去年发布研究结果:体内含全氟化合物的人患甲状腺疾病的风险是平均数的两倍。

英国一项研究显示,一些有害物质并非只在高龄人群中含量高。一些新出现的化合物,如与肝、甲状腺、皮肤疾病相关的溴化阻燃剂在儿童体内含量更高。一些多年前就有的化合物,如全球20世纪70年代开始禁用的杀虫剂DDT,同样在儿童体内积聚。

"过去5至10年,大量研究结果显示,人体健康与这些化学物质之间存在某种关联,"德普莱奇说。一些化学物质与癌症相关,一些与婴儿畸形、心脏病、中风、糖尿病或神经系统损伤相关。

一些毒性极强的化学物质,如DDT、二噁英和多氯联苯等,可以从各种渠道,如杀虫剂,进入肉类、鱼类、水和牛奶产品,继而进入人体,"储存"在脂肪里。这类化学物质不少已遭禁用,但作为永久性有机污染物,一旦形成,就难以消失。

人们通常认为糖尿病与肥胖相关。然而,一名流行病学家分析美国全国健康调查数据后发现,体内储存永久性有机污染物量最多的人群与储存量最少的人群相比,患糖尿病风险高38%。在没有检测到含永久性有机污染物的人群中,没发现糖尿病与肥胖之间有关联。

不明风险须防

欧洲制定化学制品使用规范"Reach",是"化学制品登记、评估和认可"英文短语的缩写,旨在防止化学品未经安全认证而获应用。不过,德普莱奇说,这项制度落实得不好。世界上现存10万种化学制品,其中3万种应用广泛,却只有3500种通过毒性测试。

德普莱奇说,与药品和化学制品可能造成的污染相比,纳米技术更让人担心,因为人们对后者了解得更少。

英国皇家环境污染委员会2008年说,纳米材料的应用速度已经大大超出对其潜在风险的了解,要求立即开始检测纳米材料并规范使用。当时美国伍德罗·威尔逊国际学者中心研究显示,纳米材料用在600多种产品中,包括太阳镜、化妆品、护发素、燃料添加剂和纺织品。德普莱奇估计这个数字现阶段超过1000种。

　　纳米材料的神奇特性及其蕴含的巨大经济利益诱使人们放松对它的警觉。"纳米技术非常新,还没有足够时间让大量纳米材料排放到环境中……"德普莱奇说,"但是想象一下 10 年、20 年、30 年后会排放多少。谁能告诉我们它们是否会积聚,会存在多久,如何转化或者会与其他什么化学物质发生反应。"

　　他认为"警觉"是最好的保护,人们应该像对待恐怖主义一样防范环境面临的潜在威胁,"我们需要拿出更多才智来监控环境,尽早发现可能的威胁"。

　　一些人认为德普莱奇的警告危言耸听。不过因忽视产品风险以至大批人健康受损早有先例。1898 年,英国工厂巡查员露西·迪恩警告石棉纤维具有"尖锐、玻璃一般、像锯齿的特性",会对接触到它的工人产生"伤害"。英国政府直到整整 100 年后才颁布石棉禁令。如今英国平均每年约有 3 000 人因曾经暴露在石棉环境中死亡。

参考文献

［1］刘兆英,陈忠明,赵广英,等. 环境化学教程. 北京:化学工业出版社,2003.

［2］陶秀成,宫世国,邵明望,等. 环境化学. 合肥:安徽大学出版社,1999.

［3］王红云,赵连俊. 环境化学. 北京:化学工业出版社,2004.

［4］汪群慧,王雨泽,姚杰,等. 环境化学. 哈尔滨:哈尔滨工业大学出版社,2004.

7 绿色化学的基本原理与应用

"绿色化学"又称"环境无害化学"、"环境友好化学"、"清洁化学"等,是近几十年才产生和发展起来的"新化学婴儿"。它广泛涉及于当前化工行业,如分析化学、生物化学、有机化学合成、催化化学等学科,内容丰富新颖。1991年,美国率先提出"绿色化学"这一新术语。1996年联合国环境规划署对绿色化学进行了新的定义:"用化学技术和方法去减少或消灭那些对人类健康或环境有害的原料、产物、副产物、溶剂和试剂的生产和应用"。其核心是利用化学原理从源头上减少和消除工业生产对环境的污染,反应物的原子全部都转化为期望的最终产物。如今这一术语已被世界化工行业广泛采用,用来描述所开发的对环境友好的、符合可持续发展方针的化学产品和生产工艺。

7.1 绿色化学的诞生和发展简史

7.1.1 绿色化学的诞生背景

化学专业的产生给人们带来财富和方便快捷的生活,同时也给人类带来环境灾难。传统的化学工业给环境带来的污染形势已十分严峻,当前全世界有害废物产生量达3~4亿吨/年。严峻的现实使得各国开始寻求一条降低环境污染、人类社会可持续发展的新道路。因此,环境绿色化学应运而生。

当代全球问题的实质是人类生存的危机,是人类赖以生存的自然环境的破坏,即人与自然矛盾的激化。绿色象征人与自然的和谐,绿色化学是人类生存和社会可持续发展的必然选择。绿色化学的口号最早产生于化学工业非常发达的美国。1990年,美国通过一项名为"防止污染行动"的法令,1991年后"绿色化学"由美国化学会(ACS)提出并成为美国环保署(EPA)的中心口号,并立即得到了全世界的积极响应。

7.1.2 绿色化学的定义和发展简史

1. 绿色化学定义

绿色化学又称为环境无害化学,是用化学的技术和方法去减少或消灭那些对人类健康、社区安全、生态环境有害的原料、催化剂、溶剂和试剂、产物、副产物等的使用和产生。绿色化学的理想在于不再使用有毒、有害的物质,不再产生废物,不需处理废物。它是一门从源头上阻止污染的化学。

绿色化学的提出是人类对生态环境关注的必然产物。传统化学虽然为人类提供了数不尽的物质产品,却未能有效地利用资源,对自然界采取掠夺式的开发,无节制地消耗物质,忽视生态环境的平衡,在生产过程中产生的大量有害物造成了严重的环境污染。随着环境污染的日益严重和公众对环境问题的日益关心,人们开始对化学工业提出质疑,对化学科学产生怀疑。因此,化学为了进一步发展必须实现从粗放型化学向集约型化学的转变,也就是必须由传统化学转向绿色化学。绿色化学是使人类和环境协调发展的更高层次的化学,将成为21世纪化学发展的主流。

　　绿色化学运用现代化学的原理和方法,来减少或消除化学产品的设计、生产和应用中有毒有害物质的使用与产生,研究开发没有或尽可能少的环境副作用,在技术和经济方面可行的化学产品和过程是在始端实现污染预防的科学手段。

　　绿色化学的基本原则是化学反应和过程中的"原子经济性",即在获取新物质的化学反应中充分利用参与反应的每个原料原子,实现"零排放"。不仅充分利用资源,而且不产生污染;并采用无毒、无害的溶剂、助剂和催化剂,生产有利于环境保护、社区安全和人身健康的环境友好产品。

　　绿色化学的目标是寻找充分利用原材料和能源且在各个环节都洁净和无污染的反应途径和工艺。包含以下两个方面:①对生产过程来说,绿色化学包括节约原材料和能源,淘汰有毒原材料,在生产过程排放废物之前减降废物的数量和毒性;②对产品来说,绿色化学旨在减少从原料加工到产品的最终处置的全周期的不利影响。

　　绿色化学不仅将为传统化学工业带来革命性的变化,而且必将推进绿色能源工业及绿色农业的建立与发展。因此化学家不仅要研究化学品生产的可行性和现实用途,还要考虑和设计符合绿色化学要求、不产生或减少污染的化学过程,是更高层次的化学。

　　2. 绿色化学发展简史

　　从化学工业自身发展的要求来看,目前,绝大多数的化工技术都是20多年前开发的,当时的加工费用主要包括原材料、能耗和劳动力的费用。近年来,化学工业向大气、水和土壤等排放了大量有毒有害的物质。1992年,美国化学工业用于环保的费用为1 150亿美元,清理已污染地区花去7 000亿美元。1993年美国仅按365种有毒物质排放估算,化学工业的排放量为136万吨。因此,加工费用又增加了废物控制、处理和埋放,环保监测、人身保险、事故责任赔偿等费用。1996年美国Dupont公司的化学品销售总额为180亿美元,环保费用为10亿美元。从环保、经济和社会的要求看,化学工业不能再承担使用和产生有毒有害物质的费用,需要大力研究与开发绿色化工技术。

　　(1) 绿色化学在国外的发展

　　绿色化学在国外的发展经历了初级阶段、发展阶段和高潮阶段三个发展时期。

　　① 1990—1994年为初级阶段

　　1990年美国环境保护署根据"废物最小化"原则颁布了污染防止法令,其基本内涵是对产品及其生产过程采用预防污染的策略来减少污染物的产生,它强调防止污染物的形成,而不是对已污染的环境进行防治,体现了绿色化学的思想,是绿色化学的雏形。该法令的颁布推动了绿色化学在美国的兴起和迅速发展。

　　同年联合国环境署在全球推动了"清洁生产",提出世界各国都要从末端污染控制战略逐渐转向一体化污染预防战略,减少对环境的污染。

　　1991年,"绿色化学"由美国化学会首次提出,并成为美国环境保护署的中心口号,同时美国环境保护署污染预防和毒物办公室启动"为防止污染改变合成路线"的奖励基金。至此,由工厂、科研机构、政府部门等自愿组合的多种合作关系的绿色化学组织诞生。

　　1992年美国环保署对六项化学合成方法的改进进行了奖励。这些合成方法从不同的角度,考虑了要减少对人类健康和环境污染造成的不良影响,对环保事业作出了一定的贡献。从而确立了绿色化学的重要地位。随后美国环境保护署污染预防和毒物办公室和自然科学基金会签署了共同资助绿色化学研究的合约。

　　1994 年美国环境保护署研究和发展办公室又与自然科学基金会成立了新科学成果研究小组,该研究小组每年召开题为"可持续环境工艺"的专题研讨会。美国工业界的工程师和商业领导开始研究如何在以后的化学发展中领导世界,分析在巨变的商业界影响工业竞争的因素,并对今后的发展进行了展望。

　　② 1995—1998 年为发展阶段

　　1995 年 3 月 16 日,美国总统克林顿设立了总统绿色化学挑战奖,共设五个奖项:①更新合成路线奖;②变更溶剂/反应条件奖;③设计更安全化学品奖;④小企业奖;⑤学术奖。此奖项旨在推动社会各界合作进行化学防止污染和工业生态学研究,鼓励支持重大的创造性的科学技术突破,从根本上减少乃至杜绝化学污染源,通过美国环境保护署与化学化工界的合作实现新的环境目标。

　　美国环境保护署污染防治和毒物办公室制定了"为环境而设计"和"绿色化学"的研究计划。另外,日本也制定了以环境无害制造技术等绿色化学课题为内容的"新阳光计划"。

　　从 1996 年后,美国每年在华盛顿科学院对在绿色化学方面作出了重大贡献的化学家和企业颁奖;1996 年 7 月 21 至 26 日在新英国大学举办了第一届题为"环境友好的有机合成反应"的 Gordon 研究会议,次年在牛津大学又召开了同样主题的第二届 Gordon 研究会议。1997 年美国国家科学院举办了第一届绿色化学与工程会议,展示了有关绿色化学的重大研究成果,包括生物催化、超临界流体中的反应、流程和反应器设计及"2020 年技术展望"等。次年又召开了主题为"绿色化学:全球性展望"的第二届绿色化学与工程会议,此次会议由美国化学学会主办,高度赞扬了在对环境友好的合成和过程开发中所取得的重大成果。1997 年由美国国家实验室、大学和企业联合成立了绿色化学院,美国化学会成立了"绿色化学研究所"。1998 年 8 月举办的第三次 Gordon 研究会议决定今后将联合世界各国每年召开一次,并出版了绿色化学论文集。1998 年 2 月召开了经济发展和合作治理危险顾问小组会议,会上美国环境保护署提出了四项革新性活动,其中一项即是绿色化学;1998 年 8 月在意大利召开了第二次会议,提出了近期亟待解决的有关问题。为了推动绿色化学更好的发展,推动绿色化学的研究和教育,来自工商界、科研所、国家实验室、政府机构的代表成立绿色化学所,研究对环境友好的化学过程和推广绿色化学的教育。

　　③ 绿色化学发展高潮阶段

　　1999 年开始对绿色化学的研究遍及全球。首先诞生了世界上第一本英文国际杂志 *Green Chemistry*,同时还在 Internet 上建立了绿色化学网站。绿色化学研究的 Gordon 会议在英国牛津多次召开,在欧洲掀起了绿色化学的浪潮。

　　英国出版了第一本绿色化学专著 *Theory and Application of Green Chemistry*。1999 年 6 月 29 日至 7 月 1 日美国的第三届绿色化学和工程会议举办,主题是"向工业进军",讨论现代工业如何有效利用资源,应用绿色化学科研成果等问题。8 月美国化学会召开国际性专题会议"如何利用再生资源",研究从可再生资源中再生化学物质的途径。同年 6 月 28 日在英国伦敦举办"生态设计及维持发展"会议,参加会议的 70 多名代表讨论了生物化学设计的有关问题。7 月 12 日至 13 日召开"可持续产品设计"会议。

　　澳大利亚皇家化学研究所(RACI)于 1999 年也设立绿色化学挑战奖,此奖项旨在推动绿色化学在澳洲的发展,奖励为防止环境污染而研制的各种易推广的化学革新及改进,表彰为绿色化学教育的推广作出重大贡献的单位和个人。其重点是:更新合成路线,提倡使用生物催化、光化学过程、仿生合成及无毒原料等。

2000 年美国化学会出版了第一本绿色化学教材书,旨在推动绿色化学教育的发展。1 月在 Monash 大学和联邦政府共同赞助下,成立澳大利亚研究协会专门研究中心,形成国际公认的绿色化学研究中心。

绿色化学组织和绿色化学网络在美国、意大利及英国的创立也表明了绿色化学已成为一个世界科技发展的热点。

绿色化学在近几年受到了世界各国的高度重视,绿色化学与技术已经成为各国政府关注的重要问题和任务之一,有关绿色化学的国际学术会议与日俱增,体现了全球性合作的趋势。

(2) 绿色化学在中国的发展

在联合国和世界银行的帮助下,从 1992 年起我国已逐步开始绿色工艺的理论研究和实际应用,目前已取得一定成效。但在紧接的几年里绿色化学在国内并没有受到应有的重视,直至 1995 年绿色化学问题才受到重视并提到议程上来。首先中国科学院化学部确定了"绿色化学与技术"的院士咨询课题,并建议国家科技部组织调研,将绿色化学与技术研究工作列入"九五"基础研究规划。1996 年召开了"工业生产中绿色化学与技术"专题研讨会就工业生产中的污染防治问题进行了交流讨论。

1997 年国家自然科学基金委员会与中国石油化工集团公司联合资助了"九五"重大基础研究项目"环境友好石油化工催化化学与化学反应工程"。中国科技大学绿色科技与开发中心就绿色化学举行了专题讨论会,并出版了"当前绿色化学科技中的一些重大问题"论文集。香山会议以绿色化学为主题召开了第 72 次学术讨论会,以"可持续发展问题对科学的挑战——绿色化学"为主要议题,分析了绿色化学在可持续发展问题中的重要地位。

1998 年在中国科技大学举办了第一届国际绿色化学高级研讨会,此后每年都举行一次国际绿色化学研讨会,第六届于 2003 年 10 月 17 日至 24 日在四川大学举办。

随着绿色化学研究的蓬勃发展,中国科技大学成为我国绿色化学的主要研究基地之一,四川大学、华南理工大学、山东大学、中国石油科学研究院、上海有机所也在国内绿色化学技术的研究方面担当重要角色。

7.1.3　绿色化学基本原理

绿色化学作为一门新的学科,经过十多年的研究与探索,该领域的先驱者已总结出绿色化学的十二条原理,目前已经被国际化学界所公认,也为绿色化学与技术研究的未来发展指明了方向。

1. 防止污染优于污染治理

随着化工行业的发展,现代化学产品的成本不仅包括化工原料与设备的费用,对化学物质的消费与处理也成为化学产品终端处置的重要组成部分。绿色化学要求设计、生产、运用环境友好化学品,并且生产过程是环境友好过程,从而防止污染,防止产生废弃物,从源头制止污染,而不是在末端治理污染。减低环境和人类健康受到危害的风险。

绿色化学与环境治理是两个不同的概念,环境治理是对已被污染的环境进行治理,使之恢复到被污染前的面目;而绿色化学则是从源头上阻止污染物生成的新策略,即污染预防。如果没有污染物的使用、生成和排放,也就没有环境被污染的问题,所以说防止污染优于污染治理。

2. 提高原子经济性

化学反应的理想目标是将使用的所有材料均转化至最终目标产物,该反应就没有废物或副产品排放。这种反应效率最高、最节约能源与资源,同时也避免了废物或副产物的分离与处理等过程。它改变了传统上用单一产率来描述某一合成方法的有效性和效率的弊端,即一个合成路线或一个合成步骤可达到 100%产率,但其产生的废物无论是在重量上还是在体积上都远远超过了所希望得到的产品。如果发生反应的原料为 1 mol,而生成的目标产物也为 1 mol,那么产率是 100%,根据这种计算方法该合成被认为是十分高效的。但是,这个转化过程在生成每 1 mol 产物的同时,也可能会产生更多的废物,甚至所得废物的量可能会比目标产物的量大许多倍。因此,尽管根据产率计算该合成方法是非常高效的,但同时可能会产生大量废物,而只用产率来计算是体现不出这些废物的产生的。

1991 年美国斯坦福大学 B. M. Trost 教授提出了"原子经济性"的概念。他认为化学合成应考虑原料分子中的原子最终进入目的产品中的数量,高效的合成反应应最大限度地利用原料分子的每一个原子,使之更多或全部转变为目标分子中的原子,以实现最低排放甚至零排放。原子经济性可用原子利用率衡量:

$$原子利用率 = \frac{预期产物的相对分子质量}{全部生成物的相对分子质量总和} \times 100\%$$

原子经济性的特点是最大限度地利用原料和最大限度地减少废物的排放。

3. 使用无毒或毒性小的物质

与传统意义上借助限制、规范、甚至取消化学过程或化学品以保护环境不同,绿色化学是把化学作为解决问题的方法而并非问题的本身,通过化学与化学技术自身的改进以实现污染防止。合成方法的设计决定了该过程的后续分离、废弃物处理等工序,在一个化工生产过程中占有极其重要的地位。

为了人类健康和环境安全,化学家在进行化学合成设计时要考虑反应的毒害问题。一般有两种方法可降低毒害,一种是降低暴露性,另一种为降低内在危害性。降低暴露有多种方式,如保护性服装、工程控制、防毒面具等。在进行评估和化学设计时不应该因为化学家懂得应如何对付毒害,而随意选择、不考虑可能造成的毒性、易燃性等危害。

通常反应初始原料的选择决定了反应类型或合成路线的许多特征。一旦原料决定下来,其他的选择就相应地随原料的改变而改变。原料的选择很重要,它不仅对合成路线的效率有影响,而且反应过程对环境、人类健康的作用也受原料选择的影响。原料的选择决定了生产者在制造化学品的操作中面临的危害、原料提供者生产时的危害以及运输的风险,所以原料的选择是绿色化学的决定性部分。

4. 设计化学产品时应尽量保持功效而降低其毒性

绿色化学的研究领域常被简称为"设计更安全的化学品",任何物质的分子结构和它的特性均有内在的联系。当这种联系被掌握时,化学家可以在很大程度上从化学品的分子结构预测其特性。研究产品多种多样,涉及染料、涂料、黏合剂、药品等,而且几乎涉及了各种性质,如颜色、拉伸强度、交联性、抗癌活性等。同时,化学家、毒性专家及药物专家们也开发了利用化学结构知识确定分子毒性的工具。基于以上的研究基础与知识,化学家们能够设计更安全的化学品,既能最大限度地获得化工产品所需要的性能,又能保证产品的毒性和危害性被降到最低点。

5. 尽量避免使用辅助剂,如必须使用时应是无毒的

(1) 辅助剂的使用情况

辅助剂的使用有助于一个或一些化学品能够顺利地进行转化,但其自身却不是这些化学品分子的组成部分,使用这些辅助性物质是为了克服在合成一个分子或生产某一化工产品时

所遇到的一些具体障碍。在化学品的制造、加工与使用中,辅助剂特别是溶剂与助剂的使用非常广泛,以至于很少有人评估其是否有使用的必要。通常,这些辅助剂对人类与环境有一定的负面影响。

(2) 辅助剂的影响

辅助剂的广泛使用往往会对人类健康和环境产生一些问题。氯甲烷、氯仿、四氯化碳等卤化物溶剂及苯等芳香烃溶剂长期以来被认为同人类致癌有关。人类在利用它们的优点的同时,也给人类健康、环境及居住的生物圈带来了危害。溶剂对环境造成影响的最著名例子就是臭氧层的破坏。氯氟烃对人类及野生动物的直接毒性很小,并具有较低的事故隐患,如不易燃烧、不易爆炸等优点,在 20 世纪得到了广泛的利用,没人怀疑其在各种用途中的有效性,但是氯氟烃对臭氧层的破坏与造成的环境影响是众所周知的。

挥发性有机化合物被广泛用作溶剂,如各种碳氢化合物及其衍生物。这些物质同大气臭氧的产生有关,为许多患有呼吸疾病的人带来极大的痛苦。

目前,环境部门已制定出法规来控制可作为溶剂的化学品。例如 CFCs,由于其对臭氧层的破坏性,使用已受到控制。人们正在寻找各种 CFCs 替代物,以减轻对环境的影响。

分离操作中所用辅助剂也对人类健康与环境具有影响。用于将产品从副产品、混合物产品、杂质或其他相关物质中分离出来的分离剂的用量一般较大,成本较高。同时,无论是机械分离还是热分离,均消耗大量的能量。而分离完成后,所用的分离剂就成为废物流的一部分,需要进一步的处理与处置。

一个常用的分离(净化)方法为再结晶,该方法要求加入能量及物质来改变已溶解组分的溶解度以达到析出分离。这种操作不仅要考虑所加入物质与能量对废物流的影响,还应考虑其固有的危害性。

(3) 绿色辅助剂

辅助剂的使用不仅对人类健康和环境产生危害,而且大量地消耗能源和资源。因此,应尽量减少其使用量。在必须使用时,应选择无害的物质来替代有害的辅助剂。绿色辅助剂的研究是绿色化学的研究方向之一,下面介绍几种绿色辅助剂。

① 超临界流体

超临界流体是指当物质处于其临界温度和临界压力以上时所形成的一种特殊状态的流体,是一种介于气态与液态之间的流体状态。这种流体具有液体一样的密度、溶解能力和传热系数,具有气体一样的低黏度和高扩散系数,同时只需改变压力或温度即可控制其溶解能力并影响它作为介质的合成速率。因此,其可作为某些有害溶剂的替代物。

由于超临界流体的特有性质,其在萃取、色谱分离、重结晶以及有机反应等方面表现出很强的优越性,从而在化学化工中获得实际应用。在有机合成中,CO_2 由于其临界温度和临界压力较低、具有能溶解脂溶性反应物和产物、无毒、阻燃、价廉易得、可循环使用等优点而迅速成为最常用的超临界流体。

② 水

水是地球上最无毒害的物质,是可获得的最安全的溶剂,用水来替代有机溶剂是一条可行的途径。研究表明,有些合成反应不仅可以在水相中进行,而且还具有很高的选择性,超临界水反应的研究十分活跃。例如,环戊二烯与甲基乙烯酮发生的 D-A 环加成反应,在水中进行较之在异辛烷中进行速率快 700 倍。同传统的溶剂相比,使用水做溶剂不会增加废物流的浓度。因此,水是理想的环境无害溶剂。

③ 固定化溶剂

实现溶剂固定化的方法有多种，但目标是一致的，即保持一种材料的溶解能力而使其不挥发，并将其危害性不暴露于人类和环境。常用的方法有将溶剂分子固定到固体载体上；或直接将溶剂分子建在聚合物的主链上。此外，人们正在开发一些新的聚合物，这些聚合物本身具有溶剂的性质，但却不具备构成危害的性质。

④ 无溶剂

无溶剂反应是减少溶剂和助剂使用的最佳方法，其不仅在对人类健康与环境安全方面具有巨大优点，而且有利于降低费用，是绿色化学的重要研究方向之一。目前有许多大学与公司在从事这方面的研究，已开发出几种途径来实现无溶剂反应。在无溶剂存在下进行的反应大致可分为三类：原料与试剂同时起溶剂作用的反应；试剂与原料在熔融态反应，以获得好的混合性及最佳的反应条件；固体表面反应。固态化学反应的研究吸引了无机、有机材料及理论化学等多学科的关注，某些固态反应已用于工业生产。固态化学反应实际上是在无溶剂存在的环境下进行的反应，有时比在溶液环境中的反应能耗低、效果更好、选择性更高，又不用考虑废物处理问题，有利于环境保护。

6. 能量使用应最小并应考虑其对环境及经济的影响

(1) 化学工业能量消耗

长期以来，人们已经意识到能量的使用对环境产生的巨大影响。化学及化学转换在将物质转换成能量及将已存在的能量转换成可用的形式上起主要作用。然而，化学领域需要绿色化，以使这些过程成为可持续过程。目前，工业化国家消耗了大量能源，而在这些能源中，化学工业所消耗的能源占很大比重，是耗能最大的工业之一(图 7-1)。因此，必须在化学过程的设计中充分考虑能量的节约与最佳利用。

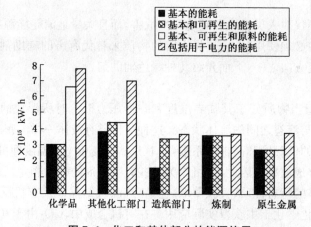

图 7-1　化工和其他部分的能源使用

(2) 化学反应中的能量需求

化学反应通常是原料和试剂一起在溶剂中加热回流，直到反应完全。但一个反应到底需要多少热能或其他能量却没有分析过。对于一个需要加入外界能量才能发生的反应，往往需要加入一定的热量用以克服其活化能。这类反应可以通过选择合适的催化剂来降低反应活化能，从而降低反应发生所需的初始热量。若反应是吸热的，则反应开始后需要持续加入热量以使反应进行得完全。相反，若反应是放热的，则需要冷却以移出热量来控制反应。在化工生产中有时也需要降低反应速度以防止反应失控而发生事故。无论加热还是冷却，均需要较大的费用并对环境产生影响。

（3）分离过程中的能量需求

纯化和分离过程是化学工业中最消耗能量的过程之一。不论纯化或分离是否通过蒸馏、重结晶还是通过超过滤来进行,都要耗费能量以保证产物与杂质的分离。在设计一个能够最大限度地减少这些产物与杂质分离的化工过程的同时,化学家们也在很大程度上保证了不需要使用大量的能量来获取产物。

（4）可利用的能量

① 电能 电能是除了传统的热能外,运用较多的一种能量形式。电化学过程是清洁技术的重要组成部分,由于电解一般无需使用危险或有毒试剂,通常在常温常压下进行,在清洁合成中具有独特的魅力。

② 光能 运用环境友好的光化学反应来替代一些需用有毒试剂的化学反应是近年来研究较多的课题。

③ 微波 在许多情况下,微波技术显示了极大的优势,即不需要通过持续加热来使反应进行,而且在固体状态下的微波反应避免了在有溶剂的反应中溶剂所需的额外的热量需求,节省了能量。微波协助萃取在环境样品的有机氯化合物的检测中就显示了其优越性,表现在微波条件下的萃取不需热能,萃取时间短,且萃取效果更完全。

④ 声波 一些反应如环加成、周环反应可采用超声波的能量来催化进行。研究发现超声能对某些类型的转换可以起催化剂的作用。通过超声技术,反应物质的局部环境得到改善以促进化学转换的发生。

（5）优化反应的能量要求

当一个合成路线被证明可行时,化学家往往要通过"优化"它而提高产率或转化率。与此同时,能量的需要却常常被忽视了。化学家不仅要对一个反应路线产生的有害物质负责,而且对反应或生产过程中的能量消耗负责,通过设计反应体系,能量需求可以改变很多。设计反应的化学家可以通过对一个反应体系进行调节与优化,从根本上改变其对能量的需求从而使该过程的能耗最低。因此,化学家在设计化学过程的各个阶段时均应充分考虑能量问题并使能耗最小。

7. 最大限度地使用可更新资源作为原料

（1）资源的使用对环境的影响

化石燃料的使用已长期地对人类健康和环境产生负面影响。如煤的采掘与石油开采中对操作人员肺的危害,并对生长环境造成破坏。另外,石油炼制造成了严重的空气污染等。

化工原料多数来自石油炼制,由于石油很少含有氧元素,往往需要氧化反应来获得某些产品。众所周知,氧化反应通常需要重金属作氧化剂,对人类健康与环境造成极大危害。因此,氧化化学被认为是污染最严重的化学。相反,生物质含有一定的氧,用其作原料可以避免或减少氧化步骤从而降低环境污染。

（2）生物质原料

从绿色化学的高度来考虑,作为人类能够长久依赖的未来资源和能源,它必须是储量丰富,最好是可再生的,而且它的利用不会引起环境污染。基于这一原则,普遍认为以植物为主的生物质资源将是人类未来的理想选择。所谓生物质可理解为由光合作用产生的所有生物有机体的总称,包括农作物、林产物、林产废弃物、海产物(各种海草)和城市废弃物(报纸、天然纤维)等。生物质资源不仅储量丰富,而且可再生。绿色植物利用叶绿素通过光合作用把 CO_2 和

H_2O 转化为葡萄糖并把光能储存在其中,然后进一步把葡萄糖聚合成淀粉、纤维素、半纤维素、木质素等构成植物体本身的物质。据估计,作为植物生物质的最主要成分——木质素和纤维素每年以约 1 640 亿吨的速度不断再生,如以能量换算,相当于目前石油年产量的 15～20 倍。如果这部分资源能得到利用,人类相当于拥有了一个取之不尽、用之不竭的资源宝库。

生物质作为原料在经济与环境方面也不是没有问题的。首先是生物质原料在需要时的可获得性。如在自然灾害发生或持续大量需要时,生物质原料可能没有足够的数量以满足要求,从而影响经济发展与效益。其次,生物质原料的生长需要大量的土地与能量。因此,以生物质资源作为工业生产的原料也有一定的限制。特别是工业化国家,土地稀少,人口密度大,没有足够的空间提供大量生物质原料生长所需的土地。

8. 避免不必要的衍生步骤

目前,化学合成特别是有机合成,变得越来越复杂,其要解决的问题也越来越具有挑战性。有时为了使一个特别的反应发生,需要通过进行分子修饰或产生所需物质的衍生物来辅助实现。下面介绍化学合成中的一些衍生现象及其弊端。

(1) 保护基团。一个最常用的技术是保护基团方法的使用。当进行多步反应时,常常有必要把一些敏感官能团保护起来,防止其发生不希望的反应,否则会危害其功效。一个典型的例子是通过产生二苄醚来保护醇,以使分子的另一部分发生氧化反应而不影响醇。氧化反应完成后,通过二苄醚的解离可容易地重新生成醇。这种形式的衍生在精细化学品、制药、农药及一些染料的合成中广泛地使用。很显然,在上面的例子中,苄基氯被用来生成衍生物质,然而在解保护时其便成为废物。苄基氯的毒性很大,需要进行处理。该方法不仅消耗了额外的试剂,而且产生需要处理的废物,应在一切可能的条件下,尽量避免使用保护基团的方法。

(2) 暂时改性。通常为了某种加工需要,要改变某些物质的物理或化学性质。如有时要对黏度、蒸气压、极性及水溶解度等进行暂时的改性以易于加工;或暂时把一种化合物转化成它的盐以便于分离。同保护基团法一样,当功能完成后,原始物质可以容易地再生成。显然,在原始材料再生过程中,所加入的辅助材料成了废物。如在聚合物的加工中,为了获得良好的流动性,需要将聚合物溶解于某种溶剂中,而在加工成型后需要通过挥发等方法去除所加入的溶剂,以获得所需的最终聚合物材料。在该过程中,溶剂的使用只是为了加工的需要,其最终成为废物。这不仅消耗了资源,也对人类健康与环境造成危害。

(3) 加入功能团提高反应选择性。在设计一个合成方法时,化学家总是追求高选择性。当一个分子中存在几个反应位置时,必须适当地设计合成方法以使反应发生在所需要的位置。实现这种目标的方法之一是先使这个位置引入一个易于同反应物反应的衍生基团,而该基团又能容易地离开。这样反应就可以优先发生在所要求的位置,提高了反应的选择性。显而易见,这种方法需要消耗试剂来产生衍生物,而该试剂最终成为废物。

综上所述,衍生步骤不仅消耗资源和能量,而且必然产生废物。有时所需的试剂或所产生的废物具有较大的毒性,还需要特殊处理。因此,在化学过程中应最大限度地避免衍生步骤,减少衍生物,以降低原料的消耗及对人类健康与环境的影响。

9. 尽量采用高选择性的催化剂

只有很少几种化学反应,其所有反应物的原子均转化至产物中,且不需要加入其他试剂。在这种情况下,化学计量反应具有 100% 的原子经济性,是环境友好的化学反应。然而大多数情况下,化学计量反应具有下列一些问题:①部分反应原料不能完全发生反应,因此即使产率是 100%,也还有剩余的未反应原料;②原料中只有部分是最终产品所需要的,因此其他的部分就成为废物；③为了进行或促进反应，需要加入额外的试剂，而这些试剂在反应完成后需要排放到废物流中。

由于这些原因，催化剂的使用是有益的，催化反应较传统的化学计量反应具有许多突出的优点。催化剂的作用是促进反应的进行，但本身在反应中不被消耗，也不结合到最终产品中。这种促进作用有两种形式。

(1) 增强选择性。利用催化作用来增强反应的选择性是一个长期的重要研究领域，选择性催化可实现反应程度、反应位置及立体结构方面的控制。选择性催化不仅可提高原料的利用率，而且可降低废物的产生，是绿色化学的重要工具与研究方向。

(2) 降低反应活化能。催化剂可以降低反应活化能，这不仅有益于控制而且可以降低反应发生所需的温度。在大规模生产中，这种能量降低无论从环境影响方面还是从经济影响方面来看，均是非常有益的。

选择合适的、环境友好的催化剂，则可以开发新的合成路线，缩短反应步骤，提高原子利用率。

10. 设计可降解化学品

(1) 现状

化学品在被使用或被释放到环境中后，其在环境中保持原状，或被各种植物和动物吸收并在动植物体内累积与放大。通常，这种累积可对人类和生物体产生危害，包括直接的影响和间接的影响。

由于以往在化学品的设计中没有或很少考虑其使用后的处理及其对人类健康与环境可造成的影响，目前许多化学品难以降解，如有机氯农药、塑料等。由于其在环境中不易消失，因此成为主要的化学污染源之一。为此，目前许多研究人员致力于研究开发非持久性化学物质，特别是可生物降解物质，来替代持久性化学物质，如可降解塑料、新农药等。

(2) 环境中的持久性物质

① 塑料　塑料曾因其持久耐用性而受到欢迎，其在土壤、海洋及其他水介质中不易降解，具有很好的稳定性。塑料的这些性质扩大了其用处，但也同时带来了环境问题，那就是塑料难以降解成无害物质而在其被使用后长期存在于环境中，成为白色污染。目前，人们正在大力开发塑料的降解方法及可降解的新塑料。

② 农药　许多农药是有机卤代结构的物质，这些化学品易于在许多植物与动物体中累积。这种累积不仅对其本身有害，也对消费这些动植物的人类产生严重影响。农药中最早被发现有这种作用的是双对氯苯基三氯乙烷（DDT）。

(3) 设计中应考虑降解功能

无论设计什么样的化学产品，目的均是要使所设计的化学物质具有所需的功能与性质。目前，这些性质已不仅仅包括其使用功能，而且还应包括使用后的易降解性。例如，一种塑料用作垃圾袋时，除了应具有所需的功能外，一个重要的性质是其使用后应易于降解，否则将成为新的白色垃圾并造成白色污染。

在开发降解方法与设计化学品的降解性时，应考虑降解后生成物质的危害性。若降解生成的物质具有相近或更大的危害性，则降解的目的就没有实现。正如绿色化学的其他过程一样，降解过程的开发与设计应充分考虑其对人类健康、生态系统、野生动物及整体环境污染的影响。

11. 分析方法应实现在线监测并在有害物质形成前加以控制

自从环保运动开始以来，分析化学家们已经在进行测定和监测环境问题方面的工作。现在分析化学领域中的一个重点是开发在化学过程的进行之中就能防止或极度降低有害物质产生的方法和技术。

以绿色化学为目的的在线分析化学的发展是基于"如果不能测定就不能控制"这样一个前提。为了对化学过程施加影响,人们需要有准确和可信赖的传感器、跟踪器和分析技术来测定反应过程中存在的有害物质。

为了达到绿色化学的目的,被开发的分析技术既可用于在线分析也可用于即时分析。利用这些功能,可以对一个化学过程中有害副产品的产生和副反应进行跟踪。当微量的这些有毒物质被检测到以后,也许能够通过调节该过程的一些参数以及时减少或消除这些物质的形成。如果把传感器和过程控制系统直接连接起来,这种极度降低有害物的过程很可能会实现自动化。

应用在线分析化学的一个例子是跟踪反应过程以测定反应是否已经完成。在许多情况下,化学过程需要不断地加入试剂直到反应完成为止。如果有一个即时在线的检测器能让我们测定反应是否完成,那么就不需要加入更多的过量试剂,从而就能够避免过量使用有可能会造成危害的物质,这些有危害的物质也不会进入到废物流中。

12. 防止生产事故的安全工艺

化学工业中防止事故发生的重要性是众所周知的,因为许多化学意外事故严重影响了人们的健康和生命,恶化了当地的生态和生存环境,造成巨大的经济损失,化工事故对于地方区域有着毁灭性的影响。绿色化学的目标是消除或减少所有的危害,而不仅仅是污染与毒性。

减少废物的产生以防止污染是一个有效的污染防止方法,但该方法存在着导致事故发生的可能性增加的隐患。在某些情况下,将过程的溶剂循环使用可以防止污染及向环境中的释放,但这也可能增加化学事故或火灾的隐患。一个过程必须有效地处理好污染防止同事故防止之间的平衡。由于不能完全避免意外事故,所以最理想的方法就是使用现存物质的最良性形式。

达到安全化学过程的途径之一是慎重选择物质及物质的状态,在化学品及化学过程的设计中选用的物质及其形态应做到将发生意外事故的可能性降到最低,这其中包括泄漏、爆炸和火灾等;还应充分考虑由选用的物质的毒性、易燃性、易爆性所带来的危害;考虑使用固体或具有低蒸气压的物质替代易挥发液体或气体;避免大量使用卤素分子,而用带卤原子的试剂替代。另外,可利用及时处理技术对有害物质进行快速处理。通过这种技术,化工公司可消除长期大量贮存有害物质的需要,从而大大降低事故的隐患。

7.2　绿色化学的应用

7.2.1　绿色化学的主要研究方向

绿色化学同整个化学学科一样具有广阔的前景,难以作出预测或综述。绿色化学的基础是不断地改进、发现和创新,最终达到与环境友好的目标。在长期研究中,研究者根据现有的知识可以推断出一些既有价值与挑战性,又能表明绿色化学有潜力作出巨大贡献的研究领域。

1. 氧化剂和催化剂

随着近年来氧化反应的研究取得显著进展,其带来的影响也逐渐显现出来。氧化化学是最需要的化学技术之一，也是污染最严重的化学技术之一。现代化学工业绝大部分依赖于石油产品，这些产品几乎完全是不含氧的，而氧化反应可以使这些产品最后变成可应用的化工产品。

历史上，许多氧化剂和催化剂都含有毒性物质，如重金属铬。由于这些物质的使用量很大，释放至环境中的量也较大，对人类健康和环境造成很大的负面影响。为了改变氧化反应的这个问题，人们已致力于开发既环境无害又具有高选择性、高效率及高经济效益的绿色化学技术。新的氧化反应将使用耐用、高循环性的催化剂而不是化学计量试剂。如需要使用重金属，则应选择铁等无害金属。

新的绿色氧化反应的关键是使用和产生无害或几乎无害的物质，并具有最大的原子经济性。这是一个很有吸引力的研究领域，应在未来的时间里产生重要的研究成果，并将对所有产品、过程和工业部门产生巨大的影响。

2. 生物模拟多功能试剂

人类从自然界学到了许多有益的知识，这不仅体现在人类生活的各个方面，在化学中也是如此。如果科学家能阐明生物体系产生其作用的机理，这种利用生物模拟设计催化剂和试剂的方法，将使所设计的化学品拥有生物体系的一些令人羡慕的特征，如酶的特征。目前，合成用催化剂和试剂一般只用来完成一个转换，而生物体系往往可用一种试剂完成几种变换。这些变换可包括活化、结构调整及一个或多个实际的转换或衍生。

3. 组合绿色化学

组合绿色化学是一种通过反应矩阵，在小规模上很快地产生许多化合物的应用方法。这种方法已得到了广泛的使用，特别是在制药行业上。历史上，如果一个制药公司发现了一个很有希望的化合物，则其制造这种化合物的大量衍生物以测试它们的功效及选择最佳产品。组合绿色化学的出现使得可以制造大量的物质，并对它们的性能进行评定，但不像以往那样需要处理大量的废物及相关材料。

4. 可同时防止和解决污染问题的化学技术

人们发现许多为了防止污染而开发的绿色化学技术，同时具有处理已存在污染的能力。例如建筑材料业上 CO_2 作为原料的使用，该技术通过将 CO_2 加到材料中，从而提高该材料的操作性能，如混凝土或其他可作墙板的材料。该技术开发了 CO_2 的一个用途，不仅防止了污染，也通过减少向大气中排放的 CO_2 的数量而减轻已存在的温室气体问题。

其他的废物，如许多化工过程产生的副产物——卤化芳香物，已通过使用新的生物催化技术而得到利用。同样，这些已存在和正被产生的废物需要进行处理与处置。通过使用新的绿色化学技术，这些已存在的环境问题可被解决或部分解决。

5. 无溶剂反应的广泛应用

无溶剂反应体系是指反应和整个制备过程在无溶剂的条件下进行的，其中包括：熔融态反应、干的研磨态反应、等离子态反应和纯的以固体作为载体的反应。这些技术采用某些非传统的反应条件，如微波、超声波和可见光进行转换。随着整个无溶剂合成方法和其他转换方法的发展，为了获得最大的效益，在这个领域中还需要开发无溶剂条件下产品的分离和纯化方法。

6. 关于能源问题的研究

能源使用的环境影响虽没有化学品制造、使用与处理中所使用材料的危害性那么直观，但其仍产生深远影响。化学变换中的能源问题是绿色化学的关键研究问题之一。催化技术带来的能源效益是很大的,特别是在石油化工中,其作用更大。绿色化学的一个主要挑战为如何开发与设计可以有效地获得、贮存和传递能量的廉价物料与材料。同时,绿色化学必须解决由于使用低效、污染能源而引起危害人类健康与环境的直接和间接因素。

7. 共价键衍生

化学品的制造、加工和使用很大程度上取决于共价键的形成与断裂。人们通常说合成有机化学本身就是研究 C—C 键形成与断裂的一门学科。这种说法是不准确的,化学可在无键形成时发生。例如,通过使用动力络合可以暂时形成改进的化学结构,分子的性质可在需要其实现一个特殊功能的时期里改变,这样可以避免完全衍生时所产生的所有废物。

7.2.2　绿色化学的应用

1. 绿色化学在玻璃工业中的应用

(1) 现状

色彩斑斓的玻璃制品给人以赏心悦目的感觉,为我们生活增添了不少的情趣。可是,却包含着有害甚至剧毒的元素,如铅、铬、镉、镍、铜、锰、砷等重金属,以及氟、氯、硫等非金属。在工业生产过程中,这些元素会释放、汽化,污染大气、水源,以致对人类造成伤害。

(2) 绿色玻璃制品

① 优化玻璃的化学成分

为了避免或减少玻璃容器中有害物质的溶出,首先必须优化玻璃的化学成分。在铅玻璃中加入一定数量的 Al_2O_3 并用 Na_2O 代替 K_2O 可减少铅的溶出量。氧化砷在玻璃的制造中用作澄清剂,但其毒性较大。用砷酸钠代替氧化砷,可使毒性减至 1/60,且在运输过程中无粉尘飞扬。

② 炉渣玻璃

钢铁工业及有色冶金工业的发展产生了大量炉渣。以我国为例,每年的冶金炉渣排放量便超过了 700 万吨,累计多达 2 000 多万吨,目前利用率不到 5%。若用以生产炉渣玻璃陶瓷制品,由于配料中可加入 50%~60% 的炉渣无疑是保护生态环境的一种最有效的方法。不仅如此,尚能产生巨大的经济效益。炉渣玻璃比普通玻璃具有更高的抗弯、抗压强度,极高的耐磨性能,良好的热性能(能耐 1 000℃ 的冷热温差),优良的电绝缘性能和稳定的化学性能。

③ 生态环境玻璃

生态环境玻璃材料是指具有良好的使用性能或功能,对资源能源消耗少,对生态环境污染小,再生利用率高或可降解与循环利用,在制备、使用、废弃直到再生利用的整个过程与环境协调共存的玻璃材料。这种生态玻璃具有降解大气中由于工业废气和汽车尾气以及室内装饰材料所产生的污染;还可以降解积聚在玻璃表面的液态有机物,同时能起到抗菌、杀菌和防霉的作用。

2. 绿色化学在涂料工业中的应用

(1) 现状

涂料中的化学物质除成膜基质外,其余物质如溶剂、增塑剂、添加剂等,大多是易挥发性的有机物,并带有一定的毒性,这些物质是涂料污染大气的主要来源。特别是有机溶剂,使用量大、挥发性强,对人畜损害程度较大。据报道,全世界每年向大气排放的碳氢化合物约达 2 000 万吨,其中约有 350 万吨是涂料中的有机溶剂。有机溶剂挥发到大气中通过呼吸进入人体后会损害人体。

（2）绿色涂料

① 水性涂料

水性涂料的主要特性是以无毒的水代替有毒的有机物作为涂料溶剂，减少或消除涂料挥发性的有机物对大气的污染。水性涂料仍然会含部分有机溶剂（作助溶剂，但量较少）。

② 无溶剂涂料

无溶剂涂料包括粉末涂料和光固化涂料，由于涂料不含溶剂，环境的污染问题可得到较彻底的解决。因此，它们受到极大的重视，发展十分迅速。

3. 绿色化学农药工业的应用

（1）现状

据世界卫生组织（WHO）对 19 个国家的统计，全世界每年发生 50 万起农药急性中毒事故，涉及 200 万人，其中大约 4 万人死亡。每 10 万个接触农药的农业人口中，每年有 6～79 个发生农药中毒事故。除了急性中毒外，在自然界中不能降解的农药，通过食物链的传递和浓缩，最终到达人体，在内脏、脂肪中累积而引起各种疾病，甚至癌症。据统计，农村小孩白血病中 50％与农药有关，而新生儿畸形的比率比城市多一倍，也与农药有关。1997 年癌症研究国际组织已证明在动物试验中有足够致癌证据的农药 26 种，有一定致癌证据的农药 16 种，其中不少农药至今仍在生产和使用。

（2）绿色农药

① 超高效低毒农药

所谓超高效低毒农药，就是指新开发的农药对靶标生物活性高，每公顷耕地施用量仅10～100 g，且对人畜基本上无毒，对害虫天敌和益虫无害，易在自然界中降解、无残留或低残留的农药。

② 氨基酸类农药

作农药用的氨基酸衍生物由于具有毒性低、高效无公害、易被生物全部降解利用、原料来源广泛等特点，因此一出现就显示出强大的生命力。

③ 生物农药

有学者认为既然农药对靶标动物、植物、微生物有杀灭或抑制作用，就很难避免对其他动物、植物、微生物和人类的伤害。而所谓的生物农药就是利用自然生态中能杀灭农作物病虫害的微生物，进行大规模人工培养而制备的生物制剂。该农药不污染环境，不伤害天敌，害虫难以产生抗药性，对人和动物安全，因而广受世界各国的高度重视被誉为"绿色农药"。

4. 开发新型催化剂

80％以上的化学品均是通过催化反应制备的，催化剂在当今化工生产中占有极为重要的地位，而新催化材料是创造发明新催化剂的源泉，也是开发绿色化工技术的重要基础。通过新催化剂的开发形成新工艺、新技术，最终提高反应的原子经济性。环氧丙烷的生产就是一个很好的例子。

环氧丙烷是一种重要的有机化工原料，在丙烯衍生物中是产量仅次于聚丙烯和丙烯腈的第三大品种，主要应用于制取聚氨酯所用的多元醇和丙二醇，用以生产塑料等；还可作为溶剂使用。国内现有的生产技术是从国外引进的氯酸法。

5. 采用新合成原料

初始原料的选择是绿色化学所应考虑的重要因素，寻找替代的、对环境无害的原料也是绿色化学的主要研究方向之一。目前，绝大多数有机化学品是用石油作原料合成的。石油炼制消耗大量的能量,而氧化过程是所有化学合成中污染最严重的过程。因此,十分有必要开发石油的替代原料,以减少其在化学合成中的使用。生物质是理想的石油品替代原料,包括农作物、植物及其他任何通过光合作用生成的物质。由于其含有较多的氧元素,在产品制造中可以避免或减少氧化步骤的污染。同时,用生物质作原料的合成过程较以石油作原料的过程的危害性小得多。当然,生物质炼制中产生的原料也可作为石油化学炼制中的原料,而进一步用于制造其他产品。

(1) 用生物物质制造汽车燃料——乙醇

目前,世界大约有 7.5 亿辆机动车,每年共需消耗约 9 亿吨汽油和 10 亿吨柴油。按此速度消耗,世界石油资源将在 50 年内面临枯竭的危险。以谷物淀粉为原料的发酵法制造酒精,是一门具有 4 000~5 000 年的古老工艺,而酒精作为机动车燃料的潜力多年来已为人所知。目前酒精作为机动车燃料主要还是掺入汽油中,与汽油混合使用。酒精可作为机动车燃料已成为不争的事实。但传统的发酵工艺,以谷物为原料,原料成本高,且利用率低,能耗很大,因此酒精产品成本较高。要想将其大规模用于机动车燃料还必须降低成本。降低成本的办法有二,其一是利用基因工程改进酵母的性能以提高过程效率,其二是采用更为廉价的纤维素原料。

(2) 用生物物质制造天然气

天然气也称沼气,其主要成分是甲烷,目前广泛用作发电厂和家庭用燃料,部分天然气还用作化工原料。尽管目前天然气资源储量多于石油,但其储量也是有限的,估计如以天然气为人类的主要能源,充其量也只能使用 100 年。另外,天然气储量分布不均,而输送设备建设投资巨大,因此开发生物质资源制备天然气技术具有重大意义。

(3) 生物制氢

氢气被认为是未来最为理想的能源。氢气燃烧热效应大,且只产生水,因而是高效清洁的燃料。以氢燃料电池驱动的汽车早已问世,但由于传统的电解制氢等方法成本较高,而缺乏实用价值。生物制氢技术,以制糖废液、纤维素废液和污泥废液为原料,采用微生物培养方法制取氢气。在微生物生产氢气的最终阶段起着重要作用的酶是氢化酶。氢化酶极不稳定,例如在氧存在下就容易失活。因此,生物制氢的关键是要提高氢化酶的稳定性,以便能采用通常发酵方法连续较高水平生产氢气。

本 章 小 结

绿色化学是一门具有明确的社会需求和科学目标的新兴交叉学科,已成为当今国际化学学科研究的前沿之一,许多机构已将绿色化学教育和绿色化学研究并列为长期目标。绿色化学研究的目标就是从节约资源和防止污染的观点来重新审视和改革传统化学,运用现代科学技术的原理和方法从源头上减少或消除化学工业对环境的污染,从根本上实现化学工业的"绿色化",达到环境、经济和社会三方面的和谐发展。本章介绍了绿色化学的理论与应用,阐明了绿色化学在建立可持续技术方面的作用与意义。

习 题

1. 什么是绿色化学?
2. 简述绿色化学的基本原理。
3. 举例说明绿色化学在现代化学工业中的应用。

4. 绿色化学与普通化学有何区别?

阅读材料

美国总统绿色化学挑战奖

美国总统绿色化学挑战奖(Presidential Green Chemistry Challenge Award，PGCCA)，是世界上最早设立、最新颁发、规模最大、水平最高、影响最广的绿色化学研究国家级奖励。美国总统绿色化学挑战奖,自1995年由总统克林顿设立、1996年首次颁发以来,不断受到世人的瞩目。该奖在于奖励在创建"更清洁、更便宜、更敏捷"的化学工业中获得重大突破的个人、团体和组织,鼓励减少毒性并可取代现有工艺的研究和开发,同时减少或消除工业生产中的废弃物,以达到预防污染目的的基础技术和创新技术的承认。

绿色化学技术是指将绿色化学的基本原理应用于化学研究、化工制备以及化学品的利用等方面,绿色化学是近10年才产生和发展起来的,它有别于传统的环境污染治理的方法,是从源头上减少且消除环境污染,因此绿色化学的成就对于环境保护来说具有根本意义。它涉及化学的有机合成、催化、生物化学、分析化学等学科,内容广泛。

美国化学界已把"化学的绿色化"作为21世纪化学进展的主要方向之一。美国"总统绿色化学挑战奖"(PGCCA)则代表了在绿色化学领域取得的最高水平和最新成果,从中可以看出绿色化学与技术的主要内容。美国总统绿色化学挑战奖每年由美国化学会召集的独立技术专家小组从近100项候选项目中评选出5个个体和组织进行奖励。美国总统绿色化学挑战奖开始时共设立了更新合成路线奖、改进溶剂和反应条件奖、设计更安全化学品奖、小企业奖以及学术奖5个奖项。2006年将其中3个奖项在名称上作了修改,即现在的五个奖项:学术奖(Academic Award)、设计更绿色的化学品奖(Designing Greener Chemicals Award)、更加绿色化学反应条件奖(Greener Reaction Conditions Award)、更加绿色的合成路线奖(Greener Synthetic Pathways Award)、小企业奖(Small Business Award)。美国总统绿色化学挑战奖规定,所获得的成就必须是在过去五年内在美国起到开创性的、具有里程碑意义的工作。

参考文献

[1] 杨德利. 绿色化学. 郑州:黄河水利出版社,2008.
[2] 李德华. 绿色化学化工导论. 北京:科学出版社,2005.
[3] 胡常伟,李贤均. 绿色化学原理和应用. 北京:中国石化出版社,2006.

实训项目一　地表水高锰酸钾指数的测定

一、实训目的

1. 了解 COD_{Mn} 和 COD_{Cr} 法的意义和区别。
2. 掌握采用高锰酸钾法测定 COD 的原理、步骤。

二、实训原理

水样 COD 的测定，会因加入氧化剂的种类和浓度、反应溶液的温度、酸度和时间以及催化剂的存在与否而得到不同的结果。因此，COD 是一个条件性的指标，必须严格按操作步骤进行测定。COD 的测定有几种方法，对于污染较严重的水样或工业废水，一般用重铬酸钾法或库仑法，对于一般水样如河流、湖泊等地表水可采用高锰酸钾法。由于高锰酸钾法是在规定的条件下所进行的反应，所以水中有机物只能部分被氧化，并不是理论上的全部需氧量，也不能反映水体总有机物的含量。因此，常用高锰酸钾指数这一术语作为水质的一项指标，有别于重铬酸钾法测定的化学需氧量。高锰酸钾法分为酸性法和碱性法两种，本实训项目以酸性法测定水样的化学需氧量，即高锰酸钾指数，以 mg/L 表示。

水样加入硫酸酸化后，加入一定量 $KMnO_4$ 溶液，并在沸水浴中加热反应一段时间，然后加入过量的 $Na_2C_2O_4$ 标准溶液，使之与剩余的 $KMnO_4$ 充分作用。再用 $KMnO_4$ 溶液回滴过量的 $Na_2C_2O_4$，通过计算求得高锰酸钾指数值。反应式如下：

$$4MnO_4^- + 5C + 12H^+ \longrightarrow 4Mn^{2+} + 5CO_2 + 6H_2O$$

$$2MnO_4^- + 5C_2O_4^{2-} + 16H^+ \longrightarrow 2Mn^{2+} + 10CO_2 + 8H_2O$$

三、仪器与试剂

1. 仪器
（1）沸水浴装置。
（2）250 mL 锥形瓶。
（3）50 mL 酸式滴定管。
（4）定时钟。

2. 试剂
（1）高锰酸钾储备液（$1/5KMnO_4 = 0.1\,mol/L$）　称取 3.2 g 高锰酸钾溶于 1.2 L 水中，加热煮沸，使体积减小到 1 L，在暗处放置过夜，用 G-3 玻璃砂芯漏斗过滤后，滤液贮于棕色瓶中保存。使用前用 0.1 mol/L 的草酸钠标准储备液标定，求得实际浓度。

（2）高锰酸钾使用液（$1/5KMnO_4 = 0.01\,mol/L$）　吸取 100 mL 的高锰酸钾储备液，用水稀释至 1 000 mL，贮于棕色瓶中。使用当天标定。

（3）草酸钠标准储备液（$1/2Na_2C_2O_4 = 0.1\,mol/L$）　称取 0.670 5 g 在 105～110℃烘干 1 h 并冷却的优级纯草酸钠，溶于水，移入 100 mL 容量瓶中，稀释至标线。

（4）草酸钠标准使用液（$1/2\,Na_2C_2O_4 = 0.01\,mol/L$）　吸取 10.00 mL 草酸钠标准储备

液移入 100 mL 容量瓶中,稀释至标线。

四、实训步骤

1. 分取 100 mL 混匀水样(如高锰酸钾指数高于 10 mg/L,则酌情少取,稀释至 100 mL)于 250 mL 锥形瓶中;

2. 加入 5 mL(1+3)硫酸,混匀;

3. 加入 10 mL 0.01 mol/L 高锰酸钾标准使用液,摇匀,立即放入沸水浴中加热 30 min(从水浴沸腾起开始计时),沸水浴液面要高于反应溶液的液面;

4. 取下锥形瓶,趁热加入 10 mL 0.01 mol/L 草酸钠标准溶液,摇匀。立即用 0.01 mol/L 高锰酸钾溶液滴定至显微红色,记录高锰酸钾溶液消耗量 V_1;

5. 高锰酸钾溶液浓度的标定:将上述已滴定完毕的溶液加热至约 70℃,准确加入 10 mL 草酸钠标准使用液,再用 0.01 mol/L 的 $KMnO_4$ 溶液滴定至溶液呈微红色,记下 $KMnO_4$ 溶液消耗的体积 V,求得高锰酸钾溶液的校正系数 K:

$$K = \frac{10}{V}$$

五、实训结果

水样高锰酸钾指数计算式如下。

(1) 水样不经稀释

$$高锰酸钾指数(O_2,\ mg/L) = \frac{[(10+V_1) \cdot K - 10] \times M \times 8 \times 1\,000}{100}$$

式中　V_1——高锰酸钾消耗量,mL;

　　　K——校正系数;

　　　M——草酸钠溶液浓度,mol/L。

② 水样经稀释

$$高锰酸钾指数(O_2,\ mg/L) =$$
$$\frac{\{[(10+V_1) \cdot K - 10] - [(10+V_0) \cdot K - 10] \times c\} \times M \times 8 \times 1\,000}{V_2}$$

式中　V_0——空白实验中高锰酸钾溶液消耗量,mL;

　　　V_2——分取水样量,mL。

六、思考题

1. 本实训项目的测定方法属于何种滴定方法?为何要采用这种方式?

2. 水样中氯离子含量高时为什么会对测定有干扰?应如何消除?

3. 测定水中的 COD 有何意义?有哪些测定方法?

4. 水样加入 $KMnO_4$ 煮沸后,若紫红色消失说明什么?应采取什么措施?

实训项目二　水中碱度的测定

一、实训目的

1. 了解水体碱度的意义,掌握碱度的表示方法。
2. 掌握滴定操作以及滴定法测定水体碱度的方法。

二、实训原理

碱度是指水中能与强酸发生中和作用的全部物质。在测定已知体积水体总碱度时,用强酸标准溶液滴定,用甲基橙作指示剂,当溶液由黄色变成橙红色(pH≈4.3)时,停止滴定,此时所得结果为总碱度,也称甲基橙碱度。若以酚酞做指示剂,当 pH≈8.3 时发生变色,所得碱度为酚酞碱度。

$$总碱度 = [HCO_3^-] + 2[CO_3^{2-}] + [OH^-] - [H^+]$$

$$酚酞碱度 = [CO_3^{2-}] + [OH^-] - [H_2CO_3] - [H^+]$$

三、仪器与试剂

1. 仪器

(1) 25 mL 酸式滴定管。

(2) 250 mL 锥形瓶。

(3) 100 mL 移液管。

2. 试剂

(1) 无 CO_2 蒸馏水　将蒸馏水煮沸 15 min,冷却到室温,pH 值大于 6,电导率小于 2 μS/cm,应贮存在带有碱石灰管的橡皮塞盖的瓶中。

(2) HCl 溶液　0.1 mol/L。

(3) 酚酞指示剂　0.1 g 酚酞指示剂溶于 100 mL 60%乙醇中。

(4) 甲基橙指示剂　0.1 g 甲基橙溶于 100 mL 水中。

四、实训内容

1. 用移液管吸取两份水样和无 CO_2 蒸馏水各 100 mL,分别放入 250 mL 锥形瓶中,加入 4 滴酚酞指示剂,摇匀。

2. 若溶液呈红色,用 0.1 mol/L 的 HCl 溶液滴定到刚好无色,记录用量 P。若加酚酞指示剂后溶液呈无色,则无需用 HCl 滴定。

3. 向每瓶中加入甲基橙指示剂 3 滴,摇匀。

4. 若水变为橘黄色,继续用 0.1 mol/L 的 HCl 溶液滴定至刚刚变为红色为止,记录用量 M。若加甲基橙指示剂后溶液变成橘红色,则无需用 HCl 溶液滴定。

五、实训结果

数据记录表 1

锥形瓶编号	1	2	3
酚酞指示剂			
滴定管终读数(mL)			
滴定管始读数(mL)			
P(mL)			
平均值			
甲基橙指示剂			
滴定管终读数(mL)			
滴定管始读数(mL)			
M(mL)			
平均值			

根据数据,判断水中为何碱度并计算其值。

$$甲基橙碱度 = \frac{c \times V_1}{V_0} \times 1\,000$$

式中　c——消耗 HCl 的浓度,mol/L;

　　　V_1——消耗 HCl 的体积,mL;

　　　V_0——样品体积,mL。

$$酚酞碱度 = \frac{c \times V_2}{V_0} \times 1\,000$$

式中　c——消耗 HCl 的浓度,mol/L;

　　　V_2——消耗 HCl 的体积,mL;

　　　V_0——样品体积,mL。

六、思考题

测定碱度时,能否直接以甲基橙为指示剂,用酸标液直接滴定到终点?

实训项目三　硬水的软化

一、实训目的

1. 了解硬水软化的两种方法:药剂法和离子交换法。
2. 掌握软化效率的测定方法。

二、实训原理

1. 水的硬度

通常把含较多 Ca^{2+}、Mg^{2+} 的天然水叫做硬水。硬水有许多危害,故在使用之前,应除去或减少所含的 Ca^{2+}、Mg^{2+},降低水的硬度,这就是硬水的软化。硬水软化通常可采用药剂法、离子交换法等,本实训项目将对这两种工艺进行模拟和分析。

药剂法是在水中加入某些化学试剂,使水中溶解的钙盐、镁盐成为沉淀物析出。常用的试剂有石灰、纯碱、磷酸钠等。根据对水质的要求,可以采用其中的一种或几种药剂复合。

若水的硬度是由 $Ca(HCO_3)_2$ 或 $Mg(HCO_3)_2$ 所引起的,这种水称为暂时硬水,可用煮沸的方法将 $Ca(HCO_3)_2$ 或 $Mg(HCO_3)_2$ 分解成不溶性的 $CaCO_3$、$MgCO_3$ 及 $Mg(OH)_2$ 沉淀,使水的硬度降低。若水的硬度是由 Ca^{2+}、Mg^{2+} 的硫酸盐或盐酸盐所引起的,这种水称为永久硬水,可采用药剂法(如石灰-纯碱法)来降低水的硬度。

离子交换法是利用离子交换剂或离子交换树脂来软化水的方法。离子交换剂中的阳离子能与水中的 Ca^{2+}、Mg^{2+} 交换,从而使硬水得到软化,如图 1 所示。

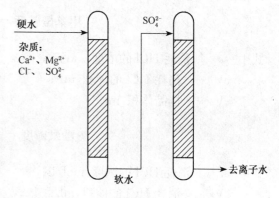

图 1　离子交换法软化硬水

有几种常用硬度单位:一种是以 $1\ m^3$ 水中所含 Ca^{2+} 的物质的量表示,以 $1\ L$ 水中含有的 $0.5\ mmol\ Ca^{2+}$ 为 1 度;一种是以 $1\ L$ 水中含 $10\ mg\ CaO$ 为 1 度,称德国硬度,以 DH 表示。8 DH 以下为软水,$8\sim10\ DH$ 为中等硬水,$16\sim30\ DH$ 为硬水,硬度大于 $30\ DH$ 的属于很硬的水。另外也有以每升水中所含的钙、镁化合物换算成 $CaCO_3$ 的质量表示的。本实训项目采用德国硬度表示水的硬度。

2. 配位滴定法测定水的硬度

配位滴定法是以配位反应为基础的滴定分析方法。乙二胺四乙酸是具有羧基和氨基的螯合剂,能与许多阳离子形成稳定的螯合物,因此被广泛用作配位滴定法中的滴定剂。

乙二胺四乙酸简称 EDTA 或 EDTA 酸,用 H_4Y 表示。通常把它的溶解度较大的二钠盐也称 EDTA。实际使用中常用 H_2Y^- 表示。EDTA 与二价金属离子等发生反应,生成具有多个五元环的稳定的螯合物。

铬黑 T 是偶氮类燃料,能与金属离子生成稳定的有色配位化合物。它既是一种配位剂,又是一种显色剂,因而可以指示滴定终点,当 pH 为 $6.3\sim11.55$ 时,铬黑 T 显蓝色。

EDTA 在 pH＝8.5～11.5 的缓冲溶液中能与 Ca^{2+}、Mg^{2+} 形成无色的螯合物。指示剂铬黑 T 在同样的条件下也能与 Ca^{2+}、Mg^{2+} 形成酒红色的配位化合物。在开始滴定前,溶液中的 Ca^{2+}、Mg^{2+} 离子先与指示剂配位而显酒红色;当用 EDTA 滴定时,EDTA 首先与溶液中游离的 Ca^{2+}、Mg^{2+} 离子进行配位,生成更稳定的无色螯合物;继续加入 EDTA 滴定剂,当游离的 Ca^{2+}、Mg^{2+} 全部与 EDTA 配位后,由于 Ca^{2+}、Mg^{2+} 与指示剂形成的配位化合物不如与 EDTA 生成的螯合物稳定,原来 Ca^{2+}、Mg^{2+} 与铬黑 T 生成的配位化合物转化为与 EDTA 配位的螯合物,因此铬黑 T 又游离出来,溶液就由酒红色变成为游离铬黑 T 的蓝色,此时即为滴定终点。

计算水的总硬度:

$$总硬度 = \frac{c_{EDTA}V_{EDTA}}{V_{水样}} \times \frac{M_{CaO}}{10} \times 1\,000$$

三、仪器与试剂

1. 仪器
(1) 试管及试管夹。
(2) 砂纸。
(3) 酒精灯。
(4) 100 mL 酸式滴定管。
(5) 100 mL 移液管。
(6) 250 mL 锥形瓶。
(7) 10 mL 量筒。

2. 试剂
(1) $CaSO_4$ 溶液　在水中加入 $CaSO_4$ 至不能继续溶解时为止,取上清液备用。
(2) 饱和石灰水　在水中加入氧化钙至不能继续溶解时为止,取上清液备用。
(3) 肥皂水。
(4) 1 mol/L Na_2CO_3 溶液　称取 106 g Na_2CO_3 溶于 1 000 mL 蒸馏水中制得。
(5) 阳离子交换树脂(已处理好,H^+ 型)。
(6) 0.01 mol/L EDTA 溶液　称取 3.7 g EDTA 二钠盐,加热溶解后稀释至 1 L,处于聚乙烯塑料瓶中。
(7) $NH_3 \cdot H_2O$-NH_4Cl 缓冲溶液　称取 20 g NH_4Cl 溶于 100 mL 浓氨水中制得。
(8) 铬黑 T 指示剂　称取 1 g 铬黑 T 于 150 mL 烧杯中,加入 25 mL 三乙醇胺和 75 mL 无水乙醇,混匀。

四、实训内容

1. 水的硬度认识
(1) 对硬水的识别　取三支试管,分别加入蒸馏水、暂时硬水和永久硬水各 3 mL,在每一支试管里倒入肥皂水约 2 mL。观察哪支试管里有钙肥皂生成? 为什么?
(2) 暂时硬水的软化　取两支试管各装暂时硬水 5 mL,把一支试管煮沸约 2～3 min;在另一支试管里加入澄清的石灰水 1～2 mL,用力振荡。观察两试管中发生的现象,说明了什么问题？写出反应方程式。

（3）永久硬水的软化　在一支试管里加 $CaSO_4$ 溶液 3 mL 作为永久硬水。先用加热的方法，煮沸能否除去 Ca^{2+}？后滴入 Na_2CO_3 溶液 1 mL，有什么现象发生？为什么？写出反应式。

2. 水的软化效率测定

（1）离子交换柱　在 100 mL 滴定管下端铺一层玻璃棉，将已处理好的 H 型离子交换树脂带水装入柱中。

（2）硬水的软化　将 500 mL 自来水注入树脂柱中，保持流经树脂的流速为 6～7 mL/min，液面高出树脂 1～1.5 cm 左右，所得即为软水。

（3）取样分析　分别取软化前的自来水和过树脂柱后的软水 100 mL，测定水样的硬度。

（4）水的硬度测定方法　用 100 mL 移液管吸取水样 100 mL，放入 250 mL 锥形瓶中，加入 5 mL $NH_3 \cdot H_2O$-NH_4Cl 缓冲溶液及铬黑 T 指示剂。用 EDTA 标准溶液滴定至溶液颜色由酒红色转变为蓝色，即为终点，分别记录 EDTA 溶液的用量 V_1 和 V_2（其中 V_1 为软化前水样消耗的体积，V_2 为软化后水样消耗的体积）。

五、实训结果

1. 按照总硬度计算公式分别计算两种水样的硬度值。

2. 计算软化效率

$$软化效率 = \frac{DH_1 - DH_2}{DH_1} \times 100\%$$

式中　DH_1——软化前水样的硬度；

DH_2——软化后水样的硬度。

六、思考题

1. 什么叫硬度，为什么硬水不适宜作工业用水？

2. 用 EDTA 配位滴定法测定水硬度的原理是什么？为什么能用铬黑 T 作指示剂？发生了哪些反应？终点的变化如何？溶液的 pH 值控制在什么范围？如何控制？

3. 实验中所用的移液管、锥形瓶等仪器，是否需用待测水样润洗？为什么？

4. 量取 100 mL 水样测定其总硬度，用去 0.014 4 mol/L EDTA 溶液 12.50 mL。试计算其水的总硬度。

实训项目四　　阻垢性能的测定

一、实训目的

1. 掌握采用碳酸钙沉积法测定阻垢性能的方法。
2. 掌握恒温水浴锅的使用。

二、实训原理

工业循环冷却水系统、换热器、锅炉及工艺管路中经常会出现管道结垢现象,导致管道流通能力下降、换热器传热能力降低甚至可能引起容器爆炸的危险。通常所说的水垢是由于水中碳酸氢钙在加热条件下的反应:

$$Ca^{2+} + 2HCO_3^- \longrightarrow CaCO_3 \downarrow + CO_2 \uparrow + H_2O$$

从而生成难溶的碳酸钙在传热面上结晶出来。

测定水处理剂阻垢性能的方法,是以含有一定 CO_3^{2-} 和 Ca^{2+} 的配制水和水处理剂制备成试液,在加热条件下,促成 $Ca(HCO_3)_2$ 加速分解为 $CaCO_3$,达到平衡后测定试液中钙离子浓度。钙离子浓度愈大,则该水处理剂的阻垢性能愈好,此种方法在国内外使用极多,是测定水处理剂阻垢性能的最基本的方法,也称为碳酸钙沉积法。

三、仪器与试剂

1. 仪器
(1) 恒温水浴。
(2) 锥形瓶。
2. 试剂
(1) 氢氧化钾溶液　200 g/L。
(2) 硼砂缓冲溶液　pH≈9。
(3) 乙二胺四乙酸二钠(EDTA)标准滴定溶液　约 0.01 mol/L。
(4) 钙-羧酸指示剂　0.2 g 钙-羧酸指示剂与 100 g 氯化钾研磨混合。
(5) 碳酸氢钠标准溶液　1 mL 约含 18.3 mg HCO_3^-。
(6) 氯化钙标准溶液　1 mL 约含 6.0 mg Ca^{2+}。
(7) 水处理剂试样溶液　1 mL 含有 0.5 mg 阻垢剂(聚丙烯酸,以干基计)。

四、实训内容

1. 试液的制备　在 500 mL 容量瓶中加入 250 mL 水,用滴定管加入一定体积的 $CaCl_2$ 标准溶液,使 Ca^{2+} 的量为 120 mg(20 mL)。用移液管加入 5 mL 水处理剂试样溶液,摇匀。然后加入 20 mL 硼砂缓冲溶液,摇匀。用滴定管缓慢加入一定体积的 $NaHCO_3$ 标准溶液(边加边摇动),使 HCO_3^- 的量为 366 mg(20 mL),用水稀释至刻度,摇匀。

2. 空白试液的制备　在另一 500 mL 容量瓶中,除不加水处理剂试样溶液外,按上述步骤操作。

3. 分析步骤　将试液和空白试液分别置于两个洁净的锥形瓶中,两锥形瓶浸入 (80±1)℃的恒温水浴中(试液的液面不得高于水浴的液面),恒温放置 1 h。冷却室温后用中速定量滤纸过滤。各移取 25 mL 滤液分别置于 250 mL 锥形瓶中,加水至约 80 mL,加 5 mL KOH 溶液和约 0.1 g 钙-羟酸指示剂。用乙二胺四乙酸二钠标准溶液滴定至溶液由紫红色变为亮蓝色即为终点。分别计算试液和空白试液钙离子的浓度(mg/mL)。

五、实训结果

以百分率表示的水处理剂的相对阻垢性能(η),按下式计算:

$$\eta = \frac{c_2 - c_1}{0.24 - c_1} \times 100\%$$

式中　c_2——加入水处理剂的试液中的 Ca^{2+} 浓度,mg/mL;

c_1——未加入水处理剂的空白试液中的 Ca^{2+} 浓度,mg/mL;

0.24——试验前配制好的试液中 Ca^{2+} 浓度,mg/mL。

取平行测定结果的算术平均值为测定结果,平行测定结果的绝对差值不大于 5%。

六、思考题

哪些因素会影响阻垢性能的测定结果?

实训项目五　天然水及重金属废水的混凝净化

一、实训目的

1. 了解和观察混凝现象与效果。
2. 了解并掌握混凝现象发生的条件与范围。

二、实训原理

混凝剂按化学组成可分为无机混凝剂和高分子混凝剂,无机混凝剂又可分为铝系和铁系。人们所熟悉的明矾就是一种无机混凝剂,现在又发展了很多聚合产品,如聚合硫酸铁、聚合氯化铝等。无机混凝剂主要是通过水解,在一定温度下和酸度条件下(主要是酸度条件),形成多羟基化合物,混凝成长链及网状物沉淀下来。在形成沉淀的过程中把水中微小固体悬浮物及经过反应或直接能与该絮状物结合的其他物质一起去除,使水质迅速变得清澈透明。高分子混凝剂则利用高分子长链的官能团与废水中的有毒物质反应,在通过自身的团聚包裹作用,沉淀去除水中有毒物质。有时可将无机与高分子混凝剂混合使用,则高分子混凝剂会在无机絮团之间形成一种"架桥"作用,进一步增加混凝效果。反应原理可通过下式来表示:

$$n\text{Al}^{3+} + 3n\text{OH}^- + m\text{SS} \longrightarrow [\text{Al(OH)}_3]_n \cdot \text{SS}_m$$

SS 代表固体悬浮物,$[\text{Al(OH)}_3]_n$ 代表混凝剂,其中部分长链可表示为:

如欲除去水中的六价铬($\text{Cr}_2\text{O}_7^{2-}$),则可以通过加入铁系混凝剂达到目的,反应式如下:

$$\text{Cr}_2\text{O}_7^{2-} + 6\text{Fe}^{2+} + 14\text{H}^+ \longrightarrow 6\text{Fe}^{3+} + 2\text{Cr}^{3+} + 7\text{H}_2\text{O}$$

$$m\text{Fe}^{3+} + n\text{Cr}^{3+} + 3(m+n)\text{OH}^- \longrightarrow [\text{Fe(OH)}_3]_m \cdot [\text{Cr(OH)}_3]_n \downarrow$$

三、仪器与试剂

1. 仪器
(1) 100 mL 烧杯。
(2) 10 mL、50 mL 量筒。
(3) 玻璃棒。
(4) pH 计。
(5) pH 试纸。
(6) 1 L 容量瓶。
2. 试剂
(1) AlCl₃溶液　称取 10 g AlCl₃溶于 1 000 mL 蒸馏水中制得备用。

(2) $K_2Cr_2O_7$ 溶液　称取 2 g $K_2Cr_2O_7$ 溶于 1 000 mL 蒸馏水中制得备用。

(3) $FeSO_4$ 溶液　称取 20 g $FeSO_4$ 溶于 1 000 mL 蒸馏水中制得备用。

(4) NaOH 溶液　称取 40 g NaOH 溶于 1 000 mL 蒸馏水制得备用。

(5) HCl　1 mol/L。

四、实训内容

1. 用 $AlCl_3$ 处理水中的固体悬浮物

取 100 mL 烧杯 4 个,向 2、3、4 号烧杯中加入 50 mL 混浊泥浆水,1 号烧杯中加入 50 mL 去离子水作为对照,向 2、3、4 号烧杯中加入 5 mL $AlCl_3$ 溶液(10 g/L),搅拌后分别用 NaOH、HCl 溶液调至 pH=3.0、7.0、11.0。先用 pH 试纸粗调,再用 pH 计准确读数,然后用玻璃棒从 1 号烧杯开始搅拌,观察水流的静止过程、絮状沉淀物及混凝效果,记录现象并讨论结果。

2. $FeSO_4$ 处理含铬废水

取 100 mL 烧杯 4 个,向每个烧杯中加入自来水 50 mL 和 $K_2Cr_2O_7$ 溶液 5 mL(2 g/L),搅拌均匀,观察溶液颜色,1 号烧杯作对照,2、3、4 号烧杯各加入 5 mL $FeSO_4$ 溶液(20 g/L),搅拌后分别用 NaOH、HCl 溶液调至 pH=3.0、7.0、11.0,先用 pH 试纸粗调,再用 pH 计准确读数,然后用玻璃棒从 1 号烧瓶开始搅拌,观察水流的静止过程、絮状沉淀物及混凝效果,记录现象并讨论结果。特别注意混凝后放置一段时间后上层清液的水质变化情况。

3. 混合废水的处理

在 1、2、3、4 号烧杯中分别加入自来水及浑浊泥浆水各 25 mL 及 5 mL $K_2Cr_2O_7$ 溶液,向 1、2 号烧杯中加入 5 mL $AlCl_3$ 溶液,向 3、4 号烧杯中加入 5 mL $FeSO_4$ 溶液,在 pH 为 7.0 和 9.0 时观察现象并讨论结果。

五、思考题

1. Al 盐、Fe 盐混凝剂工作的 pH 值范围分别是什么? 为什么会有这样的区别?

2. 为什么 Fe^{2+} 盐用作混凝剂时有时水质会泛黄? 如何避免?

实训项目六 水中余氯的测定

一、实训目的

1. 掌握水中余氯量的测定方法。
2. 熟悉滴定操作。

二、实训原理

自来水出厂前经过加氯消毒,出厂后应有适量的剩余氯气存在于水中保证具有持续的杀菌能力,控制水中细菌繁殖。国家饮用水卫生标准(国标 GB5749—85)规定管网末梢水中余氯不应低于 0.05 mg/L。测定时,水中余氯在酸性溶液中与 KI 反应,生成等化学计量的 I_2,以淀粉为指示剂,硫代硫酸钠标准溶液滴定至蓝色消失,根据硫代硫酸钠标准溶液的用量和浓度就能求出水中余氯的含量。

三、仪器与试剂

1. 仪器
(1) 碘量瓶。
(2) 容量瓶。
(3) 棕色试剂瓶。
(4) 50 mL 碱式滴定管。

2. 试剂
(1) KI 固体。
(2) (1+5)H_2SO_4 溶液。
(3) 重铬酸钾标准溶液(1/6$K_2Cr_2O_7$=0.025 mol/L) 称 0.612 9 g 优级纯 $K_2Cr_2O_7$(预先在 120℃下烘干 2 h,并在干燥器中冷却后称重),用少量水溶解,转入 500 mL 容量瓶中,定容。
(4) 1‰淀粉溶液 称取 1 g 可溶性淀粉,用少量蒸馏水调成糊状,加入沸蒸馏水至 100 mL,混匀。
(5) 乙酸盐缓冲溶液(pH≈4) 称 146 g 无水 NaAc 溶于水中,加入 457 mL HAc,用水稀释至 1 000 mL。
(6) $Na_2S_2O_3$ 溶液 称取 12.5 g 分析纯 $Na_2S_2O_3$,溶于已经煮沸放冷的蒸馏水中,并稀释至 500 mL,加入 0.1 g 无水 Na_2CO_3 和数粒 HgI,贮于棕色瓶中,保存。

四、实训内容

1. 0.1 mol/L $Na_2S_2O_3$ 溶液的标定 吸取 25 mL 的 $K_2Cr_2O_7$ 标准溶液三份,分别放入碘量瓶中。加入 50 mL 水,1 g KI 和 5 mL (1+5)的硫酸溶液,放置 5 min 后,用待标定的 $Na_2S_2O_3$ 溶液滴定至淡黄色,再加入 1 mL 1‰淀粉,继续滴至蓝色刚好变为亮绿色为止,记录 $Na_2S_2O_3$ 用量。

2. 0.01 mol/L $Na_2S_2O_3$ 标液　吸取 100 mL 已标定的 0.1 mol/L $Na_2S_2O_3$ 溶液,放入 1 000 mL 容量瓶中,定容。

3. 水样的测定

(1) 用移液管吸取三份 100 mL 水样,分别放入 3 个 300 mL 碘量瓶中,加入 0.5 g KI 和 5 mL 乙酸盐缓冲液(pH 在 3.5 与 4.2 之间)。

(2) 用 0.01 mol/L 的 $Na_2S_2O_3$ 标准溶液滴定至淡黄色,再加入 1 mL 1‰淀粉,继续滴定至蓝色消失,记录 $Na_2S_2O_3$ 标准溶液用量。

五、实训结果

(1) 计算

① $Na_2S_2O_3$ 标准溶液的浓度:

$$c_{Na_2S_2O_3}(mol/L) = \frac{c_{K_2Cr_2O_7} \times 25}{V_{Na_2S_2O_3}}$$

② 水样中余氯的含量:

$$余氯(Cl_2, mg/L) = \frac{c_{Na_2S_2O_3} \times V_{Na_2S_2O_3} \times 35.453 \times 1\ 000}{V_水}$$

数据记录表 2

$Na_2S_2O_3$ 溶液的标定	1	2	3
滴定终读数(mL)			
滴定始读数(mL)			
$Na_2S_2O_3$ 体积(mL)			
$Na_2S_2O_3$ 体积平均值(mL)			
$Na_2S_2O_3$ 浓度(mol/L)			

数据记录表 3

水样测定	1	2	3
滴定终读数(mL)			
滴定始读数(mL)			
$Na_2S_2O_3$ 体积(mL)			
$Na_2S_2O_3$ 体积平均值(mL)			
余氯(mg/L)			

六、思考题

1. 饮用水中为什么必须含有一定余氯?

2. 测水中余氯时,为什么不先加淀粉指示剂?

附录一 地表水环境质量标准(GB 3838—2002)

表 1 地表水环境质量标准基本项目标准限值 单位:mg/L

序号	分类 标准值 项目		I 类	II 类	III 类	IV 类	V 类
1	水温(℃)		人为造成的环境水温变化应限制在: 周平均最大温升≤1 周平均最大温降≤2				
2	pH 值(无量纲)		6～9				
3	溶解氧	≥	饱和率90% (或7.5)	6	5	3	2
4	高锰酸盐指数	≤	2	4	6	10	15
5	化学需氧量(COD)	≤	15	15	20	30	40
6	五日生化需氧量(BOD$_5$)	≤	3	3	4	6	10
7	氨氮(NH$_3$-N)	≤	0.15	0.5	1.0	1.5	2.0
8	总磷(以 P 计)	≤	0.02 (湖、库0.01)	0.1 (湖、库0.025)	0.2 (湖、库0.05)	0.3 (湖、库0.1)	0.4 (湖、库0.2)
9	总氮(湖、库以 N 计)	≤	0.2	0.5	1.0	1.5	2.0
10	铜	≤	0.01	1.0	1.0	1.0	1.0
11	锌	≤	0.05	1.0	1.0	2.0	2.0
12	氟化物(以 F$^-$ 计)	≤	1.0	1.0	1.0	1.5	1.5
13	硒	≤	0.01	0.01	0.01	0.02	0.02
14	砷	≤	0.05	0.05	0.05	0.1	0.1
15	汞	≤	0.000 05	0.000 05	0.000 1	0.001	0.001
16	镉	≤	0.001	0.005	0.005	0.005	0.01
17	铬(六价)	≤	0.01	0.05	0.05	0.05	0.1
18	铅	≤	0.01	0.01	0.05	0.05	0.1
19	氰化物	≤	0.005	0.05	0.02	0.2	0.2
20	挥发酚	≤	0.002	0.002	0.005	0.01	0.1
21	石油类	≤	0.05	0.05	0.05	0.5	1.0
22	阴离子表面活性剂	≤	0.2	0.2	0.2	0.3	0.3
23	硫化物	≤	0.05	0.1	0.2	0.5	1.0
24	粪大肠菌群(个/L)	≤	200	2 000	10 000	20 000	40 000

表2　集中式生活饮用水地表水源地补充项目标准限值　　　　单位:mg/L

序号	项目	标准值	序号	项目	标准值
1	硫酸盐(以 SO 计)	250	4	铁	0.3
2	氯化物(以 Cl 计)	250	5	锰	0.1
3	硝酸盐(以 N 计)	10			

表3　集中式生活饮用水地表水源地特定项目标准限值　　　　单位:mg/L

序号	项目	标准值	序号	项目	标准值
1	三氯甲烷	0.06	33	2,4,6-三硝基甲苯	0.5
2	四氯化碳	0.002	34	硝基氯苯⑤	0.05
3	三溴甲烷	0.1	35	2,4-二硝基氯苯	0.5
4	二氯甲烷	0.02	36	2,4——氯苯酚	0.093
5	1,2-二氯乙烷	0.03	37	2,4,6-三氯苯酚	0.2
6	环氧氯丙烷	0.02	38	五氯酚	0.009
7	氯乙烯	0.005	39	苯胺	0.1
8	1,1-二氯乙烯	0.03	40	联苯胺	0.000 2
9	1,2-二氯乙烯	0.05	41	丙烯酰胺	0.000 5
10	三氯乙烯	0.07	42	丙烯腈	0.1
11	四氯乙烯	0.04	43	邻苯二甲酸二丁酯	0.003
12	氯丁二烯	0.002	44	邻苯二甲酸二(2-乙基己基)酯	0.008
13	六氯丁二烯	0.000 6	45	水合肼	0.01
14	苯乙烯	0.02	46	四乙基铅	0.000 1
15	甲醛	0.9	47	吡啶	0.2
16	乙醛	0.05	48	松节油	0.2
17	丙烯醛	0.1	49	苦味酸	0.5
18	三氯乙醛	0.01	50	丁基黄原酸	0.005
19	苯	0.01	51	活性氯	0.01
20	甲苯	0.7	52	滴滴涕	0.001
21	乙苯	0.3	53	林丹	0.002
22	二甲苯①	0.5	54	环氧七氯	0.000 2
23	异丙苯	0.25	55	对硫磷	0.003
24	氯苯	0.3	56	甲基对硫磷	0.002
25	1,2-二氯苯	1.0	57	马拉硫磷	0.05
26	1,4-二氯苯	0.3	58	乐果	0.08
27	三氯苯②	0.02	59	敌敌畏	0.05
28	四氯苯③	0.02	60	敌百虫	0.05
29	六氯苯	0.05	61	内吸磷	0.03
30	硝基苯	0.017	62	百菌清	0.01
31	二硝基苯④	0.5	63	甲萘威	0.05
32	2,4-二硝基甲苯	0.000 3	64	溴氰菊酯	0.02

序号	项 目	标准值	序号	项 目	标准值
65	阿特拉津	0.003	73	铍	0.002
66	苯并(a)芘	2.8×10^{-6}	74	硼	0.5
67	甲基汞	1.0×10^{-6}	75	锑	0.005
68	多氯联苯⑥	2.0×10^{-5}	76	镍	0.02
69	微囊藻毒素-LR	0.001	77	钡	0.7
70	黄磷	0.003	78	钒	0.05
71	钼	0.07	79	钛	0.1
72	钴	1.0	80	铊	0.000 1

注：① 二甲苯：指对-二甲苯、间-二甲苯、邻-二甲苯。
② 三氯苯：指1,2,3-三氯苯、1,2,4-三氯苯、1,3,5-三氯苯。
③ 四氯苯：指1,2,3,4-四氯苯、1,2,3,5-四氯苯、1,2,4,5-四氯苯。
④ 二硝基苯：指对-二硝基苯、间-二硝基苯、邻-二硝基苯。
⑤ 硝基氯苯：指对-硝基氯苯、间-硝基氯苯、邻-硝基氯苯。
⑥ 多氯联苯：指PCB—1016、PCB—1221、PCB—1232、PCB—1242、PCB—1248、PCB—1254、PCB—1260。

表4 地表水环境质量标准基本项目分析方法

序号	基本项目	分析方法	测定下限 mg/L	方法来源
1	水温	温度计法		GB 13195—91
2	pH	玻璃电极法		GB 6920—86
3	溶解氧	碘量法	0.2	GB 7489—89
		电化学探头法		GB 11913—89
4	高锰酸盐指数		0.5	GB 11892—89
5	化学需氧量	重铬酸盐法	5	CB 11914—89
6	五日生化需氧量	稀释与接种法	2	GB 7488—87
7	氨氮	纳氏试剂比色法	0.05	GB 7479—87
		水杨酸分光光度法	0.01	GB 7481—87
8	总磷	钼酸铵分光光度法	0.01	GB 11893—89
9	总氮	碱性过硫酸钾消解紫外分光光度法	0.05	GB 11894—89
10	铜	2,9-二甲基-1,10-菲啰啉分光光度法	0.06	GB 7473—87
		二乙基二硫代氨基甲酸钠分光光度法	0.010	GB 7474—87
		原子吸收分光光度法(整合萃取法)	0.001	GB 7475—87
11	锌	原子吸收分光光度法	0.05	GB 7475—87
12	氟化物	氟试剂分光光度法	0.05	GB 7483—87
		离子选择电极法	0.05	GB 7484—87
		离子色谱法	0.02	HJ/T84—2001
13	硒	2,3-二氨基萘荧光法	0.000 25	GB 11902—89
		石墨炉原子吸收分光光度法	0.003	GB/T 15505—1995
14	砷	二乙基二硫代氨基甲酸银分光光度法	0.007	GB 7485—87
		冷原子荧光法	0.000 06	1)

续 表

序号	基本项目	分析方法	测定下限 mg/L	方法来源
15	汞	冷原子吸收分光光度法	0.000 05	GB 7468—87
		冷原子荧光法	0.000 05	1)
16	镉	原子吸收分光光度法(螯合萃取法)	0.001	GB 7475—87
17	铬(六价)	二苯碳酰二肼分光光度法	0.004	GB 7467—87
18	铅	原子吸收分光光度法螯合萃取法	0.01	GB 7475—87
19	总氰化物	异烟酸-吡唑啉酮比色法	0.004	GB 7487—87
		吡啶-巴比妥酸比色法	0.002	
20	挥发酚	蒸馏后 4-氨基安替比林分光光度法	0.002	GB 7490—87
21	石油类	红外分光光度法	0.01	GB/T 16488—1996
22	阴离子表面活性剂	亚甲蓝分光光度法	0.05	GB 7494—87
23	硫化物	亚甲基蓝分光光度法	0.005	GB/T 16489—1996
		直接显色分光光度法	0.004	GB/T 17133—1997
24	粪大肠菌群	多管发酵法、滤膜法		1)

注:暂采用下列分析方法,待国家方法标准发布后,执行国家标准。
1)《水和废水监测分析方法(第三版)》,中国环境科学出版社,1989 年。

表5 集中式生活饮用水地表水源地补充项目分析方法

序号	项目	分析方法	最低检出限(mg/L)	方法来源
1	硫酸盐	重量法	10	GB 11899—89
		火焰原子吸收分光光度法	0.4	GB 13196—91
		铬酸钡光度法	8	1)
		离子色谱法	0.09	HJ/T 84—2001
2	氯化物	硝酸银滴定法	10	GB 11896—89
		硝酸汞滴定法	2.5	1)
		离子色谱法	0.02	HJ/T 84—2001
3	硝酸盐	酚二磺酸分光光度	0.02	GB 7480—87
		紫外分光光度法	0.08	1)
		离子色谱法	0.08	HJ/T 84—2001
4	铁	火焰原子吸收分光光度法	0.03	GB 11911—89
		邻菲啰啉分光光度法	0.03	1)
5	锰	火焰原子吸收分光光度法	0.01	GB 11911—89
		甲醛肟光度法	0.01	1)
		高碘酸钾分光光度法	0.02	GB 11906—89

注:暂采用下列分析方法,待国家方法标准发布后,执行国家标准。
1)《水和废水监测分析方法(第三版)》,中国环境科学出版社,1989 年。

表 6 集中式生活饮用水地表水源地特定项目分析方法(气相色谱法)

序号	项目	分析方法	最低检出限/mg/L	方法来源
1	三氯甲烷	顶空气相色谱法	0.000 3	GB/T 17130—1997
		气相色谱法	0.000 6	2)
2	四氯化碳	顶空气相色谱法	0.000 05	GB/T 17130—1997
		气相色谱法	0.000 3	2)
3	三溴甲烷	顶空气相色谱法	0.001	GB/T 17130—1997
		气相色谱法	0.006	2)
4	二氯甲烷	顶空气相色谱法	0.008 7	2)
5	1,2-二氯乙烷	顶空气相色谱法	0.0125	2)
6	环氧氯丙烷	气相色谱法	0.02	2)
7	氯乙烯	气相色谱法	0.001	2)
8	1,1-二氯乙烯	吹出捕集气相色谱法	0.000 018	2)
9	1,2-二氯乙烯	吹出捕集气相色谱法	0.000 012	2)
10	三氯乙烯	顶空气相色谱法	0.000 5	GB/T 17130—1997
		气相色谱法	0.003	2)
11	四氯乙烯	顶空气相色谱法	0.000 2	GB/T 17130—1997
		气相色谱法	0.001 2	2)
12	氯丁二烯	顶空气相色谱法	0.002	2)
13	六氯丁二烯	气相色谱法	0.000 02	2)
14	苯乙烯	气相色谱法 v	0.01	2)
15	甲醛	乙酰丙酮分光光度法	0.05	GB 13197—91
		4-氨基-3-联氨-5-疏基-1,2,4-三氮杂茂(AHMT)分光光度法	0.05	2)
16	乙醛	气相色谱法	0.24	2)
17	丙烯醛	气相色谱法	0.019	2)
18	三氯乙醛	气相色谱法	0.001	2)
19	苯	液上气相色谱法	0.005	GB 11890—89
		顶空气相色谱法	0.000 42	2)
20	甲苯	液上气相色谱法	0.005	GB 11890—89
		二硫化碳萃取气相色谱法	0.05	
		气相色谱法	0.01	2)
21	乙苯	液上气相色谱法	0.005	GB 11890—89
		二硫化碳萃取气相色谱法	0.05	
		气相色谱法	0.01	2)
22	二甲苯	液上气相色谱法	0.005	GB 11890—89
		二硫化碳萃取气相色谱法	0.05	
		气相色谱法	0.01	2)

序号	项目	分析方法	最低检出限 mg/L	方法来源
23	异丙苯	顶空气相色谱法	0.0032	2)
24	氯苯	气相色谱法	0.01	HJ/T 74—2001
25	1,2—二氯苯	气相色谱法	0.002	GB/T 17131—1997
26	1,4—二氯苯	气相色谱法	0.005	GB/T 17131—1997
27	三氯苯	气相色谱法	0.000 04	2)
28	四氯苯	气相色谱法	0.000 02	2)
29	六氯苯	气相色谱法	0.000 02	2)
30	硝基苯	气相色谱法	0.000 2	GB 13194—91
31	二硝基苯	气相色谱法	0.2	2)
32	2,4—二硝基甲苯	气相色谱法	0.000 3	GB 13194—91
33	2,4,6—三硝基甲苯	气相色谱法	0.1	2)
34	硝基氯苯	气相色谱法	0.000 2	GB 13194—91
35	2,4—二硝基氯苯	气相色谱法	0.1	2)
36	2,4—二氯苯酚	电子捕获—毛细色谱法	0.000 4	2)
37	2,4,6—三氯苯酚	电子捕获—毛细色谱法	0.000 04	2)
38	五氯酚	气相色谱法	0.000 04	GB 8972—88
		电子捕获—毛细色谱法	0.000 024	
39	苯胺	气相色谱法	0.002	2)
40	联苯胺	气相色谱法	0.000 2	3)
41	丙烯酰胺	气相色谱法	0.000 15	2)
42	丙烯腈	气相色谱法	0.10	2)
43	邻苯二甲酸二丁酯	液相色谱法	0.000 1	HJ/T 72—2001
44	邻苯二甲酸二(2-乙基己基)酯	气相色谱法	0.000 4	2)
45	水合肼	对二甲氨基苯甲醛直接分光光度法	0.005	2)
46	四乙基铅	双硫腙比色法	0.000 1	2)
47	吡啶	气相色谱法	0.031	GB/T 14672—93
		巴比土酸分光光度法	0.05	2)
48	松节油	气相色谱法	0.02	2)
49	苦味酸	气相色谱法	0.001	2)
50	丁基黄原酸	铜试剂亚铜分光光度法	0.002	2)
51	活性氯	N,N—二乙基对苯二胺(DPD)分光光度法	0.01	2)
		3,3',5,5-四甲基联苯胺比色法	0.005	2)
52	滴滴涕	气相色谱法	0.000 2	GB 7492—87
53	林丹	气相色谱法	4×10^{-6}	GB 7492—87
54	环氧七氯	液液萃取气相色谱法	0.000 083	2)
55	对硫磷	气相色谱法	0.000 54	GB 13192—91

续　表

序号	项目	分析方法	最低检出限 mg/L	方法来源
56	甲基对硫磷	气相色谱法	0.000 42	GB 13192—91
57	马拉硫磷	气相色谱法	0.000 64	GB 13192—91
58	乐果	气相色谱法	0.000 57	GB 13192—91
59	敌敌畏	气相色谱法	0.000 06	GB 13192—91
60	敌百虫	气相色谱法	0.000 051	GB 13192—91
61	内吸磷	气相色谱法	0.002 5	2)
62	百菌清	气相色谱法	0.000 4	2)
63	甲萘威	高效液相色谱法	0.01	2)
64	溴氰菊酯	气相色谱法	0.000 2	2)
		高效液相色谱法	0.002	2)
65	阿特拉律	气相色谱法		3)
66	苯并(a)芘	乙酰化滤纸层析荧光分光光度法	4×10^{-6}	GB 11895—89
		高效液相色谱法	1×10^{-6}	GB 3198—91
67	甲基汞	气相色谱法	1×10^{-8}	GB/T 17132—1997
68	多氯联苯	气相色谱法		3)
69	微囊藻毒素—LR	高效液相色谱法	0.000 01	2)
70	黄磷	钼—锑—抗分光光度法	0.002 5	2)
71	钼	无火焰原子吸收分光光度法	0.002 31	2)
72	钴	无火焰原子吸收分头光度法	0.001 91	2)
73	铍	铬菁 R 分光光度法	0.000 2	HJ/T 58—2000
		石墨炉原子吸收分光光度法	0.000 02	HJ/T 59—2000
		桑色素荧光分光光度法	0.000 2	2)
74	硼	姜黄素分光光度法	0.02	HJ/T 49—1999
		甲亚胺—H 分光光度法	0.2	2)
75	锑	氢化原子吸收分光光度法	0.000 25	2)
76	镍	无火焰原子吸收于吸收分光光度法	0.002 48	2)
77	钡	无火焰原子吸收分光光度法	0.006 18	2)
78	钒	钽试剂(BPHA)萃取分光光度法	0.018	GB/T 15503—1995
		无火焰原子吸收分光光度法	0.00698	2)
79	钛	催化示波极谱法	0.000 4	2)
		水杨基荧光酮分光光度法	0.02	2)
80	铊	无火焰原子吸收分光光度法	1×10^{-6}	2)

注:暂采用下列分析方法,待国家方法标准发布后,执行国家标准。
《水和废水监测分析方法(第三版)》,中国环境科学出版社,1989 年。
《生活饮用水卫生规范》,中华人民共和国卫生部,2001 年。
《水和废水标准检验法(第 15 版)》,中国建筑工业出版社,1985 年。

附录二 地下水质量分类指标(GB/T 14848—93)

地下水环境质量标准基本项目标准限值 单位:mg/L

项目序号	标准项目类别	I类	II类	III类	IV类	V类
1	色(度)	≤5	≤5	≤15	≤25	>25
2	嗅和味	无	无	无	无	无
3	混浊度(度)	≤3	≤3	≤3	≤10	>10
4	肉眼可见物	无	无	无	无	无
5	pH		6.5~8.5		5.5~6.5 8.5~9	<5.5,>9
6	总硬度(以 CaCO₃ 计)(mg/L)	≤150	≤300	≤450	≤550	>550
7	溶解性总固体(mg/L)	≤300	≤500	≤1 000	≤2 000	>2 000
8	硫酸盐(mg/L)	≤50	≤150	≤250	≤350	>350
9	氯化物(mg/L)	≤50	≤150	≤250	≤350	>350
10	铁(Fe)(mg/L)	≤0.1	≤0.2	≤0.3	≤1.5	>1.5
11	锰(Me)(mg/L)	≤0.05	≤0.05	≤0.1	≤1.0	>1.0
12	铜(Cu)(mg/L)	≤0.01	≤0.05	≤1.0	≤1.5	>1.5
13	锌(Zn)(mg/L)	≤0.05	≤0.5	≤1.0	≤5.0	>5.0
14	钼(Mo)(mg/L)	≤0.001	≤0.01	≤0.1	≤0.5	>0.5
15	钴(Co)(mg/L)	≤0.005	≤0.05	≤0.05	≤1.0	>1.0
16	挥发性酚类(以苯酚计)(mg/L)	≤0.001	≤0.001	≤0.002	≤0.01	>0.01
17	阴离子合成洗涤剂(mg/L)	不得检出	≤0.1	≤0.3	≤0.3	>0.3
18	高锰酸盐指数(mg/L)	≤1.0	≤2.0	≤3.0	≤10	>10
19	硝酸盐(以 N 计)(mg/L)	≤2.0	≤5.0	≤20	≤30	>30
20	亚硝酸盐(以 N 计)(mg/L)	≤0.001	≤0.01	≤0.02	≤0.1	>0.1
21	氨氮(NH₄)(mg/L)	≤0.02	≤0.02	≤0.2	≤0.5	>0.5
22	氟化物(mg/L)	≤1.0	≤1.0	≤1.0	≤2.0	>2.0
23	碘化物(mg/L)	≤0.1	≤0.1	≤0.2	≤1.0	>1.0
24	氰化物(mg/L)	≤0.001	≤0.01	≤0.05	≤0.1	>0.1
25	汞(Hg)(mg/L)	≤0.000 05	≤0.000 5	≤0.001	≤0.001	>0.001
26	砷(As)(mg/L)	≤0.005	≤0.01	≤0.05	≤0.05	>0.05
27	硒(Se)(mg/L)	≤0.01	≤0.01	≤0.1	≤0.1	>0.1
28	镉(Cd)(mg/L)	≤0.000 1	≤0.001	≤0.01	≤0.01	>0.01
29	铬(六价)(Cr⁶⁺)(mg/L)	≤0.005	≤0.01	≤0.05	≤0.1	>0.1
30	铅(Pb)(mg/L)	≤0.005	≤0.01	≤0.05	≤0.1	>0.1
31	铍(Bc)(mg/L)	≤0.000 2	≤0.000 1	≤0.000 2	≤0.001	>0.001
32	钡(Bu)(mg/L)	≤0.001	≤0.1	≤1.0	≤4.0	>4.0
33	镍(Ni)(mg/L)	≤0.005	≤0.05	≤0.05	≤0.1	>0.1
34	滴滴涕(μg/L)	不得检出	≤0.005	≤1.0	≤1.0	>1.0
35	六六六(μg/L)	≤0.005	≤0.05	≤5.0	≤5.0	>5.0
36	总大肠菌群(个/mL)	≤3.0	≤3.0	≤3.0	≤100	>100
37	细菌总数(个/mL)	≤100	≤100	≤100	≤1 000	>1 000
38	总 α 放射性(Bq/L)	≤0.1	≤0.1	≤0.1	>0.1	>0.1
39	总 β 放射性(Bq/L)	≤0.1	≤1.0	≤1.0	>1.0	>1.0

附录三　环境空气质量标准（GB 3095—2012）

表 1　环境空气污染物基本项目浓度限值

序号	污染物项目	平均时间	浓度限值		单位
			一级标准	二级标准	
1	二氧化硫（SO_2）	年平均	20	60	$\mu g/m^3$
		24 小时平均	50	150	
		1 小时平均	150	500	
2	二氧化氮（NO_2）	年平均	40	40	
		24 小时平均	80	80	
		1 小时平均	200	200	
3	一氧化碳（CO）	24 小时平均	4	4	mg/m^3
		1 小时平均	10	10	
4	臭氧	日最大 8 小时平均	100	160	$\mu g/m^3$
		1 小时平均	160	200	
5	颗粒物（粒径小于等于 10 μm）	年平均	40	70	
		24 小时平均	50	150	
6	颗粒物（粒径小于等于 2.5 μm）	年平均	15	35	
		24 小时平均	35	75	

表 2　环境空气污染物其他项目浓度限值

序号	污染物项目	平均时间	浓度限值		单位
			一级标准	二级标准	
1	总悬浮颗粒物（TSP）	年平均	80	200	$\mu g/m^3$
		24 小时平均	120	300	
2	氮氧化物（NO_x）	年平均	50	50	
		24 小时平均	100	100	
		1 小时平均	250	250	
3	铅（Pb）	年平均	0.5	0.5	
		季平均	1	1	
4	苯并[a]芘（BaP）	年平均	0.001	0.001	
		24 小时平均	0.002 5	0.002 5	

表 3　环境空气中镉、汞、砷、六价铬和氟化物参考浓度限值

序号	污染物项目	平均时间	浓度限值		单位
			一级标准	二级标准	
1	镉(Cd)	年平均	0.005	0.005	μg/m³
2	汞(Hg)	年平均	0.05	0.05	
3	砷(As)	年平均	0.006	0.006	
4	六价铬(Cr(Ⅵ))	年平均	0.000 025	0.000 025	
5	氟化物(F)	1 小时平均	20[①]	20[①]	
		24 小时平均	7[①]	7[①]	
		月平均	1.8[②]	3.0[③]	μg/(dm².d)
		植物生长季平均	1.2[②]	2.0[③]	

注:①适用于城市地区;②适用于牧业区和以牧业为主的半农半牧区,蚕桑区;③适用于农业和林业区。

附录四　土壤环境质量标准（GB 15618—1995）

表 1　土壤环境质量标准值

土壤项目	级别	一级	二级			三级
	pH 值	自然背景	＜6.5	6.5～7.5	＞7.5	＞6.5
镉≤		0.20	0.30	0.30	0.60	1.0
汞≤		0.15	0.30	0.50	1.0	1.5
砷 水田≤		15	30	25	20	30
旱地≤		15	40	30	25	40
铜 农田等≤		35	50	100	100	400
果园≤		—	150	200	200	400
铅≤		35	250	300	350	500
铬 水田≤		90	250	300	350	400
旱地≤		90	150	200	250	300
锌≤		100	200	250	300	500
镍≤		40	40	50	60	200
六六六≤		0.05		0.50		1.0
滴滴涕≤		0.05		0.50		1.0

注：① 重金属（铬主要是三价）和砷均按元素量计，适用于阳离子交换量＞5 cmol(＋)/kg 的土壤，若≤5 cmol(＋)/kg，其标准值为表内数值的半数。
② 六六六为四种异构体总量，滴滴涕为四种衍生物总量。
③ 水旱轮作地的土壤环境质量标准，砷采用水田值，铬采用旱地值。

表 2　土壤环境质量标准选配分析方法

序号	项目	测定方法	检测范围 mg/kg	注释	分析方法来源
1	镉	土样经盐酸-硝酸-高氯酸（或盐酸-硝酸-氢氟酸-高氯酸）消解后 (1)萃取-火焰原子吸收法测定 (2)石墨炉原子吸收分光光度法测定	≥0.025 ≥0.005	土壤总砷	①、②
2	汞	土样经硝酸-硫酸-五氧化二钒或硫、硝酸-高锰酸钾消解后，冷原子吸收法测定	≥0.004	土壤总汞	①、②
3	砷	(1)土样经硫酸-硝酸-高氯酸消解后，二乙基二硫代氨基甲银分光光度法测定 (2)土样经硝酸-盐酸-高氯酸消解后，硼氢化钾-硝酸银分光光度法测定	≥0.5 ≥0.1	土壤总砷	①、② ②
4	铜	土样经盐酸-硝酸-高氯酸（或盐酸-硝酸-氢氟酸-高氯酸）消解后，火焰原子吸收分光光度法测定	≥1.0	土壤总铜	①、②
5	铅	土样经盐酸-硝酸-氢氟酸-高氯酸消解后 (1)萃取-火焰原子吸收法测定 (2)石墨炉原子吸收分光光度法测定	≥0.4 ≥0.06	土壤总铅	②
6	铬	土样经盐酸-硝酸-氢氟酸消解后 (1)高锰酸钾氧，二苯碳酰二肼光度法测定 (2)加氯化铵液，火焰原子吸收分光光度法测定	≥1.0 ≥2.5	土壤总铬	①

续　表

序号	项目	测定方法	检测范围 mg/kg	注释	分析方法来源
7	锌	土样经盐酸-硝酸-高氯酸(或盐酸-硝酸-氢氟酸-高氯酸)消解后,火焰原子吸收分光光度法测定	≥0.5	土壤总锌	①、②
8	镍	土样经盐酸-硝酸-高氯酸(或盐酸-硝酸-氢氟酸-高氯酸)消解后,火焰原子吸收分光光度法测定	≥2.5	土壤总镍	②
9	六六六和滴滴涕	丙酮-石油醚提取,浓硫酸净化,用带电子捕获检测器的气相色谱仪测定	≥0.005		GB/T 14550—93
10	pH	玻璃电极法(土∶水=1.0∶2.5)	—		②
11	阳离子交换量	乙酸铵法	—		③

注:分析方法除土壤六六六和滴滴涕有国标外,其他项目待国家方法标准发布后执行,现暂采用下列方法:
①《环境监测分析方法》,1993,城乡建设环境保护部环境保护局;
②《土壤元素的近代分析方法》,1992,中国环境监测总站编,中国环境科学出版社;
③《土壤理化分析》,1978 年中国科学院南京土壤研究所编,上海科技出版社。